系统集成项目管理工程师
案例分析一本通

王树文　编著

中国水利水电出版社
www.waterpub.com.cn

·北京·

内 容 提 要

本书主要讲述如何顺利通过系统集成项目管理工程师的案例分析科目（下午卷）的考试。

本书主要有五大特点：一是对历年真题进行了归类整理以及考情分析；二是详细阐述了计算类型的案例分析题和文字类型的案例分析题的答题技巧；三是详解了计算类型的案例分析题常考的三大技术，即三点估算法、关键路径法和挣值技术；四是在历年考试真题的基础上整理出了文字类型案例分析题的"百问百答"；五是对每一个案例分析真题，都给出了答题思路总解析，又针对每一个具体问题，给出了相应的思路解析（计算题给出了详细的分析和计算过程；文字题给出了详细的分析和文字组织过程）和参考答案。

本书可供参加系统集成项目管理工程师考试的考生备考专项突破时使用，也可作为"软考"培训师的参考用书和从事 IT 项目管理及相关工作人员的阅读读物。

图书在版编目（ＣＩＰ）数据

系统集成项目管理工程师案例分析一本通 / 王树文
编著. -- 北京 ：中国水利水电出版社，2022.6
ISBN 978-7-5226-0732-0

Ⅰ. ①系… Ⅱ. ①王… Ⅲ. ①系统集成技术－项目管理－资格考试－自学参考资料 Ⅳ. ①TP311.5

中国版本图书馆CIP数据核字(2022)第086398号

策划编辑：周春元　　责任编辑：王开云　　加工编辑：刘铭茗　　封面设计：杨玉兰

书　　名	系统集成项目管理工程师案例分析一本通 XITONG JICHENG XIANGMU GUANLI GONGCHENGSHI ANLI FENXI YIBENTONG
作　　者	王树文　编著
出版发行	中国水利水电出版社 （北京市海淀区玉渊潭南路 1 号 D 座　100038） 网址：www.waterpub.com.cn E-mail：mchannel@263.net（万水） 　　　　sales@mwr.gov.cn 电话：（010）68545888（营销中心）、82562819（万水）
经　　售	北京科水图书销售有限公司 电话：（010）68545874、63202643 全国各地新华书店和相关出版物销售网点
排　　版	北京万水电子信息有限公司
印　　刷	三河市德贤弘印务有限公司
规　　格	184mm×240mm　16 开本　15.25 印张　359 千字
版　　次	2022 年 6 月第 1 版　　2022 年 6 月第 1 次印刷
印　　数	0001—3000 册
定　　价	68.00 元

凡购买我社图书，如有缺页、倒页、脱页的，本社营销中心负责调换

前　言

计算机技术与软件专业技术资格（水平）考试（简称"软考"）是由工业和信息化部以及人力资源和社会保障部共同举办的一个面向 IT 行业从业人员的认证考试。"软考"分为三个等级：初级、中级和高级，其中系统集成项目管理工程师（简称"中项"）考试属于中级资格考试。

"软考"既是评价 IT 行业从业人员能力和水平的考试，也是职称的考试（现在 IT 行业从业人员的职称已改为"以考代评"）；在今天"无处不项目"的时代，行业对系统集成项目管理工程师和信息系统项目管理师（简称"高项"）的需求量与日俱增；加之现在有些城市将"软考"证书作为积分落户或工作居住证的影响因素之一，更是拉升了"中项"和"高项"考试的热度。

系统集成项目管理工程师国家认证考试有两个科目：基础知识和应用技术（俗称"案例分析"）。考试难度大、覆盖面广、证书含金量高，全国通过率在 10%～15%左右，且两个科目必须在同一期考试中通过（每个科目满分 75 分，45 分为通过）才能拿到系统集成项目管理工程师的认证证书。不少考生认为，"中项"考试中的案例分析部分非常难。

笔者留意到，市面上有关"中项"考试案例分析方面的参考书虽然不少，但这些书的风格基本类似，概括起来有两个特点：一是把案例分析与基础知识合在一起写，没有集中针对案例分析进行全面透彻的讲解；二是针对历年的考试真题，几乎都只是给出了"参考答案"，但为什么会有这样的"参考答案"，并没有抽丝剥茧般地去阐释出它们的来由。因此，拿到这些参考书的考生，一看参考答案，感觉题目好像很容易，但合起书来亲自做题，就无从下手。究其原因，就在于这些参考书没有教会考生究竟应该如何解题，因此不容易达到真正辅导并使考生顺利通关的目的。本书完美解决了同类书的上述弊端。

本书包括五章和两个附录。其中第 1 章详细讲解了案例分析考试科目的出题范围、历年案例分析考题情况和如何做好案例分析科目的应考准备；第 2 章阐述了计算类型的案例分析题的解题技巧，详解了计算类型的案例分析题常考的三大技术：三点估算法、关键路径法和挣值技术；第 3 章分别从案例描述及问题、答题思路总解析、各问题答题思路解析及参考答案三方面，详细解析了 2013－2021 年计算类型的案例分析的全部真题；第 4 章阐述了文字类型的案例分析题的解题技巧，在历年考试真题的基础上整理出了文字类型的案例分析题"百问百答"；第 5 章分别从案例描述及问题、答题思路总解析、各问题答题思路解析及参考答案三方面详细解析了 2013 年至 2021 年文字类型的案例分析全部真题。附录一和附录二与《项目管理知识体系指南（PMBOK®指南）第 5 版》的标准保持一致，附录 1 按五大过程组和十大知识领域分类整理了 47 个项目管理过程；附录 2 按十大知识领域分别整理了 47 个项目管理过程的输入、输出、工具与技术。

笔者深信，这本书是参加"中项"考试的读者朋友所亟需的。

借此机会，真心感谢为本书倾注了心血的家人、老师、编辑和各位朋友；当然，更要感谢阅读本书的每一位读者。由于笔者水平有限，书中难免存在疏漏之处，恳请广大读者批评指正。

王树文
2022 年 2 月于广州

目　录

第**1**章
案例分析考试科目的考试概况

1.1 案例分析考试科目的考试范围

根据《系统集成项目管理工程师考试大纲（第2版）》（简称《考试大纲》）中的说明，案例分析科目的考试范围，见表1-1。

表 1-1　案例分析科目的考试范围

考查的范围	考查的主要内容
1. 项目立项	1.1 项目可行性研究 　1.1.1 项目机会研究 　1.1.2 可行性研究的内容 　1.1.3 可行性研究的步骤 　1.1.4 可行性研究的方法 　1.1.5 可行性研究报告的编制 1.2 项目评估与论证 　1.2.1 项目评估的输入 　1.2.2 项目评估的程序和方法 　1.2.3 项目评估的内容 　1.2.4 成本效益分析 　1.2.5 编制项目评估论证报告 1.3 建设方的立项管理 1.4 承建方的立项管理
2. 采购管理和合同管理	2.1 采购管理 　2.1.1 采购的方式和过程 　2.1.2 招标和投标 2.2 合同管理

考查的范围	考查的主要内容
3. 项目启动	3.1 项目启动的过程和技术
	3.2 制定项目章程
	3.3 选择项目经理
4. 管理项目资源	4.1 项目人力资源管理
	4.2 项目成本管理
5. 项目规划	5.1 制定项目的进度管理计划
	5.2 制定项目的质量管理计划
	5.3 制定项目的风险管理计划
	5.4 制定项目的管理计划
6. 项目实施	6.1 执行项目沟通计划
	6.2 项目绩效检查与评估
	6.3 项目团队建设
	6.4 管理项目干系人
	6.5 信息（文档）管理与配置管理
	6.6 执行采购计划
7. 项目控制	7.1 项目监督和控制的工具、技术和方法
	7.2 整体变更控制
	7.3 范围控制
	7.4 进度控制
	7.5 成本控制
	7.6 质量控制
	7.7 风险控制
	7.8 技术评审与管理评审
8. 项目收尾	8.1 项目验收
	8.2 项目总结
	8.3 合同收尾
	8.4 人员转移
	8.5 项目后评价
9. 信息系统服务管理	9.1 制定信息系统的服务管理计划
	9.2 执行信息系统的服务管理计划
	9.3 信息系统运行维护过程的监控
	9.4 信息系统服务管理的持续改进

1.2　历年案例分析科目的出题范围

1.2.1　2009—2021年案例分析考查重点及考查内容

　　系统集成项目管理工程师自2009年第一次开考至今（2021年下半年）已历时13个年头。2009年上半年至2012年上半年，案例分析的考题量都是5道题；2012年下半年至2021年下半年，案例分析的考题量都是4道题。以下是2009年上半年第一次开考至2021年下半年案例分析题的基本情况汇总，见表1-2。

表1-2　案例分析题的基本情况汇总

考期	题号	考查的知识领域	考查的主要知识点
2009.05	第一题	项目进度管理	项目进度拖延的原因，进度计划的种类和用途，滚动波浪式计划
	第二题	项目进度管理	关键路径法，关键路径，自由时差和总时差，缩短工期的方法
	第三题	项目质量管理	造成售后出现问题的原因，质量控制方法
	第四题	项目整体管理、项目质量管理、项目采购管理和合同管理	项目变更控制，项目合同管理，项目不能收尾的原因，促进验收的措施
	第五题	项目整体管理	整体管理方面的问题，瀑布模型的优缺点
2009.11	第一题	项目采购管理和合同管理	合同管理过程中存在的问题及解决办法，合同索赔
	第二题	项目范围管理	项目范围说明书应该包括的内容，范围变更
	第三题	项目进度管理	项目拖延的原因，控制进度的工具和技术
	第四题	项目成本管理	挣值技术，成本控制的内容
	第五题	项目质量管理	质量控制的步骤，制定质量管理计划
2010.05	第一题	项目采购管理和合同管理	项目验收中遇到的问题，合同变更
	第二题	项目成本管理	挣值技术，成本控制的方法
	第三题	项目质量管理	质量控制的工具和方法，实施质量保证
	第四题	项目整体管理	项目整体管理计划的内容，项目执行与改进
	第五题	项目配置管理	配置管理基本概念，配置管理工作包括的活动
2010.11	第一题	项目进度管理、项目风险管理、项目整体管理	进度管理的方法和工具，缩短工期的方法，风险识别，变更控制
	第二题	项目成本管理	挣值技术，成本和进度控制的方法
	第三题	项目整体管理、项目风险管理	风险应对，风险监控
	第四题	项目范围管理	工作分解结构，范围控制的方法
	第五题	项目配置管理	配置管理的基本概念，配置管理实施

考期	题号	考查的知识领域	考查的主要知识点
2011.05	第一题	项目范围管理	有效范围管理，WBS 分解，范围变更控制
	第二题	项目成本管理	挣值技术，完工预测
	第三题	项目质量管理	质量管理流程，质量控制
	第四题	项目整体管理、项目收尾管理	有效项目收尾，项目总结
	第五题	信息系统服务管理	IT 服务管理，IT 服务管理流程，IT 服务管理的商业价值
2011.11	第一题	项目立项管理	可行性研究的主要内容，可行性研究的主要步骤
	第二题	项目进度管理	时差，关键路径，项目进度管理诸过程
	第三题	项目质量管理	质量保证，质量控制及其工具
	第四题	项目采购管理和合同管理	合同管理的主要内容
	第五题	项目整体管理	项目变更控制流程
2012.05	第一题	项目采购管理和合同管理	合同管理的内容，合同分析，合同履约
	第二题	项目进度管理、项目成本管理	成本估算方法，挣值技术，资源平滑
	第三题	项目质量管理	质量管理常见问题，质量评审，质量控制的工具和方法
	第四题	项目范围管理、项目整体管理	项目范围控制，项目整体变更控制、变更控制委员会
	第五题	项目配置管理	软件配置管理的要点，配置管理工作包括的活动
2012.11	第一题	项目整体管理、项目进度管理	制定项目进度计划，制定项目管理计划
	第二题	项目采购管理和合同管理、项目整体管理	项目合同管理、监控项目工作
	第三题	项目成本管理	挣值技术，绩效预测
	第四题	项目质量管理、项目沟通管理	质量保证的内容，沟通管理
2013.05	第一题	项目质量管理	质量控制，因果图
	第二题	项目进度管理	关键路径法，进度控制的方法
	第三题	项目整体管理、项目收尾管理	项目收尾，项目总结
	第四题	项目配置管理	如何建立配置管理系统
2013.11	第一题	项目立项管理	项目可行性研究的内容，项目立项前的主要工作
	第二题	项目采购管理和合同管理	合同条款，合同履约，合同工期
	第三题	项目整体管理	整体变更控制
	第四题	项目成本管理	估算和预算，有效成本管控

考期	题号	考查的知识领域	考查的主要知识点
2014.05	第一题	项目配置管理	配置文件分类，建立配置库，配置变更管理，配置库权限分配
	第二题	项目合同管理	合同管理的主要内容，合同履约与索赔
	第三题	项目进度管理	进度控制，进度压缩，进度压缩与风险
	第四题	项目成本管理	挣值技术及其应用，项目绩效评价及分析，项目预测
2014.11	第一题	项目进度管理、项目成本管理	关键路径法，总时差，自由时差，挣值技术
	第二题	项目立项管理	建设方项目立项管理、承建方项目立项管理
	第三题	项目配置管理	配置项、配置库、配置管理、配置项版本控制
	第四题	信息系统服务管理、项目范围管理	项目范围说明书的内容、服务级别协议、运维服务管理
2015.05	第一题	项目进度管理、项目成本管理	关键路径，总时差，自由时差，挣值技术
	第二题	项目整体管理、项目进度管理	整体变更控制，进度控制
	第三题	项目合同管理	合同的内容，合同履约管理，合同变更管理
	第四题	项目人力资源管理、信息系统服务管理	团队建设，团队管理，运维服务
2015.11	第一题	项目采购管理和合同管理	合同索赔及索赔流程，合同条款合法性
	第二题	项目范围管理	范围管理中存在的问题，范围变更控制流程
	第三题	项目整体管理	项目总结，项目验收
	第四题	项目进度管理、项目成本管理	关键路径，总工期，挣值技术
2016.05	第一题	项目进度管理	关键路径，总时差，自由时差，赶工，资源平滑
	第二题	项目采购管理和合同管理	合同管理，合同履约，合同索赔
	第三题	项目整体管理	项目整体变更管理
	第四题	项目采购管理和合同管理、项目成本管理、项目进度管理	合同索赔、成本控制、进度压缩
2016.11	第一题	项目进度管理、项目成本管理	关键路径，总时差，自由时差，挣值技术
	第二题	项目采购管理和合同管理	规划采购，控制采购，合同管理
	第三题	项目配置管理	配置管理，配置审计
	第四题	项目质量管理	规划质量管理，实施质量保证，控制质量
2017.05	第一题	项目立项管理	承建方立项管理，项目论证
	第二题	项目进度管理	关键路径法，总时差，自由时差，接驳缓冲和项目缓冲

考期	题号	考查的知识领域	考查的主要知识点
2017.05	第三题	项目风险管理	规划风险管理，风险识别，风险分析
	第四题	项目采购管理和合同管理	规划采购，合同管理
2017.11	第一题	项目整体管理	变更管理，配置管理活动
	第二题	项目进度管理	三点估算法，关键路径法，总时差，自由时差，进度压缩
	第三题	项目收尾管理	项目验收，项目总结
	第四题	项目沟通管理和干系人管理	管理沟通，规划干系人管理，管理干系人参与
2018.05	第一题	项目整体管理	变更管理
	第二题	项目进度管理	制定进度计划，资源平衡，资源平滑
	第三题	项目人力资源管理	规划人力资源管理，建设项目团队，管理项目团队
	第四题	项目风险管理	识别风险，规划风险应对
2018.11	第一题	项目整体管理	项目整体管理的内容，项目管理办公室
	第二题	项目采购管理和合同管理	实施采购，采购文件，采购合同类型
	第三题	项目成本管理	挣值技术，直接成本和间接成本
	第四题	项目质量管理	规划质量管理，实施质量保证，控制质量
2019.05	第一题	项目质量管理	规划质量管理，质量和等级，质量工具
	第二题	项目进度管理、项目成本管理	项目进度网络图，关键路径法，挣值技术
	第三题	项目采购管理	项目采购管理过程，供应商选择
	第四题	项目风险管理	风险管理基本概念，规划风险应对
2019.11	第一题	项目整体管理	项目整体管理的内容，监控项目工作过程的输出
	第二题	项目进度管理、项目成本管理	三点估算法，关键路径法，总时差，挣值技术
	第三题	项目人力资源管理	团队建设的五个阶段，冲突管理，成功团队的特征
	第四题	信息系统安全管理	信息安全管理的内容，信息系统安全属性，机房防静电方式
2020.11①	第一题	项目质量管理	质量管理过程中存在的问题，规划质量管理过程的输入和输出
	第二题	项目成本管理	对挣值技术相关指标的理解和区分，挣值计算
	第三题	项目风险管理	风险管理过程中存在的问题，项目风险管理过程，消极风险的应对策略

① 2020 年受新冠肺炎疫情影响，全国只在下半年开设了一次软考。

考期	题号	考查的知识领域	考查的主要知识点
2020.11	第四题	项目立项管理	项目立项工作中存在的问题,可行性研究的内容,《中华人民共和国招标投标法》
2021.05	第一题	项目质量管理	质量规划,七种基本质量工具,质量管理的一些基本概念
	第二题	项目成本管理	挣值技术及其各指标的计算
	第三题	项目人力资源管理、项目沟通管理	人力资源管理方面存在的问题,远程沟通的注意要点,人力资源管理的理念判断
	第四题	项目范围管理	范围管理过程,范围管理中存在的问题,范围管理的一些基本概念
2021.11	第一题	项目风险管理	风险管理过程中存在的问题,风险应对策略,风险特性
	第二题	项目进度管理、项目成本管理	三点估算,挣值计算,快速跟进
	第三题	项目质量管理	控制质量过程的依据,帕累托图,质量管理的一些理念
	第四题	项目沟通管理和干系人管理	识别干系人,沟通管理中存在问题,干系人管理过程,权力/利益方格

1.2.2 2009～2021年案例分析考查重点分布

自2009年上半年第一次开考至2021年上半年系统集成项目管理工程师案例分析考试被考查的知识领域及其分布的情况,见表 1-3。

表 1-3 考查的知识领域及其分布情况

考查的知识领域	考期及题号
项目整体管理	2009.05(4)①、2009.05(5)、2010.05(4)、2010.11(1)、2010.11(3)、2011.05(4)、2011.11(5)、2012.05(4)、2012.11(1)、2012.11(2)、2013.05(3)、2013.11(3)、2015.05(2)、2016.05(3)、2017.11(1)、2018.05(1)、2018.11(1)、2019.11(1)
项目范围管理	2009.11(2)、2010.11(4)、2011.05(1)、2012.05(4)、2014.11(4)、2015.11(2)、2021.05(4)
项目进度管理	2009.05(1)、2009.05(2)、2009.11(3)、2010.11(1)、2011.11(2)、2012.05(2)、2012.11(1)、2013.05(2)、2014.05(3)、2014.11(1)、2015.05(1)、2015.05(2)、2015.11(4)、2016.05(1)、2016.05(4)、2016.11(1)、2017.05(2)、2017.11(2)、2018.05(2)、2019.05(2)、2019.11(2)、2021.11(2)

---

① "XXXX.XX（X）"的含义:前面"XXXX"表示年度,中间"XX"表示考试月份,括号中的"X"表示考题序号,下同。

考查的知识领域	考期及题号
项目成本管理	2009.11（4）、2010.05（2）、2010.11（2）、2011.05（2）、2012.05（2）、2012.11（3）、2013.11（4）、2014.05（4）、2014.11（1）、2015.05（1）、2015.11（4）、2016.05（4）、2016.11（1）、2018.11（3）、2019.05（2）、2019.11（2）、2020.11（2）、2021.05（2）、2021.11（2）
项目质量管理	2009.05（3）、2009.05（4）、2009.11（5）、2010.05（3）、2011.05（3）、2011.11（3）、2012.05（3）、2012.11（4）、2013.05（1）、2016.11（4）、2018.11（4）、2019.05（1）、2020.11（1）、2021.05（1）、2021.11（3）
项目人力资源管理	2015.05（4）、2018.05（3）、2019.11（3）、2021.05（3）
项目沟通管理和干系人管理	2012.11（4）、2017.11（4）、2021.05（3）、2021.11（4）
项目风险管理	2010.11（1）、2010.11（3）、2017.05（3）、2018.05（4）、2019.05（4）、2020.11（3）、2021.11（1）
项目收尾管理	2011.05（4）、2013.05（3）、2015.11（3）、2017.11（3）
项目采购管理和合同管理	2009.05（4）、2009.11（1）、2010.05（1）、2011.11（4）、2012.05（1）、2012.11（2）、2013.11（2）、2014.05（2）、2015.05（3）、2015.11（1）、2016.05（2）、2016.05（4）、2016.11（2）、2017.05（4）、2018.11（2）、2019.05（3）
项目配置管理	2010.05（5）、2010.11（5）、2012.05（5）、2013.05（4）、2014.05（1）、2014.11（3）、2016.11（3）
信息系统服务管理	2011.05（5）、2014.11（5）、2015.05（4）
项目立项管理	2011.11（1）、2013.11（1）、2014.11（2）、2017.05（1）、2020.11（4）
信息系统安全管理	2019.11（4）

1.3 历年案例分析考题与考试大纲对照表

    以下是自2009年上半年第一次开考至2021年下半年系统集成项目管理工程师案例分析考试被考查的主要知识点与《考试大纲》的对照情况，见表1-4。

表1-4 案例分析考试被考查的主要知识点与《考试大纲》的对照情况

考查的范围	考查的主要内容	考期及题号
1. 项目立项	1.1 项目可行性研究	2011.11（1）、2013.11（1）、2020.11（4）
	1.2 项目评估与论证	2017.05（1）
	1.3 建设方的立项管理	2013.11（1）、2014.11（2）
	1.4 承建方的立项管理	2011.11（1）、2014.11（2）、2017.05（1）
2. 采购管理和合同管理	2.1 采购管理	2016.05（2）、2016.11（2）、2017.05（4）、2018.11（2）、2019.05（3）

考查的范围	考查的主要内容	考期及题号
2. 采购管理和合同管理	2.2 合同管理	2009.05（4）、2009.11（1）、2010.05（1）、2011.11（4）、2012.05（1）、2012.11（2）、2013.11（2）、2014.05（2）、2015.05（3）、2015.11（1）、2016.05（2）、2016.05（4）、2016.11（2）、2017.05（4）
3. 项目启动	3.1 项目启动的过程和技术	
	3.2 制定项目章程	
	3.3 选择项目经理	
4. 管理项目资源	4.1 项目人力资源管理	2015.05（4）、2018.05（3）、2019.11（3）、2021.05（3）
	4.2 项目成本管理	2009.11（4）、2010.05（2）、2010.11（2）、2011.05（2）、2012.05（2）、2012.11（3）、2013.11（4）、2014.05（5）、2014.11（1）、2015.05（1）、2015.11（4）、2016.05（4）、2016.11（1）、2018.11（3）、2019.05（2）、2019.11（2）、2020.11（2）、2021.05（2）、2021.11（2）
5. 项目规划	5.1 制定项目的进度管理计划	
	5.2 制定项目的质量管理计划	2009.11（5）
	5.3 制定项目的风险管理计划	
	5.4 制定项目的管理计划	2009.05（1）、2009.05（2）、2009.11（5）、2010.05（4）、2010.11（3）、2011.11（2）、2012.05（2）、2012.11（1）、2013.05（2）、2013.11（4）、2014.11（1）、2014.05（4）、2015.05（1）、2015.11（4）、2016.05（1）、2016.11（1）、2016.11（4）、2017.05（2）、2017.11（2）、2018.05（2）、2018.05（3）、2019.05（2）、2019.11（2）、2021.11（2）
6. 项目实施	6.1 执行项目沟通计划	2012.11（4）、2017.11（4）、2021.05（3）、2021.11（4）
	6.2 项目绩效检查与评估	2009.11（4）、2010.05（2）、2010.11（2）、2011.05（2）、2012.05（2）、2012.11（3）、2014.05（5）、2014.11（1）、2015.05（1）、2015.11（4）、2016.11（1）、2018.11（3）、2019.05（2）、2019.11（2）、2020.11（2）、2021.05（2）、2021.11（2）
	6.3 项目团队建设	2015.05（4）、2018.05（3）、2019.11（3）、2021.05（3）
	6.4 管理项目干系人	2017.11（4）、2021.11（4）
	6.5 信息（文档）管理与配置管理	2010.05（5）、2010.11（5）、2012.05（5）、2013.05（4）、2014.05（1）、2014.11（3）、2016.11（3）
	6.6 执行采购计划	2018.11（2）、2019.05（3）
7. 项目控制	7.1 项目监督和控制的工具、技术和方法	2009.05（4）、2009.05（5）、2010.05（4）、2012.11（1）、2012.11（2）、2018.11（1）、2019.11（1）

续表

考查的范围	考查的主要内容	考期及题号
7. 项目控制	7.2 整体变更控制	2009.05（4）、2010.11（1）、2010.11（3）、2011.11（5）、2012.05（4）、2012.11（1）、2013.11（3）、2015.05（2）、2016.05（3）、2017.11（1）、2018.05（1）
	7.3 范围控制	2009.11（2）、2010.11（4）、2011.05（1）、2012.05（4）、2015.11（2）、2021.05（4）
	7.4 进度控制	2009.11（3）、2010.11（2）、2013.05（2）、2014.05（3）、2016.05（1）、2016.05（4）、2017.11（2）
	7.5 成本控制	2009.11（4）、2010.05（2）、2010.11（2）、2011.05（2）、2012.05（2）、2012.11（3）、2014.05（4）、2014.11（1）、2015.05（1）、2015.11（4）、2016.05（4）、2016.11（1）、2018.11（3）、2019.05（2）、2019.11（2）、2020.11（2）、2021.05（2）、2021.11（2）
	7.6 质量控制	2009.05（3）、2009.05（4）、2009.11（5）、2010.05（3）、2011.05（3）、2011.11（3）、2012.05（3）、2013.05（1）
	7.7 风险控制	2010.11（3）、2020.11（3）、2021.11（1）
	7.8 技术评审与管理评审	
8. 项目收尾	8.1 项目验收	2015.11（3）、2017.11（3）
	8.2 项目总结	2011.05（4）、2013.05（3）、2015.11（3）、2017.11（3）
	8.3 合同收尾	
	8.4 人员转移	
	8.5 项目后评价	
9. 信息系统服务管理	9.1 制定信息系统的服务管理计划	2011.05（5）
	9.2 执行信息系统的服务管理计划	2014.11（5）
	9.3 信息系统的运行维护过程的监控	2015.05（4）
	9.4 信息系统服务管理的持续改进	2015.05（4）

1.4 如何做好案例分析科目的应考准备

考生可以从如下几个方面进行案例分析的应考准备：

（1）以项目管理知识体系①为核心，根据案例分析考试大纲，以《系统集成项目管理工程师教

---

① 项目管理知识体系包括五大过程组、十大知识领域和47个过程，详见附录1。

程（第2版）》（以下简称《教程》）为学习教材，系统学习相关理论知识，重点掌握47个过程的主要输入、输出、工具与技术。当然，从学习效率与学习体验的角度来说，中国水利水电出版社出版的《系统集成项目管理工程师考试32小时通关》《系统集成项目管理工程师5天修炼》也受到广泛好评。

（2）阅读本书第1章，了解案例分析历年的出题范围和考试重点。

（3）阅读本书第2章和第4章（至少3遍），彻底掌握计算类型和文字类型的案例分析题的答题技巧和方法。

（4）阅读本书附录1和附录2，在头脑中构建出完整的项目管理知识体系的总体框架。

（5）阅读本书第3章和第5章（1至2遍），学习历年各考题的答题思路分析和参考答案。

（6）根据自己对知识的掌握情况，选择10～15道左右不同类型的历年考试题，独立完成，然后再对照本书的解析和参考答案，检验自己的解题水平，必要时隔一段时间再做一次（如隔两个星期左右的时间）。

（7）考前一到两周强化记忆（五大过程组，十大知识领域，47个过程的主要输入、输出、工具与技术，项目管理相关技术的计算公式等）。

（8）除了总结自己的实际项目管理经验外，平时也可多与项目管理经验丰富的人员沟通，听他们谈谈实际项目管理的经验和感受，这样有利于在做案例分析题时做到理论和实践的有机结合。

第2章
计算类型的案例分析题解题技巧和常考计算技术详解

2.1 计算类型的案例分析题的答题技巧

要能做好、做对计算类型的案例分析题，主要要掌握好如下诀窍：

（1）把题干和问题全部看完，看懂题干中的内容描述和各问题需要具体计算的指标究竟是什么。

（2）正确理解相关指标的含义并能根据题干中给的信息进行正确统计。

（3）正确使用相关指标的计算公式。

（4）确保计算过程和结果是正确的。

2.2 计算类型的案例分析题经常考的计算技术详解

2.2.1 三点估算法详解

三点估算的结果默认服从正态分布。考生需要掌握如何在正态分布之下计算均值、标准差和完成的可能性。

假如用 t_O 表示最乐观估计值，用 t_M 表示最可能估计值，用 t_P 表示最悲观估计值，则正态分布之下，均值 $t_E = (t_O + 4t_M + t_P)/6$，标准差 $\sigma = (t_P - t_O)/6$。

考生需要掌握并能正确运用正态分布的这三个特征：①正态分布曲线与横轴所夹的总面积是100%；②正态分布曲线关于均值所在的 Y 轴对称；③区域 $[t_E - \sigma, t_E + \sigma]$ 的面积是 68.26%、区域 $[t_E - 2\sigma, t_E + 2\sigma]$ 的面积是 94.44%、区域 $[t_E - 3\sigma, t_E + 3\sigma]$ 的面积是 99.73%，如图 2-1 所示。

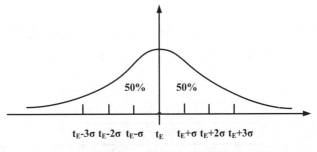

图 2-1　正态分布结果图

计算完成的可能性一般采用如下四个步骤：

步骤一：首先根据题目的描述计算出活动的均值 t_E 和标准差 σ；

步骤二：根据题目中要求的时间段范围，改用 t_E 和 σ 表示；

步骤三：对照正态分布图，找出所对应的区域；

步骤四：（如需要，对要计算的区域进行拆分）计算出所对应的区域的面积，面积的大小就是完成的可能性大小。

举例：某项工作采用三点估算法进行估算。其中最乐观时间为 6 天可以完成，最可能时间为 12 天可以完成，最悲观时间为 18 天可以完成。问该项工作在 10 天到 12 天完成的可能性是多少？

解析：

步骤一：首先计算出均值 t_E =(6+4×12+18)/6 = 12，标准差 σ=(18–6)/6 = 2；

步骤二：用 t_E 和 σ 来表示题目中要求的时间段范围，即要求的区间为[$t_E-\sigma$, t_E]；

步骤三：对照正态分布图，找出所对应的区域；

步骤四：计算出所对应的区域的面积，面积是 34.13%（68.26%/2），因此该项工作在 10 天到 12 天完成的可能性是 34.13%，如图 2-2 所示。

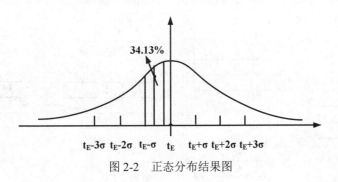

图 2-2　正态分布结果图

2.2.2　关键路径法详解

关键路径法是在不考虑任何约束和假设条件的情况之下，根据项目进度网络图进行推演得到项目进度计划的一种方法。

项目中的所有活动，都有四个时间：活动的最早开始时间（Early Start，ES）、活动的最早结束时间（Early Finish，EF）、活动的最晚开始时间（Last Start，LS）和活动的最晚结束时间（Last Finish，LF），如图 2-3 所示。

ES	活动历时	EF
活动名称		
LS	总时差	LF

图 2-3　活动的四个时间

使用关键路径法的要领就是采用顺推法和逆推法分别计算出项目中每一个活动的 ES、EF、LF 和 LS。

首先采用顺推法，沿着项目进度网络图从左至右推算出每一个活动的最早开始时间（ES）和最早结束时间（EF）；如果第一个活动从 0 开始计算，那么活动的最早结束时间 = 最早开始时间 + 活动历时，［当活动与活动之间的逻辑关系是完成-开始（Finish-to-start，F-S）的关系时］紧后活动的最早开始时间 = 紧前活动的最早结束时间（如果一个紧后活动有多个紧前活动，则紧后活动的最早开始时间 = 所有紧前活动的最早结束时间中最大的那个值）；如果第一个活动从 1 开始计算，那么活动的最早结束时间 = 最早开始时间 + 活动历时−1，（当活动与活动之间的逻辑关系是 F-S 的关系时）紧后活动的最早开始时间 = 紧前活动的最早结束时间 + 1（如果一个紧后活动有多个紧前活动，则紧后活动的最早开始时间 = 所有紧前活动的最早结束时间中最大的那个值 +1）。

正确完成顺推后，最后一个活动的最早结束时间就代表着本项目的总工期（因为项目的最后一个活动完成了，当然整个项目的所有活动都完成了。如果项目的最后一个活动有并列多个，则项目总工期就是这些活动中最早结束时间中最大的那个值）。

如下是某项目的项目进度网络图，假设时间单位是天，如果第一个活动选择从第 0 天开始推，则顺推之后的结果如图 2-4 所示。

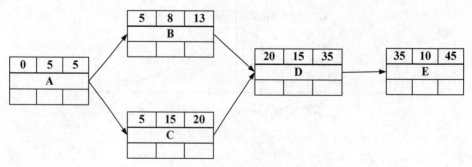

图 2-4　项目进度网络图（从第 0 天开始顺推）

如果第一个活动选择从第 1 天开始推，则顺推之后的结果如图 2-5 所示。

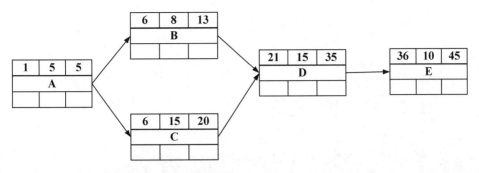

图 2-5　项目进度网络图（第 1 天开始顺推）

然后再逆推，逆推法是从项目最后一个活动开始，从右至左反向将每个活动的最晚结束时间和最晚开始时间一一找出来；如果第一个活动从 0 开始计算，那么最晚开始时间 = 最晚结束时间 – 工期，（当活动与活动之间的逻辑关系是 F-S 的关系时）紧前活动的最晚结束时间 = 紧后活动的最晚开始时间（如果一个紧前活动有多个紧后活动，则紧前活动的最晚结束时间 = 所有紧后活动的最晚结束时间中最小的那个值）；如果第一个活动从 1 开始计算，那么最晚开始时间 = 最晚结束时间–工期 + 1，（当活动与活动之间的逻辑关系是 F-S 的关系时）紧前活动的最晚结束时间 = 紧后活动的最晚开始时间–1（如果一个紧前活动有多个紧后活动，则紧前活动的最晚结束时间 = 所有紧后活动的最晚结束时间中最小的那个值–1）。

逆推时最后一个活动的最晚结束时间等于该活动的最早结束时间（即等于项目的总工期）；如果项目的最后一个活动有并列多个，则这些活动的最晚结束时间都等于这些活动中最早结束时间中最大的那个值（即都等于项目的总工期）。

如下的这个项目进度网络图，假设时间单位是天，如果第一个活动选择从第 0 天开始推，则逆推之后的结果如图 2-6 所示。

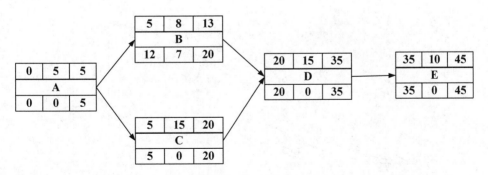

图 2-6　项目进度网络图（第 0 天开始逆推）

如果第一个活动选择从第 1 天开始推，则逆推之后的结果如图 2-7 所示。

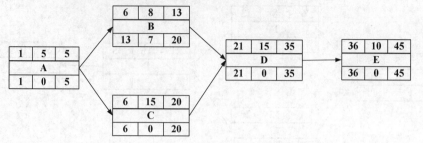

图 2-7　项目进度网络图（第 1 天开始逆推）

选择从第 0 天开始推时，活动的总时差 = 活动的 LS–活动的 ES = 活动的 LF–活动的 EF，活动的自由时差 = 后一活动的 ES–当前活动的 EF。

选择从第 1 天开始推时，活动的总时差 = 活动的 LS–活动的 ES = 活动的 LF–活动的 EF，活动的自由时差 = 后一活动的 ES–当前活动的 EF–1。

如果一个活动有多个紧后活动，则该活动的自由时差是该活动相对于后续所有紧后活动自由时差的最小值。

关键路径即为项目进度网络图中历时最长的路径，关键路径的总长度等于项目的总工期（如图 2-7，关键路径为 ACDE）。

2.2.3　挣值技术详解

挣值技术（Earned Value Management，EVM）是一种把范围、进度和资源绩效综合起来考虑，以评估项目绩效和进展的方法。挣值技术通过计算和监测三个关键指标：计划价值（Planned Value，PV）、挣值（Earned Value，EV）和实际成本（Actual cost，AC）来判断项目当前绩效、预测项目未来情况，如图 2-8 所示。

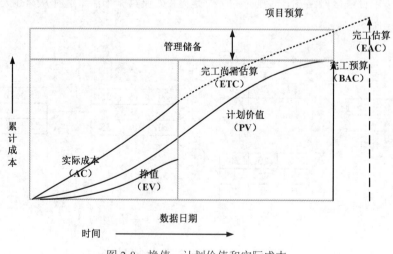

图 2-8　挣值、计划价值和实际成本

完工预算（Budget at Completion，BAC）是第一次被批准的成本基准。

计划价值（PV）是按项目进度计划在某时间段内完成既定工作所需要花费的成本。

挣值（EV）是实际开展的工作对应计划所需要付出的成本。计算挣值（EV）有两种方法：实际完工法和简单累计法，默认使用实际完工法。实际完工法即完成多少算多少，例如一个活动计划花 10 万元做完（即该活动的计划价值是 10 万元），假设该活动已经完成了 35%，则该活动的挣值 EV 是 10×35%=3.5（万元）。简单累计法有 0/100、10/90、20/80、30/70、40/60、50/50 等法则；0/100 法则的含义是，如果一个活动没有全部完工，那么该活动的挣值就是 0；10/90 法则的含义是，如果一个活动已经开工了但没有全部完工，那么该活动的挣值是该活动对应的计划价值的 10%；20/80 法则的含义是，如果一个活动已经开工了但没有全部完工，那么该活动的挣值就是该活动对应的计划价值的 20%，其他法则以此类推。例如一个活动计划花 10 万元做完（即该活动的计划价值是 10 万元），假设该活动已经完成了 35%，如果使用 0/100 法则计算挣值，则该活动的挣值 EV 是 0（万元），如果使用 10/90 法则计算挣值，则该活动的挣值（EV）是 10×10%=1（万元），如果使用 50/50 法则计算挣值，则该活动的挣值（EV）是 10×50%=5（万元）。

实际成本（AC）是实际完成这些工作所付出的成本。

需要注意的是：计算项目绩效时，计划价值（PV）、挣值（EV）和实际成本（AC）的统计必须是同一时间段的数值。

完工尚需估算（Estimate to Complete，ETC）是指完成所有剩余项目工作的预计成本。

完工估算（Estimated Actual at Completion，EAC）是指完成项目所有工作所需的预期总成本，即项目进展到一定程度后对完成项目所需的所有成本进行重新评估之后的结果。根据 EAC、AC 和 ETC 的定义，EAC 永远等于已经完成的工作所花的成本（AC）加上剩余工作重新评估还需要花的成本（ETC）。

进度偏差(SV) = 挣值(EV)–计划价值(PV)；成本偏差(CV) =挣值(EV)–实际成本(AC)。

SV> 0 表示实际进度比计划进度提前；SV< 0 表示实际进度比计划进度落后；CV> 0 表示成本节约（实际完成的工作所付出的成本小于原计划要付出的成本）；CV< 0 表示成本超支（实际完成的工作所付出的成本大于原计划要付出的成本），见表 2-1。

表 2-1　挣值技术相关指标计算公式

术语	解释	公式
SV（Schedule Variance）	进度偏差	EV–PV
SPI（Schedule Performance Index）	进度绩效指数	EV/PV
CV（Cost Variance）	成本偏差	EV–AC
CPI（Cost Performance Index）	成本绩效指数	EV/AC
VAC（Variance At Completion）	完工偏差	BAC–EAC
TCPI（To Completion Performance）	完工尚需绩效指数	(BAC–EV)/ETC

进度绩效指数(SPI) = 挣值(EV)/计划价值(PV)；

成本绩效指数(CPI) =挣值(EV)/实际成本(AC)。

SPI> 1 表示实际进度比计划进度提前；SPI< 1 表示实际进度比计划进度落后；CPI> 1 表示成本节约（实际完成的工作所付出的成本小于原计划要付出的成本）；CPI< 1 表示成本超支（实际完成的工作所付出的成本大于原计划要付出的成本），见表 2-1。

完工偏差(VAC) = 完工预算(BAC)–完工估算(VAC)。

完工尚需绩效指数(TCPI) = (BAC–EV)/ETC。

在非典型偏差的情况下（非典型偏差是指项目进度绩效和成本绩效与当前无关，与原计划保持一致），ETC = BAC–EV。因为在做项目计划时，我们期望的进度绩效指数（SPI）和成本绩效指数（CPI）都是 1，即原计划要完成的工作，实际刚好按计划完成，原计划花多少钱完成多少工作实际刚好花多少钱完成这些工作；即 TCPI=原计划的 CPI = 1，由于 TCPI = (BAC–EV)/ETC，所以 ETC = BAC–EV，见表 2-1。

在典型偏差的情况下（典型偏差是指项目进度绩效和成本绩效与当前保持一致，当前怎样未来就怎样），ETC = (BAC–EV)/CPI；因为 TCPI=（项目当前的）CPI，由于 TCPI = (BAC–EV)/ETC，所以 ETC = (BAC–EV)/CPI，见表 2-1。

第3章
历年计算类型的案例分析题真题解析

2013.05 试题二

案例描述及问题

【**说明**】阅读下列材料，请回答问题 1 至问题 3，将解答填入答题纸的对应栏内。

项目经理在为某项目制订进度计划时绘制了如下所示的前导图。图中活动 E 和活动 B 之间为结束-结束关系，即活动 E 结束后活动 B 才能结束，其他活动之间的关系为结束-开始关系，即前一个活动结束，后一个活动才能开始。

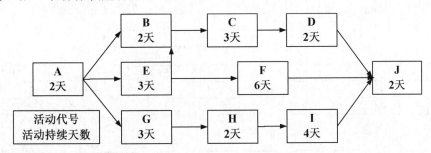

【**问题1**】（6分）

请指出该网络图的关键路径并计算出项目的计划总工期。

【**问题2**】（8分）

根据上面的前导图，活动 C 的总时差为___(1)___天，自由时差为___(2)___天。杨工是该项目的关键技术人员，他同一时间只能主持并参加一个活动。若杨工要主持并参与 E、C、I 三个活动，那么项目工期将比原计划至少推迟___(3)___天。在这种情况下杨工所涉及的活动序列（含紧前和紧后活动）为___（4）___。请将上面（1）到（4）处的答案填写在答题纸的对应栏内。

【问题3】（4分）

针对问题2所述的情形，如仍让杨工主持并参与E、C、I三个活动，为避免项目延期，请结合网络图的具体活动顺序，叙述项目经理可采取哪些措施。

答题思路总解析

从本案例提出的三个问题，一眼就可以看出：该案例分析主要考查的是项目的进度管理。本案例以计算为主，**【问题1】**和**【问题2】**主要考查考生对关键路径法的运用、总时差和自由时差的计算。**【问题3】**需要结合案例实际情况和项目进度管理的理论来回答与进度压缩相关的问题。（**案例难度：★★★★**）

【问题1】答题思路解析及参考答案

一、答题思路解析

要能正确解答该问题，关键在于能正确使用关键路径法，关键路径法的核心就是采用顺推法和逆推法分别计算出项目中每一个活动的最早开始时间（ES）、最早结束时间（EF）、最晚开始时间（LS）和最晚结束时间（LF）。首先，采用顺推法，按活动之间的逻辑顺序，从前往后推算出每一个活动的最早开始时间（ES）和最早结束时间（EF）。然后再逆推，逆推法是从项目最后一个活动开始，反向将每个活动的最晚结束时间和最晚开始时间一一找出来。关键路径即为活动总时差全为"0"且历时最长的那（几）条路径。

画出项目进度网络图，利用关键路径法，采用顺推和逆推，找出各活动最早开始时间（ES）、最早结束时间（EF）、最晚开始时间（LS）和最晚结束时间（LF），如下图所示：

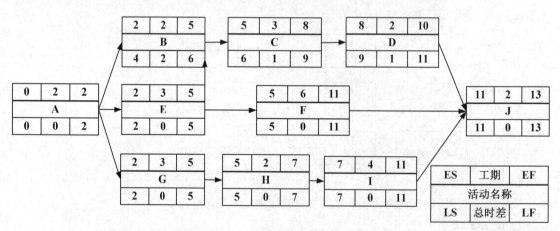

从上面的项目进度网络图可以看出，项目关键路径为AEFJ和AGHIJ，项目的计划总工期为13天（需要指出的是，由于活动B需要在活动E结束后才能结束，因此活动B的最早结束时间是第5天而不是第4天）。（**问题难度：★★★★**）

二、参考答案

关键路径为 AEFJ 和 AGHIJ。

项目的计划总工期为 13 天。

【问题 2】答题思路解析及参考答案

一、答题思路解析

从【问题 1】的"答题思路解析"可知，活动 C 的总时差为 1 天（9–1）；自由时差为 0 天（8–8）。若杨工要主持并参与 E、C、I 三个活动，且他同一时间只能主持并参加一个活动，那么此时活动 E 完成活动 C 才能开始，活动 C 完成 I 活动才能开始。这样，项目进度网络图变为：

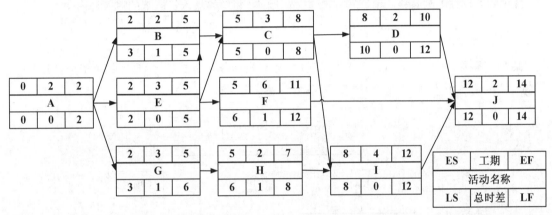

从上面可以看出，项目的关键路径变为：AECIJ，项目总工期为 14 天。由于 E、C、I 三个活动都是杨工负责，而活动 E 的紧前活动是 A，I 活动的紧后活动是 J，因此杨工所涉及的活动序列（含紧前和紧后活动）为 AECIJ。（**问题难度：★★★★**）

二、参考答案

根据上面的前导图，活动 C 的总时差为 __1__ 天，自由时差为 __0__ 天。杨工是该项目的关键技术人员，他同一时间只能主持并参加一个活动。若杨工要主持并参与 E、C、I 三个活动，那么项目工期将比原计划至少推迟 __1__ 天。在这种情况下杨工所涉及的活动序列（含紧前和紧后活动）为 __AECIJ__ 。

【问题 3】答题思路解析及参考答案

一、答题思路解析

从【问题 2】的"答题思路解析"中我们知道，由于活动 ECI 都需要由杨工参与完成，加之活动 A、E 之间是完成到开始的依赖关系，活动 I、J 之间也是完成到开始的依赖关系，因此，要实现进度压缩，不能采用快速跟进的技术，而只能采用赶工的技术。因此，项目经理可以采用的措施是杨工在活动 E、C、I 处赶工，让其他项目组成员在活动 A 和 J 处赶工。具体赶工的措施

有加班、改进技术提高工作效率、增加资源、通过激励和培训提高工作效率等。（**问题难度：★ ★★★**）

二、参考答案

项目经理可以采用的措施有：让杨工在活动 E、C、I 处赶工，让其他项目组成员在活动 A 和 J 处赶工。具体赶工的措施有加班、改进技术提高工作效率、增加资源、通过激励和培训提高工作效率等。

2013.11 试题四

【说明】阅读下列材料，请回答问题 1 至问题 4，将解答填入答题纸的对应栏内。

案例描述及问题

某企业承接了某政府部门的系统集成项目，项目投标费用为 5 万元，预计每个子项目开发完成后的维护成本为 50 万元，项目初步的 WBS 分解结构如图所示。

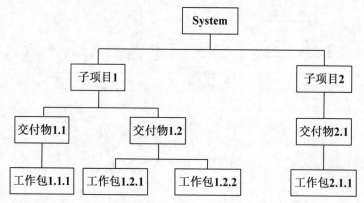

【**问题 1**】（2 分）

假如估算出子项目 1 的开发成本为 200 万元，子项目 2 的开发成本为 150 万元，则该项目的全生命周期成本为多少万元？

【**问题 2**】（7 分）

假设交付物 1.1 和 1.2 之间的成本权重比率分别为 40% 和 60%，交付物内的工作包成本可以平均分配，根据以上项目的总体估算，如果你是项目的项目经理，结合案例叙述，请写出成本预算的步骤并计算各工作包成本。

【**问题 3**】（3 分）

请说明成本估算和成本预算之间的区别与联系。

【**问题 4**】（6 分）

该项目的项目经理在完成以上成本预算后，制定了全新的成本管理计划，安排了新来的小王负责监控项目成本。小王认为成本控制关键在于跟踪各项工作的实际成本，于是他严格记录了各项工作所花费的实际成本。当子项目1快要完成时，项目经理突然发现工作包1.2.2的成本有些超支，于是项目经理对成本管理人员进行了批评，同时启动了管理储备金来解决问题。依据案例，你认为该项目经理在进行成本控制时存在哪些问题？

答题思路总解析

从该案例中提出的四个问题很容易知道，该案例主要考查的是项目的成本管理。【问题1】考的是估算成本，是一个简单数学计算题。【问题2】的第（1）小问是关于制定预算的一个纯理论性质的问题，第（2）小问是一个简单的数学计算题。【问题3】是一个纯理论性质的问题，与该案例分析题关系不大。【问题4】需要理论和实践相结合进行论述。（**案例难度：★★★**）

【问题1】答题思路解析及参考答案

一、答题思路解析

从"案例描述及问题"中我们得知，项目投标费用为5万元；每个子项目开发完成后的维护成本为50万元，这样两个子项目的维护成本共为100万元；子项目1的开发成本为200万元，子项目2的开发成本为150万元，这样两个子项目的开发成本共为350万元。把以上成本相加，就得到了该项目的全生命周期成本为455万元。（**问题难度：★★★**）

二、参考答案

$5 + 50×2 + 200 + 150 = 455$（万元），该项目的全生命周期成本为455万元。

【问题2】答题思路解析及参考答案

一、答题思路解析

根据制定预算的基本步骤可知，得到项目总体估算需要经过三个步骤：①将项目总成本分摊到项目工作分解结构的各个工作包；②将各个工作包成本再分配到该工作包所包含的各活动上；③确定各项成本预算支出的时间计划及项目成本预算计划。根据"案例描述及问题"及本问题描述中的相关信息，工作包1.1.1的成本为200×40%=80（万元），工作包1.2.1和工作包1.2.2的成本都是200×60%/2=60（万元），工作包2.1.1的成本为150万元。（**问题难度：★★★**）

二、参考答案

该项目的成本预算需要经过三个步骤：

（1）将项目总成本分摊到项目工作分解结构的各个工作包（即分摊到工作包1.1.1、工作包1.2.1、工作包1.2.2和工作包2.1.1上）。

（2）将各个工作包成本再分配到各工作包所包含的各活动上。

（3）确定各项成本预算支出的时间计划及该项目的成本预算计划。

工作包1.1.1的成本为80万元（200×40%），工作包1.2.1和工作包1.2.2的成本都是60万元（200×60%/2），工作包2.1.1的成本为150万元。

【问题3】答题思路解析及参考答案

一、答题思路解析

根据"答题思路总解析"中的描述，我们知道，该问题是一个纯理论性质的问题，与该案例分析题关系不大。读者如果比较熟悉项目成本估算过程和项目成本预算过程，此题就比较容易回答。（**问题难度：★★★**）

二、参考答案

成本估算和成本预算的相同点：

（1）都是以成本管理计划、范围基准（项目范围说明书、工作分解结构和工作分解结构词汇表）作为输入。

（2）都运用专家判断这一工具与技术。

（3）都属于项目规划过程。

成本估算和成本预算的不同点：

（1）成本估算是对完成项目各活动所需资金进行近似估算的过程。

（2）成本估算输出是指活动成本估算，估算结果还没有得到管理层的批准。

（3）成本预算是汇总所有单个活动或工作包的估算成本，建立一个经批准的成本基准的过程。

（4）成本预算是基于工作包的成本估算分配到每项活动及相应时间段。

（5）成本预算输出是指得到管理层批准的成本基准（S曲线）。

【问题4】答题思路解析及参考答案

一、答题思路解析

根据该问题中的相关描述，我们知道，项目经理在进行成本控制时存在的主要问题有：①没有先制定成本管理计划，然后再进行成本估算和成本预算（这点从"该项目的项目经理在完成以上成本预算后，制定了全新的成本管理计划"可以推导出）；②不应该将监控项目成本的工作交给新来的小王，而应该安排有经验的人员负责（这点从"安排了新来的小王负责监控项目成本"可以推导出）；③成本控制不仅仅只是跟踪每项工作的实际成本，而且还要将实际成本与预算成本进行对比分析，找出实际成本与成本基准之间的偏差（这点从"小王认为成本控制关键在于跟踪各项工作的实际成本，于是他严格记录了各项工作所花费的实际成本"可以推导出）；④项目经理应该根据计划进行项目成本的控制与检查，而不是偶尔的检查（这点从"项目经理突然发现工作包1.2.2的成本有些超支"可以推导出）；⑤没有进行实际调查就批评成本管理员小王是不恰当的做法（这点从"于是项目经理对成本管理人员进行了批评"可以推导出）；⑥成本超支有可能是进度提前造成的，项目经理应该进行挣值分析，进行绩效衡量后再采取措施，不能没有分析就动用管理储备（这点从"同时启动了管理储备金来解决问题"可以推导出）。（**问题难度：★★★**）

二、参考答案

项目经理在进行成本控制时存在的主要问题有：

（1）没有先制定成本管理计划，然后再进行成本估算和成本预算。

（2）不应该将监控项目成本的工作交给新来的小王，而应该安排有经验的人员负责。

（3）成本控制不仅仅只是跟踪每项工作的实际成本，而且还要将实际成本与预算成本进行对比分析，找出实际成本与成本基准之间的偏差。

（4）项目经理应该根据计划进行项目成本的控制与检查，而不是偶尔的检查。

（5）没有进行实际调查就批评成本管理员小王是不恰当的做法。

（6）成本超支有可能是进度提前造成的，项目经理应该进行挣值分析，进行绩效衡量后再采取措施，不能没有分析就动用管理储备。

2014.05 试题四

【说明】阅读下列材料，请回答问题 1 至问题 4，将解答填入答题纸的对应栏内。

案例描述及问题

某系统集成公司项目经理老王在其负责的一个信息系统集成项目中采用绩效衡量分析技术进行成本控制，该项目计划历时 10 个月，总预算 50 万元。目前项目已经实施到第 6 个月末。为了让公司管理层了解项目的进展情况，老王根据项目实施过程中的绩效测量数据编制了一份成本执行绩效统计报告，截止到第 6 个月末，项目成本绩效统计数据如下表所示：

序号	工作任务单元代号	完成百分比/%	计划成本值/万元	实际成本值/万元
1	W01	100	3	2.5
2	W02	100	5	4.5
3	W03	90	6	6.5
4	W04	80	8.5	6
5	W05	40	6.5	1.5
6	W06	30	1	1.5
7	W07	10	7	0.5

【问题 1】（5 分）

请计算该项目截止到第 6 个月末的计划成本（PV）、实际成本（AC）、挣值（EV）、成本偏差（CV）、进度偏差（SV）。

【问题 2】（4 分）

请计算该项目截止到第 6 个月末的成本执行指数（CPI）和进度执行指数（SPI），并根据计算结果分析项目的成本执行情况和进度执行情况。

【问题3】（3分）

根据所给数据资料说明该项目表现出来的问题和可能的原因。

【问题4】（6分）

假设该项目现在解决了导致偏差的各种问题，后续工作可以按原计划继续实施，项目的最终完工成本是多少？

答题思路总解析

从本案例提出的四个问题，我们很容易判断出：该案例主要考查的是项目的成本管理，并且侧重考成本控制。本案例后的**【问题1】**、**【问题2】**和**【问题3】**以计算为主，主要考查考生对挣值技术相关计算公式的运用。**【问题3】**需要结合**【问题2】**的结果进行回答，是一个理论结合实际的问题。（案例难度：★★★）

【问题1】答题思路解析及参考答案

一、答题思路解析

计算该项目截止到第6个月末的计划成本（PV）、实际成本（AC）、挣值（EV）、成本偏差（CV）、进度偏差（SV），我们首先需要根据"案例描述及问题"中表格里的数据统计出 PV（计划价值，即计划要完成的预算）、AC（实际成本，即实际完成这些工作所花的成本）和 EV（挣值，即实际完成的工作对应原计划要花的预算）。然后根据公式：CV＝ EV–AC 和 SV＝ EV–PV 计算出 CV 和 SV。根据案例描述，我们知道，PV 值等于表格内"计划成本值（万元）"一列的数据之和，即 PV ＝ 3 + 5 + 6 + 8.5 +6.5 + 1 + 7 = 37（万元）；AC 值等于表格内"实际成本值（万元）"一列的数据之和，即 AC ＝ 2.5 +4.5 + 6.5 + 6 +1.5 + 1.5 + 0.5 = 23（万元）；EV 值则等于"完工百分比（%）"一列的数据与"计划成本值（万元）"一列对应的数据的乘积的和，即 EV ＝ 3×100% + 5×100% + 6×90% + 8.5×80% +6.5×40% + 1×30% + 7×10% = 23.8（万元）。代入公式，我们就可以计算出 CV 和 SV。

（问题难度：★★）

二、参考答案

PV ＝ 3 + 5 + 6 + 8.5 +6.5 + 1 + 7 = 37（万元）。

AC ＝ 2.5 +4.5 + 6.5 + 6 +1.5 + 1.5 + 0.5 = 23（万元）。

EV ＝ 3×100% + 5×100% + 6×90% + 8.5×80% +6.5×40% + 1×30% + 7×10% = 23.8（万元）。

CV ＝ EV–AC = 23.8–23 = 0.8（万元）

SV ＝ EV–PV = 23.8–37 = –13.2（万元）

【问题2】答题思路解析及参考答案

一、答题思路解析

根据**【问题1】**的计算结果，我们很容易计算出该项目截止到第6个月末的成本执行指数（CPI）和进度执行指数（SPI），因为只需要将相关数据代入公式：CPI ＝ EV / AC、SPI ＝ EV / PV 就可以计算出结果。然后根据 CPI 和 SPI 的值就可以分析和判断出项目的成本执行情况和进度执行情况。我们知道：CV > 0 或 CPI > 1 表示实际成本节约（实际成本低于预算），CV < 0 或 CPI < 1 表示成本超支（实际成本超过预算）；SV > 0 或 SPI > 1 表示进度提前（实际进度提前于计划进度），SV < 0 或 SPI < 1 表示进度滞后（实际进度滞后于计划进度）。（**问题难度：★★**）

二、参考答案

$CPI = EV / AC = 23.8/23 \approx 1.03$。

$SPI = EV / PV = 23.8/38 \approx 0.64$。

根据截至到第 6 个月末该项目的 CPI（CPI > 1）和 SPI（SPI < 1）的值，项目当前的执行情况为：成本节约、进度滞后。

【问题 3】答题思路解析及参考答案

一、答题思路解析

根据【问题 2】的计算结果，结合"案例描述及问题"中表格内的相关数据和我们的实际管理经验，比较容易分析出产生进度滞后、成本节约的可能原因。（**问题难度：★★★**）

二、参考答案

进度滞后的问题，可能的原因：

（1）进度计划不合理。

（2）没有及时获取到所需资源，导致某些工作因缺少资源而进展缓慢。

（3）活动历时估算不准。

（4）对进度执行的监控力度不够。

成本节约的问题，可能的原因：

（1）成本估算和预算不合理。

（2）已完成工作所花的成本未被全部统计，从而形成成本节约的假象。

（3）已投入工作的资源其工作效率好于预期。

【问题 4】答题思路解析及参考答案

一、答题思路解析

从该问题的描述中，我们很容易判断出，该项目应该采用非典型偏差（非典型偏差是指项目未来的工作绩效与当前无关，和原计划保持一样，即项目未来的成本绩效指数和进度绩效指数都是"1"）（从"假设该项目现在解决了导致偏差的各种问题，后续工作可以按原计划继续实施"这句话可以推导出）计算待完工估算（ETC）和完工估算（EAC）。在非典型偏差的情况下，ETC = BAC–EV；而 EAC = AC + ETC。"案例描述及问题"中，我们已经知道 BAC（完工预算）为 50 万元，因此，将相关数据代入上述公式，即可计算出 ETC 和 EAC。（**问题难度：★★★**）

二、参考答案

由于解决了导致偏差的问题，后续工作可以按照原来的计划执行，因此可得：

ETC = BAC–EV = 50–23.8 = 26.2（万元）。

EAC = AC + ETC = 23 + 26.2 = 49.2（万元）。

2014.11 试题一

案例描述及问题

【说明】阅读下列材料，请回答问题 1 至问题 3，将解答填入答题纸的对应栏内。

下表是某项目的工程数据，根据各个问题中给出的要求和说明，完成问题 1 至问题 3，将解答填入答题纸的对应栏内。

活动	紧后活动	工期（周）
A	C　E	5
B	C　F	1
C	D	3
D	G　H	4
E	G	5
F	H	2
G	——	3
H	——	5

【问题 1】（4 分）

请指出该项目的关键路径，并计算该项目完成至少需要多少周？假设现在由于外部条件的限制，活动 E 结束 3 周后活动 G 才能开始；活动 F 开始 5 周后活动 H 才可以开始，那么项目需要多长时间才能完成？

【问题 2】（5 分）

分别计算在没有外部条件限制和【问题 1】中涉及的外部条件的限制下，活动 B 和 G 的总时差和自由时差。

【问题 3】（6 分）

假设项目预算为 280 万元，项目的所有活动经费按照活动每周平均分布，并与具体的项目无关，则项目的第 1 周预算是多少？项目按照约束条件执行到第 10 周结束时，项目共花费 200 万元，共完成了 A、B、C、E、F 5 项活动，请计算此时项目的 PV、EV、CPI 和 SPI。

答题思路总解析

从本案例提出的三个问题，我们很容易判断出：该案例主要考查的是项目的进度管理和项目成本管理，并且侧重考关键路径法、总时差、自由时差和成本控制。本案例后的【问题1】、【问题2】和【问题3】都是计算题，其中【问题1】和【问题2】需要用到关键路径法找关键路径、总工期、总时差和自由时差；【问题3】需要用到挣值管理的相关公式进行计算。（案例难度：★★★）

【问题1】答题思路解析及参考答案

一、答题思路解析

首先，画出项目进度网络图，使用关键路径法，采用顺推和逆推，找出各活动最早开始时间（ES）、最早结束时间（EF）、最晚开始时间（LS）和最晚结束时间（LF）。套用公式计算出每个活动的总时差，关键路径即活动总时差全为"0"且历时最长的那（几）条路径，如下图所示（为方便起见，我们在活动 G 和活动 H 后增加了一个历时为 0 的里程碑活动）：

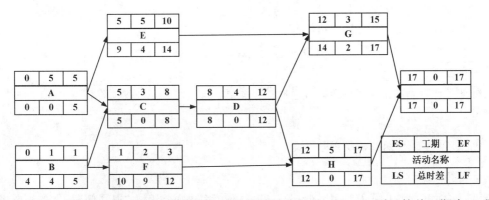

根据上图中的数据，我们就很容易找出项目的关键路径是 ACDH，项目的总工期为 17 周。

假设现在由于外部条件的限制，活动 E 结束 3 周后活动 G 才能开始；活动 F 开始 5 周后活动 H 才可以开始，则项目进度网络图如下（为方便起见，我们在活动 G 和活动 H 后增加了一个历时为 0 的里程碑活动）：

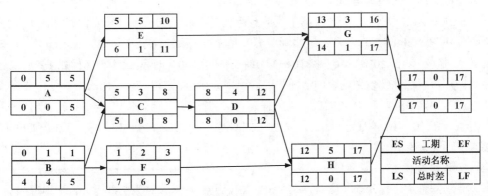

上图显示，外部条件的限制没有改变项目的关键路径（项目关键路径还是 ACDH），因此项目总工期还是 17 周。（问题难度：★★★）

二、参考答案

该项目的关键路径是 ACDH。

该项目完成至少需要 17 周。

假设现在由于外部条件的限制，活动 E 结束 3 周后活动 G 才能开始；活动 F 开始 5 周后活动 H 才可以开始，那么项目仍然需要 17 周才能完成。

【问题 2】答题思路解析及参考答案

一、答题思路解析

根据【问题 1】的答题思路解析，我们知道，在没有外部条件限制时，活动 B 总时差是 4 周，自由时差是 0 周；活动 G 的总时差是 2 周，自由时差是 2 周。在外部条件限制的情况下，活动 B 总时差是 4 周，自由时差是 0 周；活动 G 的总时差是 1 周，自由时差是 1 周。（**问题难度：★★**）

二、参考答案

在没有外部条件限制时，活动 B 总时差是 4 周，自由时差是 0 周；活动 G 的总时差是 2 周，自由时差是 2 周。

在外部条件限制的情况下，活动 B 总时差是 4 周，自由时差是 0 周；活动 G 的总时差是 1 周，自由时差是 1 周。

【问题 3】答题思路解析及参考答案

一、答题思路解析

要计算项目第 1 周的预算，就需要知道第 1 周应该完成哪些工作，从【问题 1】的答题思路解析中，我们知道，第 1 周应该完成活动 A 的五分之一和整个活动 B。根据本问题给出的约定条件"项目的所有活动经费按照活动每周平均分布"，其含义就是项目预算按项目的总工作量平均分布，而项目的总工作量就是各活动工作量之和，因此，项目总工作量是 28 周（5+1+3+4+5+2+3+5 = 28）。这样，每单位工作周的预算是 10 万元（280/28 = 10），因此，项目第 1 周的预算是 20 万元（活动 A 第 1 周的预算为 10 万元、活动 B 第 1 周的预算也是 10 万元）。项目按照约束条件执行到第 10 周结束时，共花费 200 万元，即 AC（实际成本）是 200 万元；共完成了 A、B、C、E、F 5 项活动，则 EV（挣值）= 5×10 + 1×10 + 3×10 + 5×10 + 2×10 = 160（万元）。根据【问题 1】的答题思路解析，我们知道，在外部条件约束的情况下，截止到第 10 周计划应该完成的工作：要完成活动 A、B、C、E、F，另外活动 D 要完成 2 周的任务量，因此 PV（计划价值）= 5×10 + 1×10 + 3×10 + 5×10 + 2×10 + 2×10 = 180（万元）。然后，通过公式 CPI = EV/AC、SPI = EV/PV，计算出 CPI 和 SPI。（**问题难度：★★★**）

二、参考答案

所有活动的总工作量为 5+1+3+4+5+2+3+5=28（周），项目预算为 280 万元，平均每周花 10 万元的项目预算。项目的第 1 周预算为 20 万元。

按照约束条件 10 周结束时，计划要完成 ABCEF 活动，且活动 D 要完成 2 周的任务量，因此

PV=5×10+1×10+3×10+5×10+2×10+2×10=180（万元）。

实际完成 ABCEF 活动，则 EV=5×10+1×10+3×10+5×10+2×10=160（万元）。

CPI=EV/AC=160/200=0.80。

SPI=EV/PV=160/180≈0.89。

2015.05 试题一

【说明】阅读下列材料，请回答问题 1 至问题 3，将解答填入答题纸的对应栏内。

案例描述及问题

项目经理小杨把编号为 1401 的工作包分配给张工负责实施，要求他必须在 25 天内完成。任务开始时间是 3 月 1 日早 8 点，每天工作时间为 8 小时。

张工对该工作包进行了活动分解和活动历时估算，并绘制了如下的"1401 工作包活动网络图"。

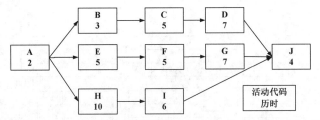

编号 1401 工作包的直接成本由人力成本（每人每天的成本是 1000 元）构成，每个活动需要 2 人完成。

【问题 1】（9 分）

请将下面（1）～（6）处的答案填写在答题纸的对应栏内。

张工按照"1401 工作包活动网络图"制定工作计划，预计总工期为 ___（1）___ 天。按此计划，预留的时间储备是 ___（2）___ 天。该网络图的关键路径是 ___（3）___。按照"1401 工作包活动网络图"所示，计算活动 C 的总时差是 ___（4）___ 天，自由时差是 ___（5）___ 天。正常情况下，张工下达给活动 C 的开工时间是 3 月 ___（6）___ 日。

【问题 2】（6 分）

假如活动 C 和活动 G 都需要张工主持施工（张工不能同时对活动 C 和 G 进行施工），请进行如下分析：

（1）由于各种原因，活动 C 在 3 月 9 日才开工，按照张工下达的进度计划，该工作包的进度是否会延迟？并说明理由。

（2）基于（1）所述的情况，在不影响整体项目工期的前提下，请分析张工宜采取哪些措施。

【问题 3】（10 分）

张工按照"1401 工作包活动网络图"编制了进度计划和工作包预算，经批准后发布。在第 12 天的工作结束后，活动 C、F、H 都刚刚完成，实际花费为 7 万元。请做如下计算和分析：

Chapter 3

（1）当前时点的 SPI 和 CPI。

（2）在此情况下，张工制定的进度计划是否会受到影响，并说明理由。

答题思路总解析

　　从本案例提出的三个问题，我们很容易判断出：该案例主要考查的是项目的进度管理和成本管理，并且侧重考关键路径法、总时差、自由时差和挣值技术。本案例后的【问题 1】、【问题 2】和【问题 3】都是以计算为主的题目，其中【问题 1】和【问题 2】需要用到关键路径法找关键路径、总工期、总时差和自由时差；【问题 3】需要用到挣值技术的相关公式进行计算。（案例难度：★★★）

【问题 1】答题思路解析及参考答案

一、答题思路解析

　　画出项目进度网络图，使用关键路径法，采用顺推和逆推法，找出各活动最早开始时间（ES）、最早结束时间（EF）、最晚开始时间（LS）和最晚结束时间（LF），如下图所示［针对本题，我们假定从第 1 天（即 3 月 1 日）开始计算］：

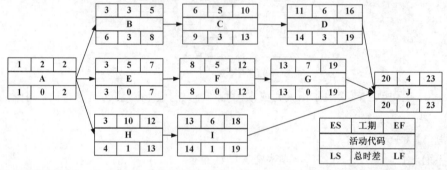

　　根据上图中的数据，我们就很容易找出项目的关键路径是 AEFGJ（关键路径即活动总时差全为"0"且历时最长的那（几）条路径），项目的总工期为 23 天。预留的时间储备是 2 天（25-23）。活动 C 的总时差是 3 天（9-6），自由时差是 0 天。正常情况下，张工下达给活动 C 的开工时间是3 月 6 日。（问题难度：★★★）

二、参考答案

　　张工按照"1401 工作包活动网络图"制定了工作计划，预计总工期为__23__天。按此计划，预留的时间储备是__2__天。该网络图的关键路径是__AEFGJ__。按照"1401 工作包活动网络图"所示，计算活动 C 的总时差是__3__天，自由时差是__0__天。正常情况下，张工下达给活动 C 的开工时间是 3 月__6__日。

【问题 2】答题思路解析及参考答案

一、答题思路解析

　　假如活动 C 和活动 G 都需要张工主持施工（张工不能同时对活动 C 和活动 G 进行施工），此时，项目的进度网络图将会发生变化，新的项目进度网络图如下：

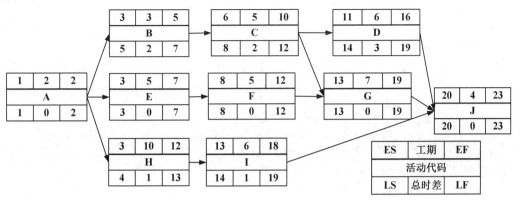

　　如果活动 C 在 3 月 9 日才开工，那么活动 C 在 13 日下午下班才能结束（活动 C 的工作时间是 9、10、11、12、13 日），而关键路径上的活动 G，开始时间是 13 日上午 8 点，所以会导致关键活动 G 延期 1 天，这样总工期也会延迟 1 天，但由于工作包有 2 天的储备时间，所以虽然进度比之前延期 1 天，但工作包整体进度还会在 25 天要求之内完成。

　　基于上述情况，在不影响整体项目工期的前提下（工期主要受 C、G 和 J 这三个活动影响），张工宜采取的措施有：①提高现有人员的工作效率对活动 C、G、J 进行赶工；②增加资源对活动 C、G、J 进行赶工；③加班对活动 C、G、J 进行赶工；④调派更有能力和经验的人对活动 C、G、J 进行赶工。

　　二、参考答案

　　（1）如果活动 C 在 3 月 9 日才开工，那么活动 C 在 13 日下午下班才能结束（活动 C 的工作时间是 9、10、11、11、13 日），而关键路径上的活动 G，开始时间是 13 日上午 8 点，所以会导致关键活动 G 延期 1 天，这样总工期也会延迟 1 天，但由于工作包有 2 天的储备时间，所以虽然进度比之前延期 1 天，但工作包整体进度还会在 25 天要求之内完成。

　　（2）基于上述情况，在不影响整体项目工期的前提下，张工宜采取的措施有：

　　1）提高现有人员的工作效率对活动 C、G、J 进行赶工。

　　2）增加资源对活动 C、G、J 进行赶工。

　　3）加班对活动 C、G、J 进行赶工。

　　4）调派更有能力和经验的人对活动 C、G、J 进行赶工。

　　【问题 3】答题思路解析及参考答案

　　一、答题思路解析

　　要计算成本绩效指数 CPI（CPI = EV/AC）和进度绩效指数 SPI（SPI = EV/PV），我们就需要知道计划价值（PV）、实际成本（AC）和挣值（EV）。根据【问题 1】"答题思路解析"中的项目进度网络图，我们知道第 12 天工作结束时应完成的工作任务有 A、B、C、E、F、H 六个活动，另外活动 D 应该执行 2 天，因此 PV 是 6.4 万元[(2 + 3 + 5 + 10 + 5 + 5 + 2)×2×1000]，EV 是 6 万元[(2 + 3 + 5 + 10 + 5 + 5)×2×1000]，而 AC 已知（7 万元）。把数据代入相关公式，即可计算出 CPI 和 SPI。

我们知道：CPI > 1 表示实际成本节约（实际成本低于预算），CPI < 1 表示成本超支（实际成本超过预算）；SPI > 1 表示进度提前（实际进度提前于计划进度），SPI < 1 表示进度滞后（实际进度滞后于计划进度）。根据计算出来的 CPI 和 SPI，就可以判断张工制订的进度计划是否会受到影响了。（问题难度：★★★）

二、参考答案

（1）PV=(2 + 3 + 5 + 10 + 5 + 5 + 2)×2×1000=6.4（万元）。

EV=(2 + 3 + 5 + 10 + 5 + 5)×2×1000 = 6.0（万元）。

CPI=EV/AC=6/7≈0.86。

SPI=EV/PV=6/6.4≈0.94。

（2）在此情况下，张工制定的进度计划会受到影响。因为目前情况下，进度滞后（SPI < 1）、成本超支（CPI < 1）。

2015.11 试题四

【说明】阅读下列材料，请回答问题 1 至问题 3，将解答填入答题纸的对应栏内。

案例描述及问题

某项目由 A、B、C、D、E、F、G、H 活动模块组成，下表给出了各活动之间的依赖关系，以及它们在正常情况和赶工情况下的工期及成本数据。假设每周的项目管理成本为 10 万元，而且项目管理成本与当周所开展的活动多少无关。

活动	紧前活动	正常情况		赶工情况	
		工期（周）	成本（万元/周）	工期（周）	成本（万元/周）
A	-	4	10	2	30
B	-	3	20	1	65
C	A、B	2	5	1	15
D	A、B	3	10	2	20
E	A	4	15	1	80
F	C、D	4	25	1	120
G	D、E	2	30	1	72
H	F、G	3	20	2	40

【问题 1】（6 分）

找出项目正常情况下的关键路径，并计算此时的项目最短工期和项目总体成本。

【问题 2】（4 分）

假设项目必须在 9 周内（包括第 9 周）完成，请列出此时项目中的关键路径，并计算此时项目的最低成本。

【问题 3】（7 分）

在计划 9 周完成的情况下，项目执行完第 4 周时，项目实际支出 280 万元，此时活动 D 还需要一周才能够结束，计算此时项目的 PV、EV、CPI 和 SPI（假设各活动的成本按时间均匀分配）。

答题思路总解析

从本案例提出的三个问题，我们很容易判断出：该案例主要考查的是项目的进度管理和项目成本管理，并且侧重考查关键路径法和挣值技术。本案例后的**【问题 1】**、**【问题 2】**和**【问题 3】**都是以计算为主的题目，其中**【问题 1】**和**【问题 2】**需要用到关键路径法找关键路径和总工期；**【问题 3】**需要用到挣值技术的相关公式进行计算。（案例难度：★★★★★）

【问题 1】答题思路解析及参考答案

一、答题思路解析

画出项目进度网络图，使用关键路径法，采用顺推和逆推法，找出各活动最早开始时间（ES）、最早结束时间（EF）、最晚开始时间（LS）和最晚结束时间（LF），如下图所示［关键路径即活动总时差全为"0"且历时最长的那（几）条路径］：

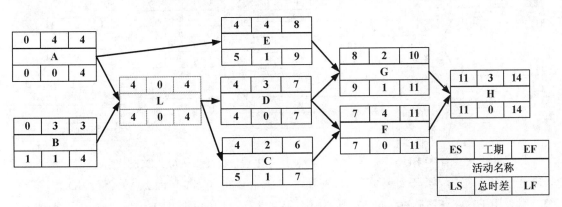

根据"案例描述及问题"表格中给出的活动之间的依赖关系，我们知道，活动 A、B 完成后才能开展活动 C 和 D。为方便读者朋友更容易看懂项目进度网络图，笔者在活动 A 和活动 B 后增加了一个历时为 0 的活动 L。

根据上图中的数据，我们就很容易找出项目的关键路径是 A（L）DFH，项目的最短工期为 14 周。

项目总成本为 560 万元（4×10 + 3×20 + 2×5 + 3×10 + 4×15 + 4×25 + 2×30 + 3×20 + 14×10 = 560，其中项目管理成本是 140 万元）。（问题难度：★★★）

二、参考答案

正常情况下项目的关键路径是 ADFH，最短工期是 14 周。

项目总体成本是 560 万元（4×10 + 3×20 + 2×5 + 3×10 + 4×15 + 4×25 + 2×30 + 3×20 + 14×10 = 560）。

【问题2】答题思路解析及参考答案

一、答题思路解析

首先，需要把关键路径 ADFH 压缩到 9 周（即要压缩 5 周）。关键路径上的活动：A 可以压缩 2 周（4-2），D 可以压缩 1 周（3-2），F 可以压缩 3 周（4-1），H 可以压缩 1 周（3-2）；所以压缩 5 周的组合有：压缩 A 和 F、压缩 D、F 和 H。如果压缩 A 和 F，在不考虑管理成本减少的情况下，增加的成本是（30×2-10×4）+（120×1-25×4）=20+20=40（万元）；如果压缩 D、F 和 H，在不考虑管理成本减少的情况下，增加的成本是（20×2-10×3）+（120×1-25×4）+（40×2-20×3）=10+20+20=50（万元）。所以选择压缩 A 和 F（即活动 A 工期变成 2 周、活动 F 工期变成 1 周）。

活动 A 工期变成 2 周、活动 F 工期变成 1 周，重新使用关键路径法，得到如下网络图：

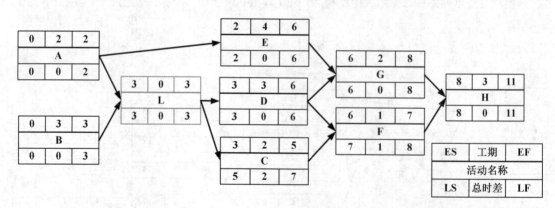

此时路径 AEGH 和 BDGH 是关键路径，项目工期是 11 周；路径 ADGH 为次关键路径，路径长度是 10 周。工期需要压缩到 9 周（即路径 AEGH 和 BDGH 需要压缩 2 周、路径 ADGH 需要压缩 1 周）。由于这三条路径的共同活动是 G、H，所以我们先考虑压缩 G、H，G 可以压缩 1 周（2-1），工期变成 1 周，H 可以压缩 1 周（3-2），工期变成 2 周。此时，在不考虑管理成本减少的情况下，增加的成本是（72×1-30×2）+（40×2-20×3）=12+20=32（万元）。

活动 G 工期变成 1 周，H 活动工期变成 2 周，此时项目网络图变成：

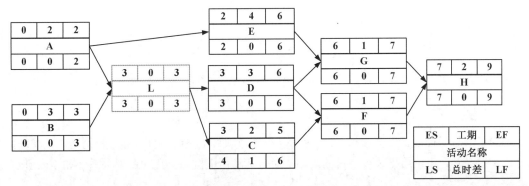

因此，项目的关键路径是：A（L）EGH、B（L）DGH 和 B（L）DFH 三条（注意：路径 A（L）DGH、A（L）DFH 上的所有活动总时差虽然都是"0"，但这两条路径的长度都是 8 周，因此这两条路径不是关键路径）。

最低成本是 582 万元（2×30 + 3×20 + 2×5 + 3×10 + 4×15 + 1×120 + 1×72 + 2×40 + 9×10=582）。

（问题难度：★★★★★）

二、参考答案

假设项目必须在 9 周内（包括第 9 周）完成，此时项目中的关键路径是 AEGH、BDGH 和 BDFH 三条，此时项目的最低成本是 582 万元（2×30 + 3×20 + 2×5 + 3×10 + 4×15 + 1×120 + 1×72 + 2×40 + 9×10=582）。

【问题 3】答题思路解析及参考答案

一、答题思路解析

要计算成本绩效指数 CPI（CPI = EV/AC）和进度绩效指数 SPI（SPI = EV/PV），我们就需要知道计划价值（PV）、实际成本（AC）和挣值（EV）。根据【问题 2】"答题思路解析"中的项目进度网络图，我们知道第 4 周工作结束时应完成的工作任务有 A、B 两个活动，另外活动 C 要执行 1 周、活动 D 应该执行 1 周、活动 E 应该执行 2 周，因此 PV 是 205 万元（2×30 + 3×20 + 1×5 + 1×10 + 2×15 + 4×10 = 205，其中 4×10 是项目管理成本）。

而根据该问题中的描述，我们可以知道，第 4 周工作结束时实际完成的工作任务有 A、B 两个活动和已经完成了 2 周的任务量的活动 D（根据【问题 3】中的描述，可以把其他活动看作没有开始做），因此 EV 是 180 万元（2×30 + 3×20 + 2×10 + 4×10 = 180，其中 4×10 是项目管理成本），而 AC 已知（280 万元）。把数据代入相关公式，即可计算出 CPI 和 SPI。**（问题难度：★★★）**

二、参考答案

PV =2×30 + 3×20 + 1×5 + 1×10 + 2×15 + 4×10 = 205（万元）。

EV = 2×30 + 3×20 + 2×10 + 4×10 = 180（万元）。

CPI = EV/AC=180/280≈0.64。

SPI = EV/PV=180/205≈0.88。

2016.05 试题一

【说明】阅读下列材料，请回答问题 1 至问题 4，将解答填入答题纸的对应栏内。

案例描述及问题

已知某信息工程项目由 A 到 I 共 9 个活动组成，项目组根据项目目标，特别是工期要求，经过分析、定义及评审，给出了该项目的活动历时、活动所需资源、活动逻辑关系，如下表所示：

活动	历时（天）	资源（人）	紧前活动
A	10	2	-
B	20	8	A
C	10	4	A
D	10	5	B
E	10	4	C
F	20	4	D
G	10	3	D
H	20	7	E、F
I	15	8	G、H

【问题 1】（2 分）
请指出该项目的关键路径和工期。

【问题 2】（6 分）
请给出活动 C、E、G 的总时差和自由时差。

【问题 3】（6 分）
项目经理以工期紧、项目难度高为由，向高层领导汇报申请组建 12 人的项目团队，但领导没有批准。

（1）领导为什么没有同意该项目经理的要求？若不考虑人员的能力差异，该项目所需人数最少是多少个人？

（2）由于资源有限，利用总时差、自由时差，调整项目人员安排而不改变项目关键路径和工期的技术是什么？

（3）活动 C、E、G 各自最迟从第几天开始执行才能满足（1）中项目所需人数最少的情况？

【问题 4】（6 分）
在（1）～（6）中填写内容。

为了配合甲方公司成立庆典，甲方要求该项目提前 10 天完工，并同意支付额外费用。承建单位经过论证，同意了甲方要求并按规范执行了审批流程。为了保质保量按期完工，在进度控制及人力资源管理方面可以采取的措施包括：

① 向____(1)____要时间，向____(2)____要资源。

② 压缩____(3)____上的工期。

③ 加强项目人员的质量意识，及时____(4)____，避免后期返工。

④ 采取压缩工期的方法：尽量____(5)____安排项目活动，组织大家加班加点进行____(6)____。

（1）～（6）供选择的答案

A．评审   B．激励   C．关键路径   D．非关键路径

E．赶工   F．并行   G．关键任务   H．串行

答题思路总解析

从本案例提出的四个问题很容易判断出：该案例主要考查的是项目的进度管理，并且侧重考关键路径法、总时差、自由时差和资源平滑技术。本案例后的【问题 1】、【问题 2】和【问题 3】都是以计算为主的题目，其中【问题 1】和【问题 2】需要用到关键路径法找关键路径、总工期、总时差和自由时差；【问题 3】需要用到资源平滑技术。【问题 4】属于纯理论性质的题目。（案例难度：★★★★）

【问题 1】答题思路解析及参考答案

一、答题思路解析

画出项目进度网络图，使用关键路径法，采用顺推和逆推法，找出各活动最早开始时间（ES）、最早结束时间（EF）、最晚开始时间（LS）和最晚结束时间（LF），如下图所示（关键路径即活动总时差全为"0"且历时最长的那（几）条路径）：

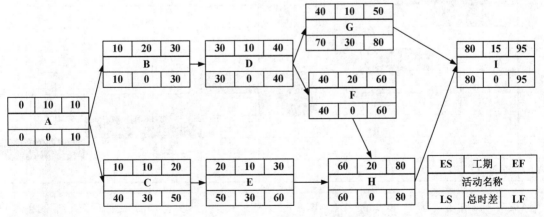

根据上图中的数据，我们就很容易找出项目的关键路径是 ABDFHI，项目的总工期为 95 天。

（问题难度：★★★）

二、参考答案

该项目的关键路径是 ABDFHI，工期是 95 天。

【问题 2】答题思路解析及参考答案

一、答题思路解析

根据【问题 1】答题思路解析中的项目进度网络图，利用总时差的计算公式，我们可以很容易计算出活动 C 的总时差是 30 天（40–10）、活动 E 的总时差是 30 天（50–20）、活动 G 的总时差 30 天（70–40）。利用自由时差的计算公式，我们可以很容易计算出活动 C 的自由时差是 0 天（20–20）、活动 E 的自由时差是 30 天（60–30）、活动 G 的自由时差是 30 天（80–50）。

二、参考答案

活动 C 的总时差是 30 天、自由时差是 0 天；活动 E 的总时差是 30 天、自由时差是 30 天；活动 G 的总时差是 30 天、自由时差是 30 天。

【问题 3】答题思路解析及参考答案

一、答题思路解析

根据【问题 1】答题思路解析中的项目进度网络图，如果以各活动最早开始时间来安排工作，则各时间段（5 天为一段）所需要的人数如下表（表格中最后一行为各时间段所需要的人数）：

5	10	15	20	25	30	35	40	45	50	55	60	65	70	75	80	85	90	95
A2（10）																		
		B8（20）																
		C4（10）																
						D5（10）												
				E4（10）														
								F4（20）										
						G3（10）												
												H7（20）						
																I8（15）		
2	2	12	12	12	12	5	5	7	7	4	4	7	7	7	7	8	8	8

我们注意到，上表中，除关键路径 ABDFHI 上的活动不能调整外，活动 CEG 在它们的总时差和自由时差范围内，是可以调整执行时间段并且不会对项目总工期造成影响的。这样，我们就可以采用资源平滑技术，通过"错峰"安排工作任务，来降低在某一时间段对资源数量的需求量，活动

的具体执行时间段可以如下安排：

5	10	15	20	25	30	35	40	45	50	55	60	65	70	75	80	85	90	95
A2（10）																		
		B8（20）																
						C4（10）												
						D5（10）												
								E4（10）										
								F4（20）										
									G3（10）								
											H7（20）						
														I8（15）				
2	2	8	8	8	8	9	9	8	8	7	7	7	7	7	8	8	8	8

这样，最高峰只需要9个人。所以本问题的第（1）小问，领导不同意项目经理的要求是正确的，该项目需要的最少人数是9个人。本问题的第（2）小问是一个纯理论性质的问题，由于资源有限，利用总时差、自由时差，调整项目人员安排而不改变项目关键路径和工期的技术可采用资源平滑技术。如上图，活动C最迟从第31天开始、活动E最迟从第41天开始、活动G最迟从第51天开始执行才能满足本问题第（1）小问中项目所需人数最少的要求。**（问题难度：★★★★）**

二、参考答案

（1）领导不同意项目经理的要求是正确的，该项目需要的最少人数为9人。

（2）资源平滑技术。

（3）活动C最迟从第31天开始、活动E最迟从第41天开始、活动G最迟从第51天开始执行就可以满足（1）中所需人数的最少的要求。

【问题4】答题思路解析及参考答案

一、答题思路解析

根据"答题思路总解析"中的阐述，该问题是一个纯理论性质的问题。为了配合甲方公司成立庆典，甲方要求该项目提前10天完工，这时就必须压缩关键路径，因此，应该向（关键路径）争取时间，通过把（非关键路径）路径上的资源抽调到关键路径上来赶工（关键活动），从而实现工期压缩。加强项目人员的质量意识，及时（评审），避免后期返工。采取压缩工期的方法：尽量（并行）安排项目活动，组织大家加班加点进行（赶工）。**（问题难度：★★★）**

二、参考答案

（1）C　（2）D　（3）G　（4）A　（5）F　（6）E

2016.11 试题一

【说明】阅读下列材料，请回答问题 1 至问题 4，将解答填入答题纸的对应栏内。

案例描述及问题

下图给出了一个信息系统项目的进度计划网络图（含活动历时）。

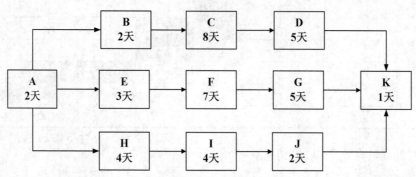

下表给出了该项目各项活动的历时和成本估算值。

活动名称	活动历时/天	成本估算值/元
A	2	1000
B	2	2000
C	8	4000
D	5	3000
E	3	3000
F	7	4000
G	5	5000
H	4	2000
I	4	3000
J	2	2000
K	1	1000

【问题 1】（5 分）

（1）请指出该项目的关键路径。

（2）请计算该项目的总工期。

（3）请计算活动 C 的总浮动时间和自由浮动时间。

【问题 2】（3 分）

假设该项目无应急储备，管理储备为 10000 元，计算该项目的完工预算 BAC 和总预算。

【问题 3】（6 分）

按照项目进度计划，第 12 天结束时应完成活动 C、F、J，实际情况为：C 完成了 75%；F 完成了 100%；J 完成了 50%；实际花费 25000 元。请计算该时间点的计划值 PV、挣值 EV、成本绩效指数 CPI 和进度绩效指数 SPI。

【问题 4】（6 分）

在项目第 12 天结束时，项目经理对项目滞后的原因进行了分析，找出了滞后原因 M（由 M 造成的偏差是非典型的）。

（1）假设 M 在以后的项目实施过程中不会再发生，请计算完工估算 EAC。

（2）假设 M 在以后的项目实施过程中一直存在，请计算完工估算 EAC。

答题思路总解析

从本案例提出的四个问题很容易判断出：该案例主要考查的是项目的进度管理和项目成本管理，并且侧重考关键路径法、总时差、自由时差和挣值技术。本案例后的【问题 1】、【问题 2】和【问题 3】都是以计算为主的题目，其中【问题 1】需要用到关键路径法找关键路径、总工期、总浮动时间和自由浮动时间；【问题 2】在搞清楚完工预算和总预算的概念的基础上简单计算即可；【问题 3】和【问题 4】需要用到挣值技术进行计算。（案例难度：★★★★）

【问题 1】答题思路解析及参考答案

一、答题思路解析

画出项目进度网络图，然后使用关键路径法，采用顺推和逆推法，找出各活动最早开始时间（ES）、最早结束时间（EF）、最晚开始时间（LS）和最晚结束时间（LF），如下图所示（关键路径即为活动总浮动时间全为"0"且历时最长的那（几）条路径）：

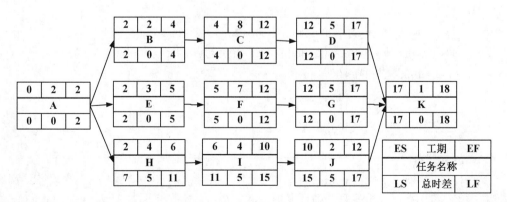

根据上图中的数据，我们就很容易找出项目的关键路径是 ABCDK 和 AEFGK，项目的总工期

是 18 天。根据活动总浮动时间和自由浮动时间的计算公式就可以计算出活动 C 的总浮动时间是 0 天（4–4）、自由浮动时间也是 0 天（12–12）。（**问题难度：★★★**）

二、参考答案

（1）项目的关键路径是：ABCDK、AEFGK。

（2）项目的总工期是 18 天。

（3）活动 C 的总浮动时间和自由浮动时间都是 0 天。

【问题 2】答题思路解析及参考答案

一、答题思路解析

完工预算 BAC 不包含管理储备，而总预算包含管理储备。因此，项目的完工预算 BAC 是 30000 元（1000+2000+4000+3000+3000+4000+5000+2000+3000+2000+1000）。总预算是 40000 元（30000+10000）。

二、参考答案

项目的完工预算（BAC）是 30000 元，总预算是 40000 元。

【问题 3】答题思路解析及参考答案

一、答题思路解析

根据**【问题 1】**答题思路解析中的项目进度网络图，我们可以知道：按计划，截止到第 12 天下班，应该完成的活动有：A、B、C、E、F、H、I、J，因此 PV 是 21000 元（1000+2000+4000+3000+4000+2000+3000+2000）。根据**【问题 2】**中给出的信息，我们可以计算出截止到第 12 天下班，项目的挣值（EV）是 19000 元（1000+2000+3000+2000+3000+4000×75%+ 4000+2000×50%）。项目的实际成本（AC）是 25000 元，套公式就可以计算出成本绩效指数（CPI）和进度绩效指数（SPI）分别是 0.76 和 0.90（CPI= EV/AC = 19000/25000≈0.76；SPI = EV/PV = 19000/21000≈ 0.90）。（**问题难度：★★★**）

二、参考答案

PV = 1000+2000+4000+3000+4000+2000+3000+2000 = 21000（元）。

EV = 1000+2000+3000+2000+3000+4000×75%+4000+2000×50% = 19000（元）。

CPI = EV/AC=19000/25000≈0.76。

SPI = EV/PV=19000/21000≈0.90。

【问题 4】答题思路解析及参考答案

一、答题思路解析

非典型偏差情况下，ETC（待完工估算）的计算公式是：ETC = BAC–EV；典型偏差情况下，ETC（待完工估算）的计算公式是：ETC =(BAC–EV)/CPI。计算出 ETC，然后套公式 EAC = AC + ETC，就可以算出两种情况下的 EAC 了。非典型偏差情况下，ETC 是 11000 元（30000–19000）；

典型偏差下，ETC ≈ 14473.6 元（30000–19000）/0.76。非典型偏差情况下，EAC 是 36000 元（25000 + 11000）；典型偏差下，ETC = 39473.6 元（25000 + 14473.6）。（**问题难度：★★★**）

二、参考答案

（1）EAC = AC + ETC = 25000 + (30000–19000)= 25000 + 11000 = 36000（元）。

（2）EAC = AC + ETC = 25000 + (30000–19000)/CPI = 25000 + 11000/0.76 ≈ 25000+14473.6 = 39473.6（元）。

2017.05 试题二

【说明】阅读下列材料，请回答问题 1 至问题 4，将解答填入答题纸的对应栏内。

案例描述及问题

某项目细分为 A、B、C、D、E、F、G、H 共八个模块，而且各模块之间的依赖关系和持续时间如下表所示：

活动名称	紧前活动	活动持续时间（天）
A	—	5
B	A	3
C	A	6
D	A	4
E	B、C	8
F	C、D	5
G	D	6
H	E、F、G	9

【问题 1】（4 分）
计算该项目的关键路径和项目的总工期。

【问题 2】（8 分）
（1）计算活动 B、C、D 的总时差。
（2）计算活动 B、C、D 的自由时差。
（3）计算活动 D、G 的最迟开始时间。

【问题 3】（5 分）
如果活动 G 尽早开始，但工期拖延了 5 天，则该项目的工期会拖延多少天？请说明理由。

【问题 4】（5 分）
请简要说明什么是接驳缓冲和项目缓冲。如果采取关键链法对该项目进行进度管理，则接驳缓冲应该设置在哪里？

答题思路总解析

从本案例提出的四个问题很容易判断出：该案例主要考查的是项目的进度管理，并且侧重考关键路径法、总时差、自由时差。本案例后的【问题1】和【问题2】需要用到关键路径法找关键路径、总工期、总时差和自由时差。【问题3】需要用到总时差的含义和作用来作答。【问题4】属于纯理论性质的问题。（案例难度：★★★）

【问题1】答题思路解析及参考答案

一、答题思路解析

画出项目进度网络图，然后使用关键路径法，采用顺推和逆推，找出各活动最早开始时间（ES）、最早结束时间（EF）、最晚开始时间（LS）和最晚结束时间（LF），如下图所示：

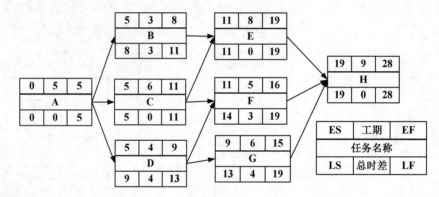

从上面，我们可以知道，项目的总工期是28天。套公式，就可以计算出每一个活动的总时差，因此项目的关键路径是ACEH（关键路径即活动的总时差都是"0"且历时最长的那（几）条路径）。（问题难度：★★★）

二、参考答案

项目的关键路径是ACEH，项目的总工期是28天。

【问题2】答题思路解析及参考答案

一、答题思路解析

根据【问题1】"答题思路解析"中使用关键路径法之后的项目进度网络图，套公式，我们可以计算出活动B、C、D的总时差分别是3天（8–5）、0天（5–5）和4天（9–5）；活动B、C、D的自由时差分别是3天（11–8）、0天（11–11）和0天（9–9）。根据【问题1】"答题思路解析"中使用关键路径法之后的项目进度网络图，我们也可以知道，活动D的最晚开始时间是第10天（活动D的最晚开始时间"9"的真正含义是第10天上班），活动G的最晚开始时间是第14天（活动

G 的最晚开始时间 "13" 的真正含义是第 14 天上班）。（**问题难度：★★★**）

二、参考答案

（1）活动 B、C、D 的总时差分别是 3 天、0 天和 4 天。

（2）活动 B、C、D 的自由时差分别是 3 天、0 天和 0 天。

（3）活动 D 的最晚开始时间是第 10 天，活动 G 的最晚开始时间是第 14 天。

【问题 3】答题思路解析及参考答案

一、答题思路解析

根据【**问题 1**】"答题思路解析"中使用关键路径法之后的项目进度网络图，套公式我们可以计算出活动 G 的总时差是 4 天（13–9）。根据总时差的含义和作用，我们知道：如果活动 G 以最早时间开始，工期拖延 4 天是不会改变项目工期的；但问题的描述中说活动 G 的工期拖延了 5 天，因此该项目的工期会拖延 1 天。（**问题难度：★★★**）

二、参考答案

工期会延误一天。因为活动 G 的总时差只有 4 天，工期拖延了 5 天，所以项目工期会延误 1 天。

【问题 4】答题思路解析及参考答案

一、答题思路解析

根据"答题思路总解析"中的阐述，该问题是一个纯理论性质的问题。项目缓冲是用来保证项目不因关键链的延误而延误；接驳缓冲是用来保护关键链不受非关键链延误的影响。项目缓冲应放在最后一个活动后（项目完成前）。接驳缓冲应放在非关键链与关键链的接合点。（**问题难度：★★★**）

二、参考答案

项目缓冲是用来保证项目不因关键链的延误而延误；接驳缓冲是用来保护关键链不受非关键链延误的影响。因此，项目缓冲放在最后一个活动后（项目完成前），接驳缓冲放在非关键链与关键链的接合点。

2017.11 试题二

【说明】 阅读下列材料，请回答问题 1 至问题 4，将解答填入答题纸的对应栏内。

案例描述及问题

某信息系统项目包含如下 A、B、C、D、E、F、G、H 八个活动。各活动的历时估算和活动间的逻辑关系如下表所示（其中活动 E 的历时空缺）：

活动名称	活动历时（天）	紧前活动
A	2	--
B	4	A
C	5	A
D	3	A
E		B
F	4	C、D
G	3	E、F
H	3	G

【问题1】（3分）

假设活动 E 的最乐观时间为 1 天，最可能时间为 4 天，最悲观时间为 7 天，请用三点估算法计算活动 E 的持续时间。

【问题2】（6分）

下图给出了该项目网络图的一部分（该图仅为方便考生答题，空缺部分不需要在试卷或者答题纸上回答）。

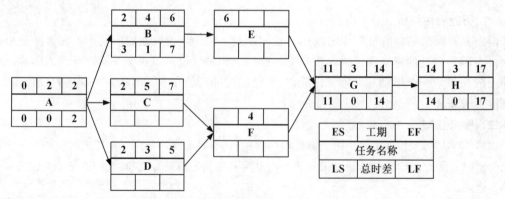

根据上图并结合基于【问题1】的计算结果，请计算活动 C、D、E 的总浮动时间和自由浮动时间。

【问题3】（4分）

基于【问题2】的计算结果，请计算：

（1）该项目的关键路径。

（2）该项目的总工期。

【问题4】（5分）

请指出缩短项目工期的方法。

答题思路总解析

从本案例提出的四个问题很容易判断出：该案例主要考查的是项目的进度管理，并且侧重考三点估算法、关键路径法、总时差、自由时差。本案例后的【问题 1】套用三点估算法计算均值的公式就可以了。【问题 2】和【问题 3】需要用到关键路径法找关键路径、总工期、总时差和自由时差。【问题 4】属于纯理论性质的问题。（案例难度：★★★）

【问题 1】答题思路解析及参考答案

一、答题思路解析

要能正确解答该问题，我们只需要套用三点估算法计算均值的公式就可以了（三点估算法的具体使用方法，见第 2 章→计算类型的案例分析题技巧和常考计算技术详解→三点估算法详解）。活动 E 的持续时间为 4 天[(1 + 4×4 + 7)/6]。（**问题难度：★★★**）

二、参考答案

活动 E 的持续时间为 4 天。

【问题 2】答题思路解析及参考答案

一、答题思路解析

根据问题中给出的项目进度网络图，使用关键路径法，采用顺推和逆推法，找出各活动最早开始时间（ES）、最早结束时间（EF）、最晚开始时间（LS）和最晚结束时间（LF），如下图所示：

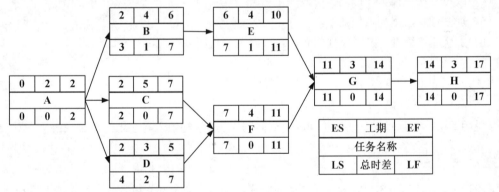

套公式，就可以计算出活动 C、D、E 的总浮动时间分别是 0 天（2 –2）、2 天（4–2）和 1 天（7–6）；活动 C、D、E 的自由浮动时间分别是 0 天（7 –7）、2 天（7–5）和 1 天（11–10）。（**问题难度：★★★**）

二、参考答案

活动 C、D、E 的总浮动时间分别是 0 天、2 天和 1 天；活动 C、D、E 的自由浮动时间分别是 0 天、2 天和 1 天。

【问题3】答题思路解析及参考答案

一、答题思路解析

由于关键路径即活动总浮动时间全为"0"且历时最长的那（几）条路径，根据【问题2】答题思路解析中的项目进度网络图，我们知道，该项目的关键路径是：ACFGH。

二、参考答案

该项目的关键路径是：ACFGH。

【问题4】答题思路解析及参考答案

一、答题思路解析

根据"答题思路总解析"中的阐述，该问题是一个纯理论性质的问题。缩短项目工期的方法，主要有：①赶工；②快速跟进，并行施工；③使用高素质的资源或经验更丰富的人员，提高工作效率；④改进方法或技术，提高工作效率；⑤加强激励，提高工作效率；⑥加强质量管理，及时发现问题，减少返工，从而缩短工期。（**问题难度：★★★**）

二、参考答案

缩短项目工期的方法，主要有：

（1）赶工。

（2）快速跟进，并行施工。

（3）使用高素质的资源或经验更丰富的人员，提高工作效率。

（4）改进方法或技术，提高工作效率。

（5）加强激励，提高工作效率。

（6）加强质量管理，及时发现问题，减少返工，从而缩短工期。

2018.05 试题二

【说明】阅读下列材料，请回答问题1至问题3，将解答填入答题纸的对应栏内。

案例描述及问题

某项目由P1、P2、P3、P4、P5五个活动组成，五个活动全部完成之后项目才能够完成，每个活动都需要用到R1、R2、R3三种互斥资源，三种资源都必须达到活动的资源需求量，活动才能开始。已分配资源只有在完成本活动后才能被其他活动所用。目前项目经理能够调配的资源有限，R1、R2、R3的可用资源数分别为9、8、5。

活动对资源的需求量、已分配资源数和各活动历时如下表所示（假设各活动之间没有依赖关系）：

活动	资源需求量			已分配资源数			历时（周）
	R1	R2	R3	R1	R2	R3	
P1	6	4	1	1	2	1	1
P2	2	3	1	2	1	1	3
P3	8	0	1	2	0	0	3
P4	3	2	0	1	2	0	2
P5	1	4	4	1	1	3	4

【问题 1】（6 分）

基于以上案例，简要叙述最优的活动步骤安排。

【问题 2】（7 分）

基于以上案例，请计算项目的完工时间（详细写出每个活动的开始时间、占用资源和完成时间以及项目经理分配资源的过程）。

【问题 3】（4 分）

在制订项目计划的过程中，往往受到资源条件的限制，因此会经常采用资源平衡和资源平滑方法，请简要描述二者的区别。

答题思路总解析

从本案例提出的三个问题，我们很容易判断出：该案例主要考查的是项目的进度管理。本案例后的【问题 1】和【问题 2】侧重考查制定进度计划，【问题 3】是纯理论性质的问题，与案例关系不大。（案例难度：★★★★★）

【问题 1】答题思路解析及参考答案

一、答题思路解析

根据项目所提供的资源、各活动所需要的资源、各活动已分配的资源，我们可以知道：各活动还需要的资源、已分配的总资源、目前剩余资源情况如下表：

活动	资源需求量			已分配资源数			历时（周）	还需资源数		
	R1	R2	R3	R1	R2	R3		R1	R2	R3
P1	6	4	1	1	2	1	1	5	2	0
P2	2	3	1	2	1	1	3	0	2	0
P3	8	0	1	2	0	0	3	6	0	1
P4	3	2	0	1	2	0	2	2	0	0
P5	1	4	4	1	1	3	4	0	3	1
已分配的总资源				7	6	5	目前剩余资源	2	2	0

根据剩余资源和各活动还需要的资源，可以看出，剩余资源数量仅仅并刚好满足 P2（P2 还需要 R1、R2、R3 的资源数量是 0、2、0）和 P4（P4 还需要 R1、R2、R3 的资源数量是 2、0、0）的需要。把剩余资源分配给 P2 和 P4 后，R1、R2、R3 剩余资源的数量是 0、0、0。因此，第 1 周和第 2 周，完成 P4；第 1 周、第 2 周和第 3 周完成 P2。

P4 完成后，所释放的资源 R1、R2、R3 的数量分别是 3、2、0，这个资源量不能满足 P1、P3 和 P5 任何一项活动所需资源数量的要求，所以此时不能开展这三个活动中的任何一个。

P2 完成后（当然此时 P4 已经完成了），P4 和 P2 所释放的资源 R1、R2、R3 的数量分别是 5、5、1，这些资源数量刚好满足 P1（P1 还需要 R1、R2、R3 的资源数量是 5、2、0）和 P5（P5 还需要 R1、R2、R3 的资源数量是 0、3、1）对 R1、R2、R3 资源数量的需求。把 P4 和 P2 所释放的资源分配给 P1 和 P5 后，R1、R2、R3 剩余资源的数量是 0、0、0。因此，第 4 周完成 P1；第 4 周、第 5 周、第 6 周和第 7 周完成 P5。第 4 周当 P1 完成后，所释放出来的 R1、R2、R3 的资源数量分别是 6、4、1，而 P3 还需要 R1、R2、R3 的资源数分别是 6、0、1，所释放出来的资源满足 P3 的需要后，资源 R1、R2、R3 分别还剩余 0、4、0，因此 P3 可以安排在第 5 周、第 6 周和第 7 周执行。（**问题难度：★★★★★**）

二、参考答案

最优的活动步骤安排是：

第 1 周和第 2 周完成 P4；第 1 周、第 2 周和第 3 周完成 P2。

第 4 周完成 P1；第 4 周、第 5 周、第 6 周和第 7 周完成 P5。

第 5 周、第 6 周和第 7 周完成 P3。

【问题 2】答题思路解析及参考答案

一、答题思路解析

根据【问题 1】答题思路解析，我们可以得出活动安排的执行顺序如下图（**问题难度：★★ ★★★**）：

第 1 周	第 2 周	第 3 周	第 4 周	第 5 周	第 6 周	第 7 周
P4						
P2						
			P1			
			P5			
				P3		

二、参考答案

项目完工时间为 7 周。

P4 活动的开始时间是从第 1 周开始，占用资源 R1、R2、R3 分别是 3、2、0，完成时间是第 2 周结束。项目经理从剩余的资源中给 P4 分别分配 R1、R2、R3 的资源数量是 2、0、0。

P2 活动的开始时间是从第 1 周开始，占用资源 R1、R2、R3 分别是 2、3、1，完成时间是第 3 周结束。项目经理从剩余的资源中给 P2 分别分配 R1、R2、R3 的资源数量是 0、2、0。

P1 活动的开始时间是从第 4 周开始，占用资源 R1、R2、R3 分别是 6、4、1，完成时间是第 4 周结束。项目经理从 P2 和 P4 释放出的资源中给 P1 分别分配 R1、R2、R3 的资源数量是 5、2、0。

P5 活动的开始时间是从第 4 周开始，占用资源 R1、R2、R3 分别是 1、4、4，完成时间是第 7 周结束。项目经理从 P2 和 P4 释放出的资源中给 P5 分别分配 R1、R2、R3 的资源数量是 0、3、1。

P3 活动的开始时间是从第 5 周开始，占用资源 R1、R2、R3 分别是 8、0、1，完成时间是第 7 周结束。项目经理从 P1 活动释放出的资源中给 P3 分别分配 R1、R2、R3 的资源数量是 6、0、1。

活动安排的执行顺序如下图：

第 1 周	第 2 周	第 3 周	第 4 周	第 5 周	第 6 周	第 7 周
P4						
P2						
			P1			
			P5			
				P3		

【问题 3】答题思路解析及参考答案

一、答题思路解析

根据"案例描述及问题"中的信息可知，该问题是一个纯理论性质的问题。（**问题难度：★★★**）

二、参考答案

资源平衡是为了在资源需求与资源供给之间取得平衡，根据资源制约对开始日期和结束日期进行调整的一种技术。资源平衡往往导致关键路径的改变。

资源平滑是对进度模型的活动进行调整，从而使项目资源需求不超过预定的资源限制的一种技术。相对于资源平衡而言，资源平滑不会改变项目的关键路径，完工日期也不会延迟。也就是说，活动只在其自由浮动时间和总浮动时间内延迟。

2018.11 试题三

【说明】 阅读下列材料，请回答问题 1 至问题 4，将解答填入答题纸的对应栏内。

案例描述及问题

下表给出了某信息系统建设项目的所有活动截止到 2018 年 6 月 1 日的成本绩效数据，项目完工预算 BAC 为 30000 元。

活动名称	完成百分比（%）	PV（元）	AC（元）
1	100	1000	1000
2	100	1500	1600
3	100	3500	3000
4	100	800	1000
5	100	2300	2000
6	80	4500	4000
7	100	2200	2000
8	60	2500	1500
9	50	4200	2000
10	50	3000	1600

【问题 1】（10 分）

请计算项目当前的成本偏差 CV、进度偏差 SV、成本绩效指数 CPI、进度绩效指数 SPI，并指出该项目的成本和进度的执行情况（CPI 和 SPI 结果保留两位小数）。

【问题 2】（3 分）

项目经理对项目偏差产生的原因进行了详细分析，预期未来还会发生类似偏差。如果项目要按期完成，请估算项目的 ETC（结果保留一位小数）。

【问题 3】（2 分）

假如此时项目增加 100 元的管理储备，项目完工预算 BAC 如何变化？

【问题 4】（6 分）

以下成本中，直接成本有哪三项？间接成本有哪三项？（从候选答案中选择正确项，将该选项编号填入答题纸对应栏内，所选答案多于三项不得分）

A. 销售费用　　　　　　B. 项目成员的工资　　　　C. 办公室电费

D. 项目成员的差旅费　　E. 项目所需的物料费　　　F. 公司为员工缴纳的商业保险费用

答题思路总解析

从本案例提出的三个问题很容易判断出：该案例主要考查的是项目的成本管理，侧重考挣值技术。本案例后的**【问题 1】**和**【问题 2】**侧重考挣值计算，**【问题 3】**和**【问题 4】**侧重考概念判断。

（案例难度：★★★）

【问题 1】答题思路解析及参考答案

一、答题思路解析

根据"案例描述及问题"中的信息可知，该问题侧重考挣值计算。要我们计算成本偏差（CV）、进度偏差（SV）、成本绩效指数（CPI）和进度绩效指数（SPI），因此就需要知道公式：CV = EV–AC，SV = EV–PV，CPI = EV/AC，SPI = EV/PV。这样，我们就需要统计出 EV、PV 和 AC 这三个数据。根据"案例描述及问题"表格中的数据，我们可以统计出 EV=1000+1500+3500+800+2300+4500×80%+2200+2500×60%+4200×50%+3000×50%=20000（元），AC=1000+1600+3000+1000+2000+4000+2000+1500+2000+1600=19700（元），PV=1000+1500+3500+800+2300+4500+2200+2500+4200+3000=25500（元）。代入公式，我们可以计算出：CV=EV–AC=20000–19700=300 元，SV=EV–PV=20000–25500=–5500 元，CPI=EV/AC=20000/19700≈1.02，SPI=EV/PV=20000/25500≈0.78。由于 CPI>1，SPI<1，因此项目当前的绩效情况是成本节约；进度滞后。

二、参考答案

EV = 20000（元），AC = 19700（元），PV = 25500（元）。

成本偏差 CV = EV–AC=20000–19700 = 300 元。

进度偏差 SV = EV–PV = 20000–25500 = –5500 元。

成本绩效指数 CPI = EV/AC = 20000/19700≈1.02。

进度绩效指数 SPI = EV/PV=20000/25500≈0.78。

由于 CPI>1，SPI<1，因此项目当前的绩效情况是成本节约，进度滞后。

【问题 2】答题思路解析及参考答案

一、答题思路解析

根据"案例描述及问题"中的信息可知，该问题侧重考挣值计算。从问题中的描述（预期未来还会发生类似偏差）我们知道，应该采用典型偏差计算 ETC。而典型偏差情况之下，ETC = (BAC–EV)/CPI。BAC 是 30000 元，EV 是 20000 元，CPI 是 0.78，代入公式 ETC =(BAC–EV)/CPI=(30000–20000)/1.02≈9803.9（元）。（**问题难度：★★★**）

二、参考答案

ETC =(BAC–EV)/CPI =(30000–20000)/1.02≈9803.9（元）。

【问题 3】答题思路解析及参考答案

一、答题思路解析

根据"案例描述及问题"中的信息可知，该问题侧重考概念判断。由于管理储备不属于成本基准，因此项目完工预算（BAC）不会变化。（**问题难度：★★★**）

二、参考答案

项目完工预算（BAC）不变；因为管理储备不包括在成本基准中，不纳入完工估算 BAC 中。

【问题4】答题思路解析及参考答案

一、答题思路解析

根据"案例描述及问题"中的信息可知，该问题侧重考概念判断。在这六项成本中，（B）项目成员的工资、（D）项目成员的差旅费和（E）项目所需的物料费属于直接成本；（A）销售费用、（C）办公室电费和（F）公司为员工缴纳的商业保险费属于间接成本。**（问题难度：★★★）**

二、参考答案

直接成本：B、D、E。

间接成本：A、C、F。

2019.05 试题二

【说明】阅读下列材料，请回答问题 1 至问题 3，将解答填入答题纸的对应栏内。

案例描述及问题

项目经理根据甲方要求估算了项目的工期和成本。项目进行到 20 天的时候，项目经理对项目进度情况进行了评估，得到各活动实际花费成本（见下表），此时 A、B、C、D、F 已经完工，E 仅完成了二分之一，G 仅完成了三分之二，H 尚未开工。

工作代号	紧前工作	估算工期	赶工一天增加的成本	计划成本（万元）	实际成本（万元）
A	—	5	2100	5	3
B	A	6	1000	4	7
C	A	8	2000	7	5
D	C、B	7	1800	8	3
E	C	2	1000	2	3
F	C	2	1200	1	1
G	F	3	1300	3	1
H	D、E、G	3	1600	4	0
I	H	5	1500	5	0

【问题1】（6分）

基于以上案例，项目经理绘制了单代号网络图，请将下图补充完整。

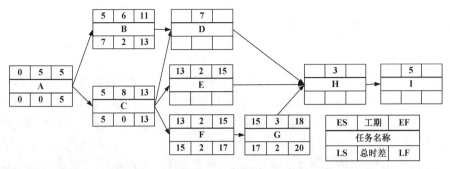

【问题 2】（5 分）

基于补充后的网络图：

（1）请指出项目的工期、关键路径和活动 E 的总时差。

（2）项目经理现在想通过赶工的方式提前一天完成项目，应该压缩哪个活动最合适？为什么？

【问题 3】（6 分）

请计算项目当前的 PV、EV、AC、CV、SV，并评价项目进度和成本绩效。

答题思路总解析

从本案例提出的三个问题很容易判断出：该案例主要考查的是项目的进度管理和项目成本管理，侧重考关键路径法、总时差和挣值技术。本案例后的【问题1】、【问题2】和【问题3】都是以计算为主的题目，其中【问题1】和【问题2】需要用到关键路径法的顺推和逆推，找项目关键路径、总工期和活动总时差；【问题3】需要用到挣值技术进行计算。（**案例难度：★★★**）

【问题 1】答题思路解析及参考答案

一、答题思路解析

通过使用关键路径法的顺推和逆推，即可以完成单代号网络图的补充（**问题难度：★★**）。

二、参考答案

单代号网络图补充完整后如下：

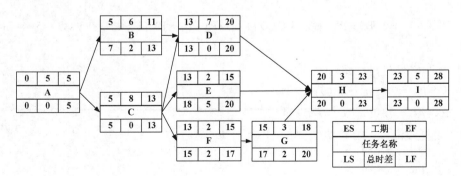

【问题2】答题思路解析及参考答案

一、答题思路解析

根据【问题1】的解析和结果可知，项目的工期为28天；由于关键路径即活动总时差全为"0"且历时最长的那（几）条路径，因此该项目的关键路径是ACDHI。活动E的总时差是5天。从【问题1】中补充完整的网络图可以看出，除关键路径外，其他路径的历时都没有超过26天，压缩一天工期之后关键路径不变，因此只需压缩关键路径上的活动即可，而关键路径上还没有完成的活动中活动I的赶工成本最少，因此选择压缩活动I。（**问题难度：★★★**）

二、参考答案

（1）该项目的工期为28天，关键路径是ACDHI，活动E的总时差为5天。

（2）应该压缩活动I。理由：除关键路径外，其他路径的历时都没有超过26天，压缩一天工期之后关键路径不变，因此只需压缩关键路径上的活动即可，而关键路径上还没有完成的活动中活动I的赶工成本最少，因此选择压缩活动I。

【问题3】答题思路解析及参考答案

一、答题思路解析

根据【问题1】答题思路解析中的项目进度网络图，我们知道：按计划，项目进行到第20天结束时，活动A、B、C、D、E、F、G应当已经完工，此时PV = PV（A）+ PV（B）+ PV（C）+ PV（D）+ PV（E）+ PV（F）+ PV（G）= 5+4+7+8+2+1+3 = 30（万元）；而实际到第20天结束时，A、B、C、D、F已经完工，E仅完成了1/2，G仅完成了2/3，因此此时EV = PV（A）+ PV（B）+ PV（C）+ PV（D）+ 0.5×PV（E）+ PV（F）+ 2/3×PV（G）= 5+4+7+8+0.5×2 + 1 + 2/3×3 = 28（万元）；AC = 3+7+5+3+3+1+1 = 23（万元）。则SV = EV–PV = 28–30 = –2（万元）；CV = EV–AC = 28–23 = 5（万元），因此，当前项目进度滞后，成本节约。（**问题难度：★★★**）

二、参考答案

PV = PV（A）+ PV（B）+ PV（C）+ PV（D）+ PV（E）+ PV（F）+ PV（G）= 5+4+7+8+2+1+3 = 30（万元）

EV = PV（A）+ PV（B）+ PV（C）+ PV（D）+ 0.5×PV（E）+ PV（F）+ 2/3×PV（G）= 5+4+7+8+0.5×2 + 1 + 2/3×3 = 28（万元）

AC = 3+7+5+3+3+1+1 = 23（万元）

SV = EV–PV = 28–30 = –2（万元）

CV = EV–AC = 28–23 = 5（万元）

当前项目进度滞后，成本节约。

2019.11 试题二

【说明】阅读下列材料，请回答问题 1 至问题 4，将解答填入答题纸的对应栏内。

案例描述及问题

某公司中标了一个软件开发项目，项目经理根据以往的经验估算了开发过程中各项任务需要的工期及预算成本，见下表。

到第 13 天晚上，项目经理检查了项目的进度情况和经费的使用情况，发现 A、B、C 三项活动均已完工，D 任务明天可以开工，E 任务完成了一半，F 尚未开工。

任务	紧前任务	工期			PV（单位：元）	AC（单位：元）
		乐观	可能	悲观		
A	——	2	5	8	500	400
B	A	3	5	13	600	650
C	A	3	3	3	300	200
D	B、C	1	1	7	200	
E	C	1	2	3	200	180
F	D、E	1	3	5	300	

【问题 1】（5 分）
请采用合适的方法估算各个任务的工期，并计算项目的总工期和关键路径。

【问题 2】（3 分）
分别给出 C、D、E 三项活动的总时差。

【问题 3】（7 分）
请计算并分析该项目第 13 天晚上时的执行绩效情况。

【问题 4】（5 分）
针对项目目前的绩效情况，项目经理应该采取哪些措施。

答题思路总解析

从本案例提出的四个问题很容易判断出：该案例主要考查的是项目的进度管理和项目成本管理，侧重考三点估算法、关键路径法、总时差和挣值技术。本案例后的【问题 1】、【问题 2】和【问题 3】都是以计算为主的题目，其中【问题 1】需要用到三点估算法、关键路径法的顺推和逆推，找项目关键路径和总工期；【问题 2】需要用到计算活动总时差的公式；【问题 3】需要用到挣值技

术进行计算;【问题4】需要根据【问题3】的结果给出改进措施。(案例难度:★★★)

【问题1】答题思路解析及参考答案

一、答题思路解析

用三点估算法计算均值的公式 [均值 =(最乐观 + 4×最可能 + 最悲观)/6] 计算出各活动的平均工期。任务 A、B、C、D、E、F 的工期分别是 5 天[(2+4×5+8)/6]、6 天[(3+4×5+13)/6]、3 天[(3+4×3+3)/6]、2 天[(1+4×1+7)/6]、2 天[(1+4×2+3)/6]和3 天[(1+4×3+5)/6]。然后根据"案例描述及问题"中表格中各任务之间依赖关系画出项目的进度单代号网络图,使用关键路径法进行顺推和逆推,得到如下结果:(问题难度:★★★)

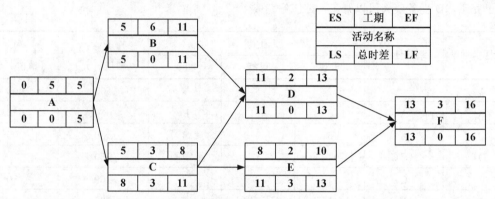

从上图可以看出,项目的总工期是 16 天,由于关键路径即任务总时差全为"0"且历时最长的那(几)条路径,因此该项目的关键路径是 ABDF。

二、参考答案

采用三点估算法估算各任务工期。

任务 A 的工期是 5 天[(2+4×5+8)/6];任务 B 的工期是 6 天[(3+4×5+13)/6];任务 C 的工期是 3 天[(3+4×3+3)/6];任务 D 的工期是 2 天[(1+4×1+7)/6];任务 E 的工期是 2 天[(1+4×2+3)/6];任务 F 的工期是 3 天[(1+4×3+5)/6]。

项目的总工期是 16 天,关键路径是 ABDF。

【问题2】答题思路解析及参考答案

一、答题思路解析

根据【问题1】的解析和结果,采用任务总时差的计算公式计算相关活动的总时差,所以任务 C、D、E 的总时差分别是 3 天(8–5)、0 天(11–11)和 3 天(11–8)。(问题难度:★★)

二、参考答案

任务 C、D、E 的总时差分别是 3 天、0 天和 3 天。

【问题 3】答题思路解析及参考答案

一、答题思路解析

根据【问题1】答题思路解析中的项目进度网络图，我们知道：按计划，项目进行到第 13 天结束时，按计划应该完成的任务有 A、B、C、D 和 E。因此 PV = PV（A）+ PV（B）+ PV（C）+ PV（D）+ PV（E）= 500 + 600 + 300 + 200 + 200 = 1800（元）；而实际到第 13 天结束时，A、B、C 三项活动均已完工，D 任务明天可以开工，E 任务完成了一半，F 尚未开工，因此此时 EV = PV（A）+ PV（B）+ PV（C）+ 0.5×PV（E）=500+600+300+0.5×200 = 1500（元）；AC = 400 + 650 + 200 + 180 = 1430（元）。则 SPI = EV/PV = 1500/1800 =0.83；CPI = EV/AC = 1500/1430 =1.05。因此，当前项目进度滞后，成本节约。**（问题难度：★★★）**

二、参考答案

PV=PV（A）+PV（B）+PV（C）+PV（D）+PV（E）=500+600+300+200+200=1800（元）

EV=PV（A）+PV（B）+PV（C）+0.5×PV（E）=500+600+300+0.5×200=1500（元）

AC=400+650+200+180=1430（元）

SPI=EV/PV=1500/1800=0.83

CPI=EV/AC=1500/1430=1.05

当前项目进度滞后，成本节约。

【问题 4】答题思路解析及参考答案

一、答题思路解析

根据【问题3】答题思路解析，我们知道目前项目的进度滞后（因为 SPI＜1）、成本节约（因为 CPI＞1），要保障项目顺利进行，后续工作就需要加快进度但成本也需要得到合理控制，因此主要可以采取如下措施：①适当加班或增加资源对项目进行赶工；②用高效人员替换低效人员；③改进工作技术和方法，提高工作效率；④通过培训和激励提高人员的工作效率；⑤在确保风险可控的前提下对某些工作进行并行施工；⑥加强质量管理，减少出错、及时发现并处理问题，减少返工，从而缩短工期。**（问题难度：★★★）**

二、参考答案

针对项目目前的绩效情况，项目经理可以采取如下措施：

（1）适当加班或增加资源对项目进行赶工。

（2）用高效人员替换低效人员。

（3）改进工作技术和方法，提高工作效率。

（4）通过培训和激励提高人员的工作效率。

（5）在确保风险可控的前提下对某些工作进行并行施工。

（6）加强质量管理，减少出错、及时发现并处理问题，减少返工，从而缩短工期。

2020.11 试题二

【说明】阅读下列材料，请回答问题 1 至问题 4，将解答填入答题纸的对应栏内。

案例描述及问题

以下是某项目的挣值图，图中 A、B、C、D 对应的数值分别是 600，570，500，450。

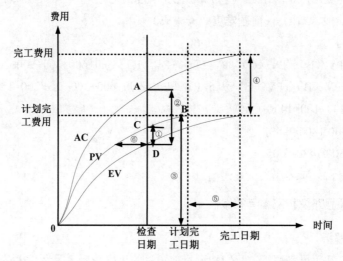

【问题 1】（6 分）

结合案例，请将图中的编号①～⑥填写在答题纸的对应栏内。

目前项目拖延工期	
项目整体拖延工期	
进度绩效	
成本绩效	
项目成本超支	
计划完工成本	

【问题 2】（6 分）

结合案例，请计算项目在检查日期时的成本偏差（CV）和进度偏差（SV）。

并判断当时的执行绩效。

【问题 3】（4 分）

结合案例，针对问题 2 的分析结果，项目经理应该采取哪些措施？

【问题 4】（4 分）

结合案例，如果项目在检查日期时的偏差是典型偏差，请计算项目的完工估算成本（EAC）。

答题思路总解析

从本案例提出的四个问题很容易判断出：该案例主要考查的是项目的成本管理，侧重考查挣值技术。本案例后的**【问题 1】**是概念辨析题，**【问题 2】**考的是成本偏差和进度偏差的计算，**【问题 3】**需要根据项目的绩效情况提出改进措施，**【问题 4】**考的是典型偏差下完工估算成本（EAC）的计算。**（案例难度：★★）**

【问题 1】答题思路解析及参考答案

一、答题思路解析

根据所学过的挣值技术相关指标的含义，比较容易判断出：①是进度偏差（SV），②是成本偏差（CV），③是完工预算（BAC），④是完工偏差（VAC），⑤是项目整体拖延日期，⑥是项目当前拖延日期。**（问题难度：★★）**

二、参考答案

①是进度偏差（SV），②是成本偏差（CV），③是完工预算（BAC），④是完工偏差（VAC），⑤是项目整体拖延日期，⑥是项目当前拖延日期。

目前项目拖延工期	⑥
项目整体拖延工期	⑤
进度绩效	①
成本绩效	②
项目成本超支	④
计划完工成本	③

【问题 2】答题思路解析及参考答案

一、答题思路解析

根据**【案例描述及问题】**的图可知，在检查日期时，项目的计划价值 PV 是 500（即 C 点的值），EV 是 450（即 D 点的值），AC 是 600（即 A 点的值）。套用公式 $SV = EV-PV = 450-500 = -50$，$CV = EV - AC = 450 - 600 = -150$。由于 $SV<0$，$CV<0$，所以项目的进度滞后，成本超支。**（问题难度：★★）**

二、参考答案

$SV = EV-PV = 450-500 = -50$

$CV = EV - AC = 450 - 600 = -150$

项目的进度滞后，成本超支。

【问题3】答题思路解析及参考答案

一、答题思路解析

根据【问题2】的结果，项目经理应该采取如下措施：①用高效人员替换低效人员，实现赶工；②改进工作技术和方法，提高工作效率，实现赶工；③通过培训和激励提高人员工作效率，实现赶工；④在确保风险可控的前提下并行施工。（**问题难度：★★**）

二、参考答案

项目经理应该采取如下措施：

（1）用高效人员替换低效人员，实现赶工。

（2）改进工作技术和方法，提高工作效率，实现赶工。

（3）通过培训和激励提高人员工作效率，实现赶工。

（4）在确保风险可控的前提下并行施工。

【问题4】答题思路解析及参考答案

一、答题思路解析

根据【案例描述及问题】的图示，可知该项目的BAC是570（即B点的值），套用典型偏差情况EAC的计算公式，$EAC = AC + ETC = 600 + (BAC - EV)/CPI = 600 + (570 - 450)/(450/600) = 600 + 120 \times 600/450 = 600 + 160 = 760$。（**问题难度：★★**）

二、参考答案

$EAC = AC + ETC = 600 + (BAC - EV)/CPI = 600 + (570 - 450)/(450/600) = 600 + 120 \times 600/450 = 600 + 160 = 760$。

2021.05 试题二

【说明】 阅读下列材料，请回答问题1至问题4，将解答填入答题纸的对应栏内。

案例描述及问题

赵工担任某软件公司的项目经理，于2020年5月底向公司提交项目报告。该项目各任务是严格的串行关系，合同金额3.3亿元，总预算为3亿元。

赵工的项目报告描述如下：5月底财务执行状况很好，只花了6000万元。进度方面，已完成A、B任务，尽管C任务还没有完成，但项目团队会努力赶工，使工作重回正轨。

按照公司的要求，赵工同时提交了项目各任务实际花费的数据（见下表）。

任务	预计完成日期	预算费用（万元）	实际花费（万元）
A	2020 年 3 月底	1400	1500
B	2020 年 4 月底	1600	2000
C	2020 年 5 月底	3000	2500
D	2020 年 8 月底	9000	
E	2020 年 10 月底	7600	
F	2020 年 12 月底	6000	
G	2021 年 1 月底	600	
H	2021 年 2 月底	800	
合计		30000	

【问题 1】（6 分）

请计算出目前项目的 PV，EV，AC（采用 50/50 规则计算挣值即工作开始记作完成 50%，工作完成则记作完成 100%）。

【问题 2】（8 分）

（1）请计算该项目的 CV、SV、CPI、SPI。

（2）基于以上结果请判断项目当前的执行状况。

【问题 3】（4 分）

（1）请按照项目目前的绩效情况发展下去计算该项目的 EAC。

（2）请基于以上结果计算项目最终的盈亏情况。

【问题 4】（4 分）

针对项目目前的情况，项目经理应该采取哪些措施？

答题思路总解析

从本案例提出的四个问题很容易判断出：该案例主要考查的是项目的成本管理，侧重考挣值技术。本案例后的【问题 1】、【问题 2】和【问题 3】都是考挣值计算，【问题 4】需要根据项目的绩效情况给出改进措施。（案例难度：★★）

【问题 1】答题思路解析及参考答案

一、答题思路解析

根据"案例描述及问题"的相关信息可知，在检查时间，项目的计划价值（PV）是 1400 + 1600 + 3000 = 6000（万元）（即活动 A、B、C 的预算费用之和），EV 是 1400 + 1600 + 3000×50% = 4500（万元）（因为已完成 A、B 任务，C 任务还没有完成；采用 50/50 规则计算挣值即工作开始记作完成 50%，工作完成记作完成 100%），AC 是 6000（万元）。套公式 CV= EV–AC = 4500–6000 = –1500（万元），SV = EV–PV = 4500–6000 = –1500（万元），CPI= EV/AC = 4500/60–0 = 0.75，SPI = EV/PV = 4500/6000 =

0.75。由于 SV<0，CV<0，所以项目的进度滞后，成本超支。**（问题难度：★★）**

二、参考答案

PV = 1400 + 1600 + 3000 = 6000（万元）

EV = 1400 + 1600 + 3000×50% = 4500（万元）

AC = 6000（万元）

【问题 2】答题思路解析及参考答案

一、答题思路解析

根据【问题 1】的解析可知，在检查日期时，项目的计划价值（PV）是 6000（万元），EV 是 4500（万元），AC 是 6000（万元）。套用公式 CV = EV–AC = 4500–6000 = –1500（万元），SV = EV–PV = 4500–6000 = –1500（万元），CPI = EV/AC = 4500/6000 = 0.75，SPI = EV/PV = 4500/6000 = 0.75。由于 SV<0，CV<0，所以项目的进度滞后，成本超支。**（问题难度：★★）**

二、参考答案

（1）CV = EV–AC = 4500–6000 = –1500（万元）

　　　SV = EV–PV = 4500–6000 = –1500（万元）

　　　CPI = EV/AC = 4500/6000 = 0.75

　　　SPI = EV/PV = 4500/6000 = 0.75

（2）项目的进度滞后，成本超支。

【问题 3】答题思路解析及参考答案

一、答题思路解析

根据"案例描述及问题"的相关信息可知，项目的 BAC 是 30000 万元，代入典型偏差情况下 EAC 的计算公式，EAC = AC + ETC = 6000+(BAC–EV)/CPI = 6000 +(30000–4500)/0.75 = 6000+25500/0.75 = 6000 + 34000 = 40000（万元）。该项目的合同金额是 3.3 亿元，因此，基于以上结果计算出项目最终亏损 7000 万元（33000–40000）。**（问题难度：★★）**

二、参考答案

（1）EAC = AC + ETC = 6000+(BAC–EV)/CPI = 6000 +(30000–4500)/0.75 = 6000+25500/0.75 = 6000 + 34000 = 40000（万元）。

（2）基于以上结果项目将最终亏损 7000 万元。

【问题 4】答题思路解析及参考答案

一、答题思路解析

根据【问题 2】的结果，项目经理应该采取如下措施：①用高效人员替换低效人员，实现赶工；②改进工作技术和方法，提高工作效率，实现赶工；③通过培训和激励提高人员工作效率，实现赶工；④在确保风险可控的前提下并行施工。**（问题难度：★★）**

二、参考答案

项目经理应该采取如下措施：

（1）用高效人员替换低效人员，实现赶工。

（2）改进工作技术和方法，提高工作效率，实现赶工。

（3）通过培训和激励提高人员工作效率，实现赶工。

（4）在确保风险可控的前提下并行施工。

2021.11 试题二

【说明】阅读下列材料，请回答问题 1 至问题 4，将解答填入答题纸的对应栏内。

案例描述及问题

某公司拟建设一个门户平台，根据工作内容，该平台项目分为需求调研、系统实施、系统测试、数据准备（培训）、上线试运行、验收六个子任务，各子任务预算和三点估算工期如下表所示。

子任务	预算（万元）	三点估算工期（周）		
		最乐观	最可能	最悲观
需求调研	1.8	0.5	1	1.5
系统实施	35.2	4	7	16
系统测试	2.4	1	2	3
数据准备	2.7	1	1	1
上线试运行	3.6	2	3	10
验收	2.7	1	1	1
合计	48.4			

到第 6 周周末时，对项目进行了检查，发现需求调研已经结束，共计花费 1.8 万元，系统实施的工作完成了一半，已花费 17 万元。

【问题1】（5分）

（1）请采用三点估算法估算各个子任务的工期。

（2）请分别计算系统实施和系统测试两个任务的标准差。

【问题2】（9分）

该项目开发过程中采用瀑布模型，请评估项目到第 6 周周末时的执行绩效。

【问题3】（4分）

如果项目从第 7 周开始不会再发生类似的偏差，请计算此项目的完工估算 EAC 和完工偏差 VAC。

【问题 4】（2 分）

为了提升项目的执行绩效，项目组成员提出采取并行施工的方法加快进度，请指出采取该方式的缺点。

答题思路总解析

从本案例提出的四个问题，很容易判断出：该案例主要考查的是项目进度管理和项目成本管理。本案例后的**【问题 1】**考的是三点估算法，**【问题 2】**和**【问题 3】**都是考挣值计算，**【问题 4】**考的是纯理论。（案例难度：★★）

【问题 1】答题思路解析及参考答案

一、答题思路解析

根据"案例描述及问题"的相关信息，只要正确应用三点估算法中计算均值和标准差的公式，就能轻松完成本问题的计算。三点估算均值的计算公式是：均值=(最乐观+4×最可能+最悲观)/6；标准差的计算公式是：标准差=(最悲观–最乐观)/6。（问题难度：★★）

二、参考答案

（1）各个子任务的工期如下：

子任务需求调研的均值=(0.5+4×1+1.5)/6=1（周）。

子任务系统实施的均值=(4+4×7+16)/6=8（周）。

子任务系统测试的均值=(1+4×2+3)/6=2（周）。

子任务数据准备的均值=(1+4×1+1)/6=1（周）。

子任务上线试运行的均值=(2+4×3+10)/6=4（周）。

子任务验收的均值=(1+4×1+1)/6=1（周）。

（2）系统实施和系统测试两个任务的标准差如下：

子任务系统实施的标准差=(16–4)/6=2（周）。

子任务系统测试的标准差=(3–1)/6≈0.33（周）。

【问题 2】答题思路解析及参考答案

一、答题思路解析

根据**【问题 2】**中给出的信息：该项目开发过程中采用瀑布模型，我们知道，需求调研、系统实施、系统测试、数据准备、上线试运行、验收这六个子任务之间是完成到开始的依赖关系，从"案例描述及问题"的信息得知：到第 6 周周末时，对项目进行了检查，发现需求调研已经结束，共计花费 1.8 万元，系统实施的工作完成了一半，已花费 17 万元，说明到第 6 周周末时，除需求调研工作已完成、系统实施工作完成一半外，其他工作都没有开展。根据"案例描述及问题"表格中各子任务的预算以及**【问题 1】**的答案知道，前 6 周计划应该做的工作是第 1 周做需求调研工作，后

5 周做系统实施工作。因此，前 6 周的计划价值（PV）= 1.8 + 35.2×5/8 = 23.8（万元）；前 6 周的挣值（EV）= 1.8 + 35.2/2 = 19.4（万元）；前 6 周的实际成本（AC）= 1.8 + 17 = 18.8（万元）；SV = EV–PV = 19.4–23.8 = –4.4（万元）；CV = EV–AC = 19.4–18.8 = 0.6（万元）。SV<0，CV>0，所以项目进度滞后，成本节约。（**问题难度：★★**）

二、参考答案

前 6 周的计划价值（PV）= 1.8 + 35.2×5/8 = 23.8（万元）；前 6 周的挣值（EV）= 1.8 + 35.2/2 = 19.4（万元）；前 6 周的实际成本（AC）= 1.8 + 17 = 18.8（万元）；SV = EV–PV = 19.4–23.8 = –4.4（万元）；CV = EV–AC = 19.4–18.8 = 0.6（万元）。

SV<0，CV>0，所以项目进度滞后，成本节约。

【问题 3】答题思路解析及参考答案

一、答题思路解析

根据【问题 3】的描述：如果项目从第 7 周开始不会再发生类似的偏差，说明需要按非典型偏差来计算待完工估算 ETC。ETC = BAC–EV = 48.4–19.4 = 29（万元），EAC = AC + ETC = 18.8 + 29 = 47.8（万元），VAC = BAC–EAC = 48.4–47.8 = 0.6（万元）。（**问题难度：★★**）

二、参考答案

ETC = BAC–EV = 48.4–19.4 = 29（万元），EAC = AC + ETC = 18.8 + 29 = 47.8（万元），VAC = BAC–EAC = 48.4–47.8 = 0.6（万元）。

【问题 4】答题思路解析及参考答案

一、答题思路解析

根据"答题思路总解析"中的阐述可知，该问题是一个纯理论性质的问题。（**问题难度：★★**）

二、参考答案

采取并行施工的方法加快进度的缺点有：

（1）可能造成返工。

（2）风险增加。

第4章
文字类型的案例分析题解题技巧与"百问百答"

4.1　文字类型的案例分析题的答题技巧

文字类型的案例分析题之"三找"解题法则：

（1）找问题（找案例中描述的项目存在的问题，这些问题是显性显示在案例中的，可以直接从描述案例的文字中找到。"找问题"的目的是为"找原因"和"找解决方案"服务的，案例分析题后提出的问题，一般不会出现要求考生回答"项目中存在哪些问题"这种类型的问题）。

（2）找原因（围绕案例中显性显示的问题和案例描述，根据自己所掌握的项目管理理论和实践经验，找出导致这些问题产生的原因；案例分析题后提出的问题，很多时候是需要考生回答这种类型的问题）。

（3）找解决方案（根据挖掘出的原因，找出对应的解决方案；案例分析题后提出的问题，很多时候是需要考生回答这种类型的问题）。

注："三找"法则的具体使用方法，请读者阅读第5章节历年考试的真题解析。

文字类型的案例分析之五大解题要点：

（1）一定要围绕题目展开，切忌答非所问。

（2）正确揣摩和抓住出题人的意图。

（3）按书上讲的知识要点作答，不要"自编"。

（4）适当加入自己的工作经验和体会。

（5）在可能的情况下，尽可能详细，增多字数。

文字类型的案例分析之十条解题锦囊：

（1）全面阅读题干和问题描述，正确定位出题人的意图和所考查的知识领域及知识点。

（2）通过分析把握案例描述后提出几个问题间的内在联系（很多时候后面的问题往往是前面问题的答案或答案的一部分）。

（3）案例的主题方向一般可以通过分析题干后面提出的几个问题而得出，不要仅凭经验作答。

（4）案例分析在很多时候其实存在"标准答案"，答题时应该以所学理论知识为主，适当加入自己的工作经验（根据笔者的研究，理论要点应该占答题要点 60%以上的比例）。

（5）在阅读过程中用铅笔标注出题干中所描述的项目中出现的问题，因为这些问题往往是案例分析后面所提出的问题的答案的源泉。

（6）应采用逐条叙述的形式作答。

（7）答题时注意逻辑归纳，形成清晰的逻辑线索。不要想到哪里写到哪里，这样会给阅卷老师"东一榔头、西一棒子"的感觉，从而影响得分。

（8）每个条目的描述不宜过长，一般以 20～40 字为宜（**对于要求满足一定字数的问题可根据需要适当增加字数**）。描述过于简单，容易遗漏一些关键信息，语句过长则不利于阅卷老师判断逻辑结构。

（9）书写工整，尽可能不在卷面上出现连笔、涂改、插入补充信息等现象。

（10）在时间允许的情况下，尽量多写点内容，因为"多答和错答"一般不扣分，但如果符合"题意"，则可能加分。

4.2 文字类型的案例分析题"百问百答"

以下是笔者根据历年考试真题整理出来的文字类型的案例分析题"百问百答"，考生在做文字类型的案例分析题时，可以借鉴使用。

序号	题干中类似这样描述	可以这样回答
	立项管理	
001	小张组织相关技术人员对该项目进行可行性研究，认为该项目基本可行，并形成一份初步可行性研究报告……结果……	没有进行详细的可行性研究
002	A 公司选定施工经验丰富的 B 公司中标……	应该选定评分第一的候选人为中标人
003	战略规划部依据初步的项目可行性研究报告，认为该项目符合国家政策导向，肯定要上马……	不能仅凭项目符合国家政策导向就上马，而应该综合考虑各种因素
004	战略规划部主要从国家政策导向、市场现状、成本估算这几个方面进行了粗略的调研……	可行性研究的内容不全面
005	郑工从技术角度分析认为项目可行……	不能单从技术角度分析项目是否可行，还需要综合考虑其他因素
	整体管理	
006	项目经理原来从事技术开发工作，第一次担任项目管理职务……	项目经理缺乏项目管理经验

007	该项目经理原来做集成项目，这是他第一次从事软件项目管理工作……	项目经理缺乏软件项目管理经验
008	该项目经理原来做软件项目，这是他第一次从事集成项目管理工作……	项目经理缺乏集成项目管理经验
009	项目经理组织项目组成员，立即开始需求调研工作……	没有编制项目计划
010	项目经理编制出项目计划后安排项目组成员……	没有邀请项目组相关成员共同编制计划，项目计划可能不科学、不合理
011	项目计划编制出来后就立即开始项目执行工作……	项目计划没有经过评审
012	项目经理让采购部按项目进度计划进行采购……	项目没有制定出对应的采购管理计划
013	项目组根据客户的要求倒排了项目进度计划……	制定项目进度计划时没有考虑到项目的实际情况，计划不科学、不合理
014	为了确保客户满意度，项目经理对客户提出的变更立即安排项目组成员进行处理……	没有走正规的变更控制流程
015	……认为该变更对进度没有影响，于是……	没有就变更对项目的整体影响进行评估
016	项目经理却找不到相关的变更文件……	变更没有书面化或变更文件没有存档
017	项目经理安排编程能力弱的小张担任配置管理员……	项目经理用人不当，小张可能不具备配置管理能力
018	项目经理让小张担任……并兼任……结果……	小张身兼数职，分身乏术
019	项目进行了两个月后，项目经理才发现项目进度出现了明显滞后……	项目经理对项目监控不及时、不到位
配置管理		
020	发现版本错误，把测试版本打包到发布版本中……	配置管理没做好
021	项目组成员分别提交了各自工作的最终版本进行集成……	缺乏统一的配置管理
022	项目可交付成果和产品版本越来越混乱……	版本管理没做好
023	开发版本与设计和需求的版本对应不上……	没有对文档进行同步更新
024	在交付时发现文档与代码对应不上……	配置审计工作没做或没做好
025	系统试运行时出现了问题，开发人员直接在试运行的版本上进行了代码修改……	配置权限管理有问题，开发人员不应该在试运行的版本上直接修改代码

026	小张把配置库分为了开发库和产品库……	配置库设置存在问题，缺少受控库
范围管理		
027	项目组进行了初步需求调研后……	需求调研不到位
028	项目组根据需求调研后所编写的用户需求说明书进行设计工作……	用户需求说明书没有经过客户的签字确认
029	用户认为项目组所开发的功能不是自己所需要的……	用户需求事先没有得到客户的确认和认可
030	项目经理组织大家对项目范围说明书进行了大致分解……	工作分解结构不到位
031	小张认为该功能对用户很有用且工作量小，于是直接添加了该功能……	小张不应该给项目镀金
032	用户认为该功能本应该就是项目中需要完成的……	项目组没有和用户确定好项目的范围基准
进度管理		
033	项目经理安排大家加班加点追赶进度……	长时间加班导致员工疲劳,影响到工作效率和工作质量
034	项目经理于是采用快速跟进的方式进行进度压缩，结果返工工作明显增多……	快速跟进使用得不合理，导致质量下降
035	项目进度延误了 3 个月……	项目经理对项目进度监控不到位,没有及时发现和整改问题
成本管理		
036	项目组采用类比估算的方法对项目成本进行了估算，后来发现……	估算方式单一，估算可能不准确
037	3 个月后，项目经理发现项目出现了 20%的成本超支……	项目经理没有及时进行项目的成本管理和控制
质量管理		
038	项目经理安排技术员小刘兼任质量管理员……	小刘缺乏质量管理方面的能力和经验
039	张工认为此项目质量管理的关键在于系统地进行测试……	张工对质量管理的认识是错误的
040	为了赶工，项目组省掉了一些质量管理环节……	项目组没有遵循既定的质量管理标准和流程
041	张工制定了详细的测试计划用来管理项目的质量……	张工没有给项目制定一个科学、全面的质量管理计划

042	他通过向客户发送测试报告来证明项目质量是有保证的……	项目缺少必要的过程质量保证
043	由于时间紧，项目经理组织人员对系统进行大致测试后……	系统测试不到位
044	测试时，发现了大量问题……	项目的规划、设计和开发工作没做好
045	类似质量问题不断出现，导致项目进度一拖再拖……	项目组采取的质量改进措施有效性差
人力资源管理		
046	项目经理批评新成员，要求新成员向老成员学习……	项目经理没有做到一视同仁
047	奖励的承诺没有兑现……	项目经理没有履行自己的承诺
048	临时新增两名成员……	项目人力资源管理制定得不完善
049	项目经理公开批评小张，导致小张情绪低落……	项目经理采用的批评方式不对，应该私下批评
050	刚毕业的小张由于能力不够，结果……	项目经理对小张缺乏必要的培训和辅导
051	工作中，项目组成员互相推诿……	项目组缺乏良好的工作分工
053	大家士气低落……	项目组缺乏必要的团队建设活动
053	大家对自己应得的奖励产生了不满……	项目的绩效考核办法存在问题或绩效考核办法没有得到大家的认同
054	项目经理认为大家都很努力，于是将项目奖金进行了平均分配……	项目经理没有根据项目组成员的绩效采用多劳多得的方式进行奖励分配
055	工作期间，小张和小李产生了矛盾，项目经理认为这是正常现象没有理睬……	项目经理对冲突的认识存在偏差
056	项目经理制定了统一的绩效激励办法……	项目经理没有根据人员和岗位的不同制定有针对性的绩效激励办法
057	中途，技术骨干小张离职导致……	项目经理在团队管理方面做得不好，没有及时了解员工的思想动态
沟通管理和干系人管理		
058	项目经理根据自己的经验制定了项目沟通管理计划……	制定沟通管理计划时没有进行充分的沟通需求调研
059	大家认为项目经理发了大量无关的信息……	没有针对不同的干系人提交不同的信息

续表

060	他们希望小李能当面汇报……	小李缺乏对项目干系人沟通需求和沟通风格的分析,没有采用干系人所期望的方式和他们沟通
061	他们对此并不知情……	项目经理没有及时分发项目信息
062	项目经理组织大家识别出了项目的 5 个干系人……	项目干系人识别不充分
063	项目经理凭经验认为,客户需要如下信息……	项目经理没有真正搞清客户的沟通需求
064	项目经理采用每周例会的方式和大家沟通……	沟通方式过于单一
065	客户对项目状况非常不满……	项目经理与客户沟通不及时、不到位

风险管理

066	针对该大型项目,项目经理带领大家识别出了5 个风险……	项目风险识别得不够充分
067	项目组针对其中的几个重大风险制定了风险应对措施……	项目组没有针对所有风险制定应对措施
068	发生了一些原本可以避免的风险……	没有充分识别出项目的风险或风险管控不力
069	此时甲方更换了项目负责人,项目经理认为……结果导致……	项目经理没有重新识别风险
070	项目刚执行三个月,预留的进度储备就已经全部被用掉……	风险应对措施不够有效
071	结果同类风险再次发生……	项目经理和项目相关风险负责人没有确认风险应对措施的有效性
072	参照以前的项目模板,编制了一个项目风险管理计划……	仅仅只是参照了以前的项目模板编制风险管理计划,没有考虑项目的实际情况
073	项目组成员按照各自的理解对实际风险控制和应对措施进行安排……	项目组没有进行统一的风险应对和管控
074	验收一拖再拖……	(验收拖延)问题出现后,项目经理没有采取有效的措施予以解决
075	张工按照风险造成的负面影响程度从高到低对这些风险进行了优先级排序……	项目经理张工在对风险进行排序时,没有考虑风险发生的概率
076	项目经理通过……了解风险应对措施的执行情况……并宣布风险管理工作结束……	风险管理应该贯穿项目全过程,不能提前结束
077	相关风险负责人汇报了风险处理情况,项目经理对大家的工作表示满意……	项目经理没有对风险应对措施的执行结果进行验证

078	项目组按照应对措施的实施成本和难易程度对风险进行了排序……	风险排序存在问题,没有综合考虑风险发生的可能性、影响等多种因素
079	项目经理挑选了 10 项实施成本相对较低、难度相对较小的应对措施……	选择风险应对措施时存在问题,不能只挑成本低、难度小的应对措施
080	项目经理认为电力中断发生的可能性太小,没有要求工程师按照规范进行检查……	风险监控存在问题,没有督促项目组成员执行风险预防措施
081	张工凭借自身的项目管理经验,对项目可能存在的风险进行了识别……	项目经理仅凭个人的经验进行风险识别,没有让项目组成员一起参与
082	项目经理坚持认为大批设备上线在年初做风险识别时属于未知风险……	没有定期重新识别项目风险
合同管理		
083	合同签得比较简单……	合同内容不完善
084	签订的合同只简单规定了项目建设内容、项目金额、付款方式和交工时间……	合同签订比较随意、合同条款不严谨、不完整
085	公司领导认为应该先签下该项目,其他问题在项目实施中再想办法解决……	没有做好签订合同之前的调查工作,合同签订过程过于草率
086	在合同执行过程中,甲乙双方就项目应该完成哪些建设内容产生了分歧……	合同中缺乏明确清晰的工作说明
087	双方在对合同条款的理解上存在巨大差异……	合同签约双方对合同条款没有达成一致理解
088	双方就如何处理该违约问题争吵不休……	合同中缺乏相应的违约处理条款
089	双方未就合同变更达成一致,陷入僵局……	缺少事先约定的合同变更流程
090	供应商 B 公司考虑是否使用法律手段来解决纠纷,但发现整个合同执行过程的备忘录和会议记录都没有……	合同执行过程中没有做好记录保存工作
采购管理		
091	在项目的中期验收中,甲方发现了部分采购产品存在问题……	没有对供应商所提交的产品进行严格检测
092	需要采购一批货品……	没有具体明确的采购需求
093	考虑到项目预算,项目经理小张在竞标的几个供应商里选择了报价最低的 B 公司……	货品价格不应该是选择供应商的第一因素
094	B 公司提出预付全部货款才能按时交货……	付款方式存在问题,不能预付全部款项
095	B 公司提出预付全部货款,项目经理同意了对方的要求……	预付款方案不能由项目经理自行决定,应该采用合同评审的方式确定

续表

096	临近交货日期，B 公司提出只能按期交付 80% 的货品……	没有及时跟踪和监控 B 公司的供货进展
097	产品进入现场安装时，甲方反馈货品中有大量残次品……	采购后没有进行验货
098	采购部通过查询政府采购网等多家网站，结果发现 B 公司去年存在多项失信行为记录……	没有对供应商进行认真甄选
099	部分备件在库存信息中显示有库存，但调取时却找不到……	备件管理不规范
100	当项目经理发现此类问题进行调查时，发现该供应商在不久前已经被其他公司并购……	在合同执行过程中，没有对供应商进行及时有效的监控

4
Chapter

第5章
历年文字类型的案例分析题真题解析

2013.05 试题一

【说明】阅读下列材料，请回答问题 1 至问题 4，将解答填入答题纸的对应栏内。

案例描述及问题

公司承接了一个信息系统开发项目，按照能力成熟度模型 CMMI 制定了软件开发的流程与规范，委派小赵为这个项目的项目经理。小赵具有 3 年的软件项目开发与管理经验。公司认为这个项目的技术难度比较低，把两个月前刚从大学招聘来的 9 个计算机科学与技术专业的应届毕业生分配到这个项目组，这样，项目开发团队顺利建立了。项目的开发按照所制定的流程规范进行。在需求分析、概要设计、数据库设计等阶段都按照要求进行了评审，编写了需求分析说明书、概要设计说明书、数据库设计说明书等文档。但在项目即将交付时，发现了很多没有预计到的缺陷与 BUG。这说明许多质量问题并没有像原来预计的那样在检查与评审中发现并予以改正。由于项目的交付期已经临近，为了节省时间，小赵让程序员将每个模块编码完成后仅由程序员自己测试一下，就进行集成测试和系统测试。在集成测试和系统测试的过程中，由于模块的 BUG 太多，集成测试越来越难，该项目没有能够按照客户的质量要求如期完成。为了查找原因，公司的质量部门调查了这一项目的进展情况，绘制了下面的图形（如下图所示）：

【问题 1】（4 分）

下图是一种质量控制所采用的工具，叫作 ___(1)___ 图。根据上述描述，图中的 A 应该是 ___(2)___ 。

请将上面（1）、（2）处的答案填写在答题纸的对应栏内。

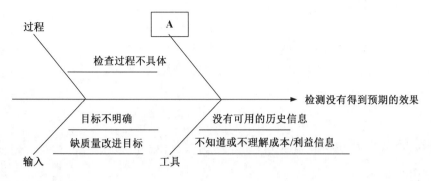

【问题 2】（7分）

质量控制中所依据的一个最重要的模型是计划、执行、检查、行动。请根据这一模型，给出质量控制的基本步骤。

【问题 3】（7分）

分析本案例中产生质量问题的原因。

【问题 4】（6分）

针对案例中项目的现状，假设项目无重大设计缺陷，为完成该项目，从质量管理的角度，给出改进措施。

答题思路总解析

从本案例提出的三个问题，很容易判断出：该案例分析主要考查的是项目的质量管理。"案例描述及问题"中画"＿＿＿"的文字是该项目已经出现的**问题**：即缺陷和BUG很多、集成测试很困难、项目没有能够按照客户的质量要求如期完成。根据这些问题和"案例描述及问题"中画"＿＿＿"的文字，并结合项目管理经验，可以推断出：①项目团队成员能力不足（这点从"公司认为这个项目的技术难度比较低，把两个月前刚从大学招聘来的9个计算机科学与技术专业的应届毕业生分配到这个项目组"可以推导出）；②需求、设计等质量不高（这点从"但在项目即将交付时，发现了很多没有预计到的缺陷与BUG"可以推导出）；③缺乏有效的质量管理计划或没有严格执行质量管理计划；④测试不充分（这两点从"由于项目的交付期已经临近，为了节省时间，小赵让程序员将每个模块编码完成后仅由程序员自己测试一下，就进行集成测试和系统测试"可以推导出）；⑤检查过程不具体；⑥产出物评审未达到预期效果；⑦缺乏必要的（用于指导评审工作的）组织过程资产（这三点从"许多质量问题并没有像原来预计的那样在检查与评审中发现并予以改正"可以推导出）是导致项目出现"缺陷和BUG很多、集成测试很困难、项目没有能够按照客户的质量要求如期完成"的一些主要**原因**（用于回答**【问题 3】**）。把**【问题 3】**中找出的产生质量问题的原因消除了，就是**【问题 4】**的改进措施；即**【问题 3】**的**解决方案**，就是**【问题 4】**的答案。**【问题 1】**和**【问题 2】**属于纯理论性质的问题，与本案例关系不大。（**案例难度：★★★**）

【问题 1】答题思路解析及参考答案

一、答题思路解析

根据"答题思路总解析"中的阐述可知，该问题是一个纯理论性质的问题，读者如果比较熟悉关于因果图的阐述，这个问题就很容易回答正确。（**问题难度：★★★**）

二、参考答案

上图是一种质量控制所采用的工具，叫做因果图。根据上述描述，图中的 A 应该是人员。

【问题 2】答题思路解析及参考答案

一、答题思路解析

根据"答题思路总解析"中的阐述可知，该问题是一个纯理论性质的问题，考查项目质量控制过程的基本步骤（其实，考生应该注意到本问题给出的信息提示："计划、执行、检查、行动"，围绕"计划、执行、检查、行动"这四个方面回答项目质量控制，也能得到比较好的分数）。（**问题难度：★★★**）

二、参考答案

质量控制的基本步骤有：

（1）选择控制对象。

（2）为控制对象确定标准或目标。

（3）制定实施计划，确定保证措施。

（4）按计划执行。

（5）对项目实施情况进行跟踪监督、检查，并将检测的结果与计划或标准相比较。

（6）发现并分析偏差。

（7）根据偏差采取相应对策。

【问题 3】答题思路解析及参考答案

一、答题思路解析

结合"案例描述及问题"中的相关描述及"答题思路总解析"中的相关内容可知，产生质量问题的原因主要有：①项目团队成员能力不足；②需求、设计等质量不高；③缺乏有效的质量管理计划或没有严格执行质量管理计划；④测试不充分；⑤检查过程不具体；⑥产出物评审未达到预期效果；⑦缺乏必要的（用于指导评审工作的）组织过程资产。细心的读者可能会发现，【问题 4】的描述"假设项目无重大设计缺陷"，其实是暗示我们，项目可能存在设计缺陷，因此，【问题 4】其实就是【问题 3】的答案之一。（**问题难度：★★★**）

二、参考答案

本案例中产生质量问题的原因主要有：

（1）项目团队成员能力不足。

（2）需求、设计等质量不高。

（3）缺乏有效的质量管理计划或没有严格执行质量管理计划。

（4）测试不充分。

（5）检查过程不具体。

（6）产出物评审未达到预期效果。

（7）缺乏必要的（用于指导评审工作的）组织过程资产。

【问题 4】答题思路解析及参考答案

一、答题思路解析

根据"答题思路总解析"中的解析，我们可以知道，把【问题 3】中找出的产生质量问题的原因消除了，就是该问题的改进措施。因此，对应【问题 4】的答案中列出的 7 个原因（除掉"项目可能出现重大设计缺陷"这个原因），我们可以找出如下的改进措施：①加强产出物评审；②聘请有丰富经验的开发人员和测试人员；③重新对每个模块进行（交叉）单元测试；④进行充分的集成测试和系统测试。（**问题难度：★★★**）

二、参考答案

假设项目无重大设计缺陷，为完成该项目，从质量管理的角度，可以采取如下改进措施：

（1）加强产出物评审。

（2）聘请有丰富经验的开发人员和测试人员。

（3）重新对每个模块进行（交叉）单元测试。

（4）进行充分的集成测试和系统测试。

2013.05 试题三

【说明】 阅读下列材料，请回答问题 1 至问题 3，将解答填入答题纸的对应栏内。

案例描述及问题

某工业企业的生产管理系统项目委托系统集成商 A 公司进行开发和实施，由 A 公司的高级项目经理李某全权负责。按照双方制定的项目计划，目前时间已经到达最后的交付阶段，李某对整体进度情况进行了检查。检查结果是：生产管理系统软件基本开发完成，目前处于系统测试阶段，仍然不断发现缺陷，正在一边测试一边修复；硬件系统已经在客户现场安装完毕，设备正常运行。为了不延误进度，李某决定将目前发现的缺陷再集中修改 2 天，然后所有开发人员一同去现场进行整体安装联调。

2 天后，项目组进入现场，对软件系统进行了部署。李某与客户代表确定了参加验收测试的工作人员，然后开始进行项目验收。在验收过程中，客户认为软件的部分功能不能满足实际的工作需要，要求项目组修改。项目组经过讨论后认为对软件进行适当的修改便能够满足客户的需求，便在现场对软件进行了修改。

验收测试过程中发现了部分小缺陷。客户方认为这些小缺陷不影响系统的正常使用。为此双方签署了备忘录，约定系统交付使用后再修复这些缺陷。按照双方的约定，项目组应在试运行前将系统安装手册、使用和维护说明等全套文档移交给客户，但是由于刚刚对软件进行了现场修改，一些文档还未及时更新，因此客户未接受这些文档。由于客户最关心的是试运行，因此李某组织所有力量开展试运行工作。系统上线后，客户发现了一些新问题，同时还有以前遗留的问题未解决。经双方协商，这些问题解决之后再签署验收报告和付款。

回到公司后，公司领导高度重视该项目。项目经理第一时间撰写了项目总结报告，对整个项目实施过程进行了认真的总结和分析。该报告的结论是项目整体进展状况良好，未出现明显问题，本项目可以正常结项。

【问题1】（6分）
请简要叙述该项目在收尾环节存在的主要问题。

【问题2】（6分）
请简要叙述项目经理的总结报告中应包含的主要内容。

【问题3】（5分）
请指出项目组在该系统集成项目收尾后应该向客户移交哪些文档？

答题思路总解析

从本案例提出的三个问题，很容易判断出：该案例分析主要考查的是项目整体管理和项目收尾管理。"案例描述及问题"中画"＿＿＿"的文字是该项目已经出现的**问题**：即在项目的收尾环节，客户未能接受项目相关文档、项目未能签署验收报告和付款。根据这些问题和"案例描述及问题"中画"＿＿＿"的文字，并结合项目管理经验可以推断出：①没有充分做好验收前的准备、测试不充分，缺陷未经修复和确认便进入正式验收环节（这点从"目前处于系统测试阶段，仍然不断发现缺陷，正在一边测试一边修复"和"为了不延误进度，李某决定将目前发现的缺陷再集中修改2天，然后所有开发人员一同去现场进行整体安装联调"可以推导出）；②在验收过程中没有按整体变更控制流程对软件进行修改（这点从"在验收过程中，客户认为软件的部分功能不能满足实际工作需要，要求项目组修改。项目组经过讨论后认为对软件进行适当的修改便能够满足客户的需求，便在现场对软件进行了修改"可以推导出）；③软件更新后没有对文档进行同步更新便交付给客户（这点从"由于刚刚对软件进行了现场修改，一些文档还未及时更新，因此客户未接受这些文档"可以推导出）是导致项目出现"在项目的收尾环节，客户未能接受项目相关文档、项目未能签署验收报告和付款"的一些主要**原因**（这些原因是**【问题1】**的部分答案）。**【问题2】**和**【问题3】**属于纯理论性质的问题，与本案例关系不大。（案例难度：★★★）

【问题1】答题思路解析及参考答案

一、答题思路解析

从"答题思路总解析"中可知，项目在收尾环节中存在的主要问题有：①没有充分做好验收前的准备、测试不充分，缺陷未经修复和确认便进入正式验收环节；②在验收过程中没有按整体变更控制流程对软件进行修改；③软件更新后没有对文档进行同步更新便交付给客户。另外，还存在如下问题：①项目验收未正式完成，未签署验收报告便开始项目总结（这点从"系统上线后，客户发现了一些新问题，同时还有以前遗留的问题未解决。经双方协商，这些问题解决之后再签署验收报告和付款"和"项目经理第一时间撰写了项目总结报告"可以推导出）；②项目收尾过程不完整，不能只编写项目总结报告，还需要召开项目总结会议、进行项目评估与审计等；③项目总结报告未能真实反映项目的实际情况（这两点从"项目经理第一时间撰写了项目总结报告，对整个项目实施过程进行了认真的总结和分析。该报告的结论是项目整体进展状况良好，未出现明显问题，本项目可以正常结项"可以推导出）。读者如果比较熟悉项目收尾管理中的相关内容，就比较容易回答本问题。（**问题难度：★★★**）

二、参考答案

该项目在收尾环节存在的主要问题有：

（1）没有充分做好验收前的准备、测试不充分，缺陷未经修复和确认便进入正式验收环节。

（2）在验收过程中没有按整体变更控制流程对软件进行修改。

（3）软件更新后没有对文档进行同步更新便交付给客户。

（4）项目验收未正式完成，未签署验收报告便开始项目总结。

（5）项目收尾过程不完整，不能只编写项目总结报告，还需要召开项目总结会议、进行项目评估与审计等。

（6）项目总结报告未能真实反映项目的实际情况。

【问题2】答题思路解析及参考答案

一、答题思路解析

根据"答题思路总解析"中的阐述可知，该问题是一个纯理论性质的问题，读者如果比较熟悉项目总结会需要讨论的内容，这个问题就比较容易回答正确。（**问题难度：★★★**）

二、参考答案

项目经理的总结报告中应包含的主要内容有：

（1）项目（管理）绩效。

（2）项目（技术）绩效。

（3）项目成本绩效。

（4）项目进度计划绩效。

（5）项目沟通的情况。

（6）识别问题和解决问题的情况。

（7）意见和建议（包括经验和教训的总结）。

【问题3】答题思路解析及参考答案

一、答题思路解析

根据"答题思路总解析"中的阐述可知，该问题是一个纯理论性质的问题，读者如果比较项目组在系统集成项目收尾后应该向客户移交的文档，这个问题就比较容易回答。

二、参考答案

项目组在该系统集成项目收尾后应该向客户移交的文档有：

（1）系统集成项目介绍。

（2）系统集成项目最终报告。

（3）信息系统说明手册。

（4）信息系统维护手册。

（5）软、硬件产品说明书，质量保证书等。

2013.05 试题四

【说明】阅读下列材料，请回答问题 1 至问题 3，将解答填入答题纸的对应栏内。

案例描述及问题

小李担任了 A 公司的项目经理，他认识到项目配置管理的重要性，指派小王负责项目的配置管理，公司以前的项目很少采用配置管理，在这方面没有可以借鉴的经验。小王刚到公司上班不到一年，他从网上下载了开源的配置管理软件 CVS，进行了认真的准备。项目组成员有 12 人，小王为每个成员安装了 CVS 的客户端，但并没有为每位成员仔细讲解 CVS 的使用规则与方法。项目组制订了一个初步的开发规范，并据此识别了配置项，但在文档的类型与管理的权限方面大家并没有十分在意。小王在项目开发会议上，特别强调了要求大家使用配置管理系统，却没有书写并发布有效的配置管理计划文件。

【问题1】（5分）

结合本题案例判断下列选项的正误（填写在答题纸的对应栏内，正确的选项填写"√"，错误的选项填写"×"）：

（1）在文档计划正式批准后，文档管理者不一定要控制文档计划和它的发布。　　　　（　　）

（2）文档的评审应由需方组织和实施。　　　　　　　　　　　　　　　　　　　　（　　）

（3）需方同意文档计划意味着同意在计划中定义用户文档的所有可交付的特征。　　（　　）

（4）软件配置管理的目的是建立和维护整个生存期中软件项目产品的完整性和可追溯性。

（　　　）

（5）在进行配置管理过程中，一定要采用高档的配置管理工具。　　　　　　　（　　　）

【问题 2】（6 分）

请简要叙述本案例在建立配置管理系统方面存在哪些问题。

【问题 3】（5 分）

结合项目实践，给出本项目在配置管理方面的改进建议。

答题思路总解析

从本案例提出的三个问题，很容易判断出：该案例分析主要考查的是项目的配置管理。"案例描述及问题"中没有显性提出项目已经出现的**问题**。"案例描述及问题"中主要是描述配置管理员小王如何建立配置管理系统。从"案例描述及问题"的描述中，我们很容易发现小王在建立配置管理系统时存在如下问题：①配置管理方案构造小组只有小王一人，没有组建配置管理方案构造小组（这点从"小王刚到公司上班不到一年，他从网上下载了开源的配置管理软件 CVS，进行了认真的准备"可以推导出）；②对公司不熟悉，未进行充分的了解和评估（这点从"小王刚到公司上班不到一年"可以推导出）；③对配置管理工具未进行有效的评估（这点从"他从网上下载了开源的配置管理软件 CVS"可以推导出）；④没有制定实施计划；⑤没有定义清楚配置管理流程（这两点从"项目组制订了一个初步的开发规范，并据此识别了配置项，但在文档的类型与管理的权限方面大家并没有十分在意。小王在项目开发会议上，特别强调了要求大家使用配置管理系统，却没有书写并发布有效的配置管理计划文件"可以推导出）；⑥没有进行项目试点，也没有试验项目的实施经验可以借鉴（这点从"公司以前的项目很少采用配置管理，在这方面没有可以借鉴的经验"可以推导出）（用于回答**【问题 2】**）。针对**【问题 2】**的中做得不够的地方提出的**解决方案**，就是**【问题3】**的答案。**【问题 1】**属于纯理论性质的问题，与本案例关系不大。（**案例难度：★★★**）

【问题 1】答题思路解析及参考答案

一、答题思路解析

根据"答题思路总解析"中的阐述可知，该问题属于纯理论性质的问题，文档应严格按配置管理计划进行变更控制，因此（1）的说法是错误的；文档的评审应由供方组织和实施，因此（2）的说法是错误的；（3）的说法正确；（4）的说法正确；配置管理工具一定要适用，因此（5）的说法是错误的。（**问题难度：★★★**）

二、参考答案

（1）在文档计划正式批准后，文档管理者不一定要控制文档计划和它的发布。　　　（×）

（2）文档的评审应由需方组织和实施。　　　　　　　　　　　　　　　　　　　（×）

（3）需方同意文档计划意味着同意在计划中定义的用户文档的所有可交付的特征。　（√）

（4）软件配置管理的目的是建立和维护整个生存期中软件项目产品的完整性和可追溯性。

（√）

（5）在进行配置管理过程中，一定要采用高档的配置管理工具。　　　　　　　（×）

【问题 2】答题思路解析及参考答案

一、答题思路解析

根据"答题思路总解析"中的描述可知，配置员小王在建立配置管理系统方面主要存在如下问题：①配置管理方案构造小组只有小王一人，没有组建配置管理方案构造小组；②对公司不熟悉，未进行充分的了解和评估；③对配置管理工具未进行有效的评估；④没有制定实施计划；⑤没有定义清楚配置管理的流程；⑥没有进行项目试点，也没有试验项目的实施经验可以借鉴。（**问题难度：★★★**）

二、参考答案

本案例在建立配置管理系统方面存在的问题有：

（1）配置管理方案构造小组只有小王一人，没有组建配置管理方案构造小组。

（2）对公司不熟悉，未进行充分的了解和评估。

（3）对配置管理工具未进行有效的评估。

（4）没有制定实施计划。

（5）没有定义清楚配置管理的流程。

（6）没有进行项目试点，也没有试验项目的实施经验可以借鉴。

【问题 3】答题思路解析及参考答案

一、答题思路解析

解决了【问题 2】参考答案中列出的那些问题，自然就是在配置管理方面的改进建议，因此，我们只需要把【问题 2】的答案换一种说法即可。（**问题难度：★★★**）

二、参考答案

针对本项目，在配置管理方面的改进建议有：

（1）组建配置管理方案构造小组。

（2）仔细了解公司情况（如历史背景、人员、战略等），进行充分的了解和评估。

（3）对配置管理工具进行有效评估。

（4）制定实施计划。

（5）定义清楚配置管理的流程。

（6）进行项目试点，试点成功后再进行全面实施。

2013.11 试题一

【说明】阅读下列材料，请回答问题1至问题5，将解答填入答题纸的对应栏内。

案例描述及问题

某信息系统集成公司根据对客户需求的理解，决定开发一种主要是应用于客户单位内部的即时通讯产品。根据公司内部销售人员的反馈，该公司的高层领导觉得该产品应该有很好的市场前景，不仅可以满足公司现有客户的需要，而且可以作为独立的产品在市场上出售。于是公司的总经理徐某要求销售部门撰写出该产品的需求说明书，然后又要求开发部门的项目经理李某在此基础上进一步细化该产品的技术指标。制定出该产品的项目范围说明，并组织了10余人的团队开始了该产品的开发。

鉴于项目规模较小，而且已经获得了总经理的支持，因此项目经理李某觉得没有必要进行项目的可行性研究，只是组织业内的几个专家，根据他自己对项目的描述做了简单的评审，专家也没有对该项目提供太多的异议；但是在项目的实施阶段，问题却层出不穷。首先是，项目团队发现有新的、更简单易行的技术方案可以实现项目的目标；其次是与销售部门会议后，销售部门的人反映目前开发的产品不是他们需要的产品；更麻烦的是，相关政府部门出台政策，为了稳定市场秩序，限制了该类产品的市场销售。

【问题1】（8分）

项目立项前要对项目风险以及项目的市场前景和相关的社会经济效益进行反复论证，一般来说，项目立项前大致包括哪几个过程，分别起到什么作用？

【问题2】（4分）

项目在实施过程中，项目团队"发现了新的、更简单易行的技术方案"说明了项目前期的什么工作没有做好，为什么？

【问题3】（4分）

销售部门反映"目前开发的产品不是他们需要的产品"，请简要分析可能的原因。

【问题4】（2分）

在（1）～（2）中填入恰当内容（从候选答案中选择一个正确选项，将该序号填入答题纸对应栏内）。

可行性研究包括多方面的研究，其中___(1)___主要是从资源配置的角度来衡量该项目的价值；而___(2)___包括法律可行性，是指在项目开发过程中可能涉及到的合同责任、知识产权及法律方面的可行性问题。

（1）～（2）供选择的答案：

A．系统可行性　　　　B．经济可行性　　　　C．组织可行性

D．执行可行性　　　　E．社会可行性　　　　F．操作可行性

【问题 5】（2 分）

根据你的理解，请指出该项目的主要风险。

答题思路总解析

从本案例提出的五个问题很容易判断出：该案例分析主要考查的是项目的立项管理。"案例描述及问题"中画"＿＿＿"的文字是该项目已经出现的**问题**：即在项目的实施阶段问题层出不穷、销售部门的人反映目前开发的产品不是他们需要的产品、相关政府部门出台政策限制了该类产品的市场销售。根据这些问题和"案例描述及问题"中画"＿＿＿"的文字，并结合项目管理经验，我们可以推断出：①项目的论证工作及可行性研究工作没有做好；②需求评审不规范、只根据项目经理的描述进行了评审（这两点从"项目团队发现有新的、更简单易行的技术方案可以实现项目的目标"和"项目经理李某觉得没有必要进行项目的可行性研究，只是组织业内的几个专家，根据他自己对项目的描述做了简单的评审，专家也没有对该项目提供太多的异议"可以推导出）；③需求调研不充分、不仔细；④项目需求没有和销售部门确认；⑤缺乏和销售部门的及时、充分的沟通（这三点从"销售部门的人反映目前开发的产品不是他们需要的产品"可以推导出）；⑥缺乏对风险的识别、分析和应对（这点从"相关政府部门出台政策，为了稳定市场秩序，限制了该类产品的市场销售"可以推导出）是导致项目出现"在项目的实施阶段问题层出不穷、销售部门的人反映目前开发的产品不是他们需要的产品、相关政府部门出台政策限制了该类产品的市场销售"的一些主要**原因**（用于回答**【问题 2】**和**【问题 3】**）。**【问题 1】**和**【问题 4】**属于纯理论性质的问题，与本案例关系不大。**【问题 5】**是一个实践性的问题。（**案例难度：★★★**）

【问题 1】答题思路解析及参考答案

一、答题思路解析

根据"答题思路总解析"中的阐述可知，该问题是一个纯理论性质的问题。（**问题难度：★★★**）

二、参考答案

项目立项前大致包括的过程和作用是：

（1）需求分析：了解项目发起人及项目其他干系人的需求。

（2）编写并提交项目建议书：项目建议书是项目建设单位向上级主管部门提交项目申请时所必须的文件，主要内容有：项目的必要性、项目的市场预测、产品方案或服务的市场预测以及项目建设必需的条件。

（3）提交项目可行性研究报告：该报告从投资必要性、技术可行性、财务可行性、组织可行性、经济可行性、社会可行性、风险因素及对策等多方面论证项目可行。

【问题 2】答题思路解析及参考答案

一、答题思路解析

从"答题思路总解析"中的相关内容可知，项目团队"发现了新的、更简单易行的技术方案"说明了项目前期的项目论证工作及可行性研究工作没有做好。因为项目论证是对将要实施的项目从技术上的先进性、适用性，经济上的合理性、盈利性，实施上的可能性、风险可控性等进行分析。项目团队发现了新的、更简单易行的技术方案说明原来选定的技术方案不合理，所以说是项目论证没有做好。（问题难度：★★★）

二、参考答案

项目前期的项目论证工作及可行性研究工作没有做好。

理由：因为项目论证是对将要实施的项目从技术上的先进性、适用性，经济上的合理性、盈利性，实施上的可能性、风险可控性等进行分析。项目团队发现了新的、更简单易行的技术方案说明原来选定的技术方案不合理，所以说是项目论证没有做好。

【问题 3】答题思路解析及参考答案

一、答题思路解析

从"答题思路总解析"中的相关内容可知，销售部门反映"目前开发的产品不是他们需要的产品"，可能的原因主要有：①需求评审不规范，只是根据项目经理的描述进行了评审；②需求调研不充分、不仔细；③项目需求没有和销售部门确认；④项目团队缺乏和销售部门的及时、充分的沟通。（问题难度：★★★）

二、参考答案

销售部门反映"目前开发的产品不是他们需要的产品"，可能的原因主要有：

（1）需求评审不规范，只是根据项目经理的描述进行了评审。

（2）需求调研不充分、不仔细。

（3）项目需求没有和销售部门确认。

（4）项目团队缺乏和销售部门的及时、充分的沟通。

【问题 4】答题思路解析及参考答案

一、答题思路解析

根据"答题思路总解析"中的阐述可知，该问题是一个纯理论性质的问题，读者如果比较熟悉项目可行性研究的七个方面，这个问题就比较容易回答。经济可行性主要是从资源配置的角度衡量项目的价值，所以（1）处选"B. 经济可行性"；社会可行性，主要分析项目对社会的影响，包括政策的体制、方针政策、经济结构、法律道德等，所以（2）处选"E. 社会可行性"。（问题难度：★★★）

二、参考答案

（1）B　　（2）E

【问题 5】答题思路解析及参考答案

一、答题思路解析

从"案例描述及问题"中的描述及"答题思路总解析"中的相关内容可知，该项目主要有三个风险：技术风险、财务及市场风险和法律风险。技术风险：该系统投产后，产品是否能满足客户的要求，是否能提供相应的技术以解决相应的问题（该风险从"项目团队发现有新的、更简单易行的技术方案可以实现项目的目标"可以推导出）；财务及市场风险：该产品研发成功后是否能满足市场的需求、是否能带来预期的市场份额和利润（该风险从"销售部门的人反映目前开发的产品不是他们需要的产品"可以推导出）；法律风险：该产品是否符合国家法律政策的要求（该风险从"相关政府部门出台政策，为了稳定市场秩序，限制了该类产品的市场销售"可以推导出）。**（问题难度：★★★）**

二、参考答案

项目的主要风险有：

（1）技术风险：该系统投产后，产品是否能满足客户的要求，是否能提供相应的技术以解决相应的问题。

（2）财务及市场风险：该产品研发成功后是否能满足市场的需求、是否能带来预期的市场份额和利润。

（3）法律风险：该产品是否符合国家法律政策的要求。

2013.11 试题二

【说明】阅读下列材料，请回答问题 1 至问题 3，将解答填入答题纸的对应栏内。

案例描述及问题

以下是某信息系统集成项目合同书的节选部分，合同部分条款如下：

一、合同书

1．项目概况

该项目主要任务是数据中心建设，其中包括整栋大楼的综合布线和数据中心应用支撑平台开发两部分内容。

2．项目范围

合同中约定的全部内容。

3．合同工期

2012 年 2 月 21 日～2012 年 9 月 30 日

4．合同价款和付款方式

本项目采用总价合同，合同总价为贰佰万元人民币，并按照工程量逐段验收付款，工程竣工时支付全部合同价款。

5．质量标准

由于本工作的质量标准不好衡量，因此质量标准要求达到承建方最优质标准。

6．维护和保修

承建方在该项目设计规定的使用年限内承担全部保修责任。

7．变更条款

项目所涉及的变更由双方协商解决。

二、其他补充条款

1．承建方在施工前不允许将工程分包，只可以转包。

2．建设方不负责提供大楼布线工程的相关资料。

3．承建方应该按照项目经理批准的施工内容组织设计和施工。

4．设计质量标准的变更由承建方自行确定。

5．合同变更时，按有关程序确定变更工程价款。

【问题 1】（10 分）

该工程的"合同书"中有哪些不妥之处，请指出并修改。

【问题 2】（6 分）

该工程的"其它补充条款"中有哪些不妥之处，请指出并修改。

【问题 3】（4 分）

该工程按照 WBS 进行进度估算，所需工期为 212 天，你认为该工程的合同工期的实际为多少天？

答题思路总解析

从本案例提的三个问题，很容易判断出：该案例分析主要考查的是项目的采购管理和合同管理。"案例描述及问题"中并没有显性显示出项目已经存在哪些问题。【问题 1】和【问题 2】需要我们找出"合同书"和"其它补充条款"中存在的不妥之处并给出解决方案。【问题 3】是一个数学计算题，与项目管理的理论知识关系不大。（**案例难度：★★★**）

【问题 1】答题思路解析及参考答案

一、答题思路解析

根据"案例描述及问题"中的表述，比较容易发现该工程的"合同书"中的不妥之处：①合同中对项目范围的约定不明确（这点从"合同中约定的全部内容"可以推导出）；②合同中对付款方式和金额约定不明确（这点从"并按照工程量逐段验收付款"可以推导出）；③合同中对项目质量标准约定不明确（这点从"由于本工作的质量标准不好衡量，因此质量标准要求达到承建方最优质标准"可以推导出）；④合同中对项目的维护和保修约定不明确（如无期限约定、责任约定等）（这点从"承建方在该项目设计规定的使用年限内承担全部保修责任"可以推导出）；⑤合同中关于变更、违约责任和索赔条款约定不明确（这点从"项目所涉及的变更由双方协商解决"可以推导出）。

（问题难度：★★★）

二、参考答案

该工程的"合同书"中的不妥之处及改进：

（1）合同中对项目范围的约定不明确。改正：约定明确的项目范围。

（2）合同中对付款方式和金额约定不明确。改正：约定明确的付款方式和付款金额。

（3）合同中对项目质量标准约定不明确。改正：设定明确的质量标准。

（4）合同中对项目的维护和保修约定不明确（如无期限约定、责任约定等）。改正：设定明确的保修期限。

（5）合同中关于变更、违约责任和索赔条款约定不明确。改正：约定明确的项目变更、违约责任和索赔条款等相关内容。

【问题2】答题思路解析及参考答案

一、答题思路解析

从"案例描述及问题"中的表述，比较容易发现该工程的"其它补充条款"中的不妥之处：①按法律规定，工程承包后，可以分包但不能转包（这点从"承建方在施工前不允许将工程分包，只可以转包"可以推导出）；②建设方应该负责提供大楼布线工程的相关资料，作为承建方布线的依据（这点从"建设方不负责提供大楼布线工程的相关资料"可以推导出）；③承建方应该按照监理单位批准的而不是项目经理批准的施工内容组织设计和施工（这点从"承建方应该按照项目经理批准的施工内容组织设计和施工"可以推导出）；④设计质量标准的变更不能由承建方自行确定，而应该由监理单位审核、由建设方确定（这点从"设计质量标准的变更由承建方自行确定"可以推导出）；⑤"有关程序"表述不清，没有写明具体的程序（这点从"合同变更时，按有关程序确定变更工程价款"可以推导出）。**（问题难度：★★★）**

二、参考答案

该工程的"其它合同条款"中的不妥之处及改进：

（1）按法律规定，工程承包后，可以分包但不能转包。改正：根据法律规定和合同条款，征得建设方同意后，承建方可以将工程的非主体部分进行分包。

（2）建设方应负责提供大楼布线工程的相关资料，作为承建方布线的依据。改正：建设方负责提供大楼布线工程的相关资料，作为承建方布线的依据。

（3）承建方应该按照监理单位批准的而不是项目经理批准的施工内容组织设计和施工。改正：承建方按照监理单位批准的施工内容组织设计和施工。

（4）设计质量标准的变更不能由承建方自行确定，而应该由监理单位审核、由建设方确定。改正：设计质量标准的变更由监理单位审核、由建设方确定。

（5）"有关程序"表述不清，没有写明具体的程序。改正：写明具体的程序。

【问题 3】答题思路解析及参考答案

一、答题思路解析

根据"答题思路总解析"中的描述可知，该问题是一个数学计算题，与项目管理的理论知识关系不大。我们只需要把两个日期相减再加 1，就能得到合同工期的实际天数为 223 天。（**问题难度：★★**）

二、参考答案

该工程的合同工期实际为 223 天。

2013.11 试题三

【说明】阅读下列材料，请回答问题 1 至问题 3，将解答填入答题纸的对应栏内。

案例描述及问题

S 公司是某市一家从事电子政务应用系统研发的系统集成公司，公司总经理原为该市政府信息中心总工程师。S 公司最近承接了该市政府 X 部门的一个软件项目，而 X 部门一直是 S 公司的老客户。因为当时公司总经理急于出差，所以在系统范围界定和验收标准尚不十分明确的情况下，就和客户签订了合同，并任命李工为该项目的项目经理。

项目启动后，李工和项目技术负责人陈工，以及 X 部门的副处长胡某共同组成了变更控制委员会。随着项目的逐步开展，客户方不断提出一些变更请求，项目组起初严格按照变更管理流程进行处理，但是由于 S 公司与 X 部门比较熟悉，且胡某强调这些变更都是必须的业务要求，故此几乎所有变更都被批准和接受。项目组先后多次修改设计方案和模块代码，甚至返工了部分功能模块以应对这些变更。

由于客户方属于机关单位，审批程序严格，即使很小的意见分歧也需要开会讨论，按照程序办理，项目进度比预期要慢。李工要求项目组天天加班以保证进度，但需求变更却似乎没完没了，为了节省时间，客户的业务人员不再正式提交变更申请，而是直接和程序员商量，程序员也往往直接修改代码而来不及做相关的文档记录，对此李工也很无奈。

有一次，客户方的两个负责人对软件界面风格的看法发生了分歧，李工认为自己不便于发表意见，于是保持了沉默，最终客户决定调整所有界面，李工动员大家加班修改，项目进度因此延误了10 天，这时客户方的这两个业务负责人却同时来质问李工："为什么你不早点告诉我们会造成进度延期！早知道这样，当初就不要修改了！"李工感到非常苦恼。

【问题 1】（7 分）

请将下面（1）～（7）处的答案填写在答题纸的对应栏内。

从本质上说，整体变更控制过程就是对____（1）____的变更进行____（2）____、____（3）____、批准和拒绝，并进行控制的过程。

整体变更控制的依据包括：___(4)___、___(5)___、___(6)___，以及已完成的___(7)___。

【问题2】（6分）

在本案例中，李工在变更控制方面存在哪些问题？

【问题3】（4分）

针对本案例，请指出李工在该项目的后续管理中可采取哪些措施？

答题思路总解析

从本案例提出的三个问题，很容易判断出：该案例分析主要考查的是项目的整体管理，侧重于项目的整体变更控制。"案例描述及问题"中画"＿＿＿"的文字是该项目已经出现的**问题**：即项目进度比预期要慢，需求变更没完没了、项目进度延误了10天、李工感到非常苦恼。根据这些问题和"案例描述及问题"中画"＿＿＿"的文字，并结合我们的项目管理经验，可以推断出：①合同签订得比较草率（这点从"在系统范围界定和验收标准尚不十分明确的情况下，就和客户签订了合同"可以推导出）；②变更控制委员会成员组成不合理，应该包括客户方主管领导和承建方主管领导（这点从"李工和项目技术负责人陈工，以及X部门的副处长胡某共同组成了变更控制委员会"可以推导出）；③没有严格按变更控制流程提交变更申请和进行变更管理，没有对变更进行记录（这点从"由于S公司与X部门比较熟悉，且胡某强调这些变更都是必须的业务要求，故此几乎所有变更都被批准和接受"和"为了节省时间，客户的业务人员不再正式提交变更申请，而是直接和程序员商量，程序员也往往直接修改代码而来不及做相关文档记录"可以推导出）；④没有对变更造成的影响进行分析（这点从"客户决定调整所有界面，李工动员大家加班修改，项目进度因此延误了10天"可以推导出）；⑤没有将变更造成的影响通知变更提出者；⑥和相关干系人缺乏沟通（这两点从"客户方的这两个业务负责人却同来质问李工：'为什么你不早点告诉我们会造成进度延期！早知道这样，当初就不要修改了！'"可以推导出）上述是导致项目出现"项目进度比预期要慢，需求变更没完没了、项目进度延误了10天、李工感到非常苦恼"的一些主要**原因**（这些原因中的一部分用于回答**【问题1】**）。把**【问题2】**中存在的问题进行修改，就是**【问题3】**的答案（即**【问题2】**的**解决方案**是**【问题3】**的答案）。**【问题1】**属于纯理论性质的问题，与本案例关系不大。（**案例难度：★★★**）

【问题1】答题思路解析及参考答案

一、答题思路解析

根据"答题思路总解析"中的阐述可知，该问题是一个纯理论性质的问题，读者如果比较熟悉项目整体变更控制的相关内容，这个问题就比较容易回答。**整体变更控制过程实际上是对（项目基准）的变更进行标识、文档化、批准或拒绝，并控制的过程。（问题难度：★★★）**

二、参考答案

从本质上说，整体变更控制过程实际上是对（项目基准）的变更进行（标识）、（文档化）、批准或拒绝，并控制的过程。

整体变更控制的依据包括：（项目管理计划）、（工作绩效报告）、（变更请求），以及已完成的（可交付物）。

【问题 2】答题思路解析及参考答案

一、答题思路解析

从"答题思路总解析"中的相关内容可知，李工在变更控制方面存在的主要问题有：①变更控制委员会成员组成不合理，应该包括客户方主管领导和承建方主管领导；②没有严格按变更控制流程提交变更申请和进行变更管理；③没有对变更进行记录；④没有对变更造成的影响进行分析；⑤没有将变更造成的影响通知变更提出者；⑥和相关干系人缺乏沟通。（**问题难度：★★★**）

二、参考答案

李工在变更控制方面存在的主要问题有：

（1）变更控制委员会成员组成不合理，应该包括客户方主管领导和承建方主管领导。

（2）没有严格按变更控制流程提交变更申请和进行变更管理。

（3）没有对变更进行记录。

（4）没有对变更造成的影响进行分析。

（5）没有将变更造成的影响通知变更提出者。

（6）和相关干系人缺乏沟通。

【问题 3】答题思路解析及参考答案

一、答题思路解析

从"答题思路总解析"的描述中可知，该问题的答案就是【问题 2】的解决方案。因此，我们只需要把【问题 2】的答案换一种表达方式就可以了。（**问题难度：★★★**）

二、参考答案

李工在该项目的后续管理中可采取如下措施：

（1）邀请客户方主管领导和承建方主管领导加入变更控制委员会。

（2）严格按变更控制流程提交变更申请。

（3）严格按变更控制流程记录变更。

（4）严格按变更控制流程，从进度、成本、质量等方面对变更给项目造成的整体影响进行评估。

（5）将变更造成的影响通知变更提出者及相关干系人。

（6）严格按变更控制流程进行变更管理。

（7）加强变更监控和跟踪，确保变更是有价值的。

（8）加强和相关干系人的信息沟通。

2014.05 试题一

【说明】阅读下列材料，请回答问题 1 至问题 4，将解答填入答题纸的对应栏内。

案例描述及问题

小张被任命为公司的文档与配置管理员，在了解了公司现有的文档及配置管理现状和问题之后，他做出如下工作计划：

（1）整理公司所有文档，并进行归类管理

小张在整理公司文档时，根据 GB/T 16680—1996《软件文档管理指南》，从项目生命周期角度将文档划分为开发文档、产品文档和管理文档，并对公司目前的文档进行了如下分类：

a）开发文档：可行性研究报告、需求规格说明书、概要设计说明书、数据设计说明书、数据字典。

b）管理文档：开发计划、配置管理计划、测试用例、测试计划、质量保证计划、开发进度报告，项目开发总结报告。

c）产品文档：用户手册、操作手册。

（2）建立公司级配置管理系统，将配置库划分为开发库与受控库，并规定开发库用于存放正在开发过程中的阶段成果，受控库作为基线库存放评审后的正式成果。

（3）建立配置库权限机制，允许公司人员按照不同级别查看并管理公司文档，考虑到公司总经理权限最大、项目经理要查看并了解相关项目资料等额外因素，对受控库进行了如下表的权限分配，（√表示允许，×表示不允许）：

角色	读取	修改	删除
总经理	√	√	√
项目经理	√	√	×
开发人员	√	√	×
测试人员	√	×	×
质量保证人员	√	×	×
配置管理员	√	√	√

进行了如上配置管理工作后，此时有一个项目 A 的项目经理告知小张，发现基线库中有一个重要的功能缺陷要修改，项目经理组织配置控制委员会进行了分析讨论后，同意修改，并指派了程序员小王进行修改，于是小张按照项目经理的要求在受控库中增加了小王的修改权，以便小王可以在受控库中直接修改该功能。

【问题 1】(6 分)

(1) 依据 GB/T 16680—1996《软件文档管理指南》,小张对公司项目文档的归类是否正确?

(2) 从候选答案中选择 8 个正确选项(选多该题得 0 分),将选项编号填入答题纸对应栏内。

应归入"开发文档"类的文档有:

候选答案:

A.可行性研究报告 B.需求规格说明书 C.用户手册 D.数据字典 E.操作手册 F.开发计划 G.配置管理计划 H.测试用例 I.测试计划 J.质量保证计划 K.项目开发总结报告

【问题 2】(8 分)

小张在建立配置管理系统时,不清楚如何组织配置库,请帮助小张组织配置库(至少写出两种配置库组织形式,并说明优缺点)。

【问题 3】(5 分)

本案例中当发现基线库中有一个重要的功能缺陷需要修改时,你认为小张的做法存在哪些问题,并说明正确的做法。

【问题 4】(6 分)

结合案例,请指出小张在整个受控的权限分配方面存在哪些问题。

答题思路总解析

从本案例后提出的四个问题,很容易判断出:该案例分析主要考查的是项目的配置管理。**【问题 1】**是一个纯理论性质的问题,读者如果比较熟悉 GB/T 16680—1996《软件文档管理指南》中关于开发文档、管理文档和产品文档的分类,此题就比较容易回答。**【问题 2】**也是一个纯理论性质的问题,读者如果比较熟悉配置库的建库模式,此问题就比较容易回答。**【问题 3】**和**【问题 4】**需要结合案例本身进行回答。(**案例难度:★★★**)

【问题 1】答题思路解析及参考答案

一、答题思路解析

根据"答题思路总解析"中的阐述,依据 GB/T 16680—1996《软件文档管理指南》,小张对公司项目文档的归类不正确。开发文档有:可行性研究报告、软件需求说明书、数据要求说明书、概要设计说明书、详细设计说明书、数据库设计说明书、模块开发卷宗、项目开发计划、测试计划;管理文档有:测试分析报告、开发进度月报、项目开发总结报告;产品文档有:用户手册、操作手册。(**问题难度:★★★**)

二、参考答案

(1) 依据 GB/T 16680—1996《软件文档管理指南》,小张对公司项目文档的归类不正确。

(2) 应归入"开发文档"类的文档有:A(可行性研究报告)、B(需求规格说明书)、D(数据字典)、F(开发计划)、G(配置管理计划)、H(测试用例)、I(测试计划)、J(质量保证计划)。

【问题2】答题思路解析及参考答案

一、答题思路解析

根据"答题思路总解析"中的阐述可知，配置库的两种建库模式：按配置项类型分类建库和按任务建立相应的配置库。（问题难度：★★★）

二、参考答案

小张可以采用两种方式组织建立配置库：

（1）按配置项类型分类建库，适用于通用软件开发组织。

优点：便于对配置项的统一管理和控制，提高编译和发布效率。

缺点：针对性不强，可能造成开发人员的工作目录结构过于复杂。

（2）按任务建立相应的配置库，适用于专业软件的研发组织。

优点：设置策略灵活。

缺点：不易于配置项统一管理和控制。

【问题3】答题思路解析及参考答案

一、答题思路解析

根据"案例描述及问题"中画"＿＿＿"的文字并结合项目管理经验，可以推断出，小张的做法存在如下的一些问题：①项目A的项目经理缺少书面变更申请（这点从"有一个项目A的项目经理告知小张，发现基线库中有一个重要的功能缺陷要修改"可以推导出）；②缺少变更初审和变更方案评估及论证环节（这点从"项目经理组织配置控制委员会进行了分析讨论后，同意修改"可以推导出）；③在变更实施前，要将变更决定通知各有关的干系人，而不仅仅只是通知小王进行修改（这点从"并指派了程序员小王进行修改"可以推导出）；④变更实施中权限分配的做法有误，不能直接在受控库中分配修改文件的权限；⑤缺少变更确认和发布环节（这两点从"小张按照项目经理的要求在受控库中增加了小王的修改权，以便小王可以在受控库中直接修改该功能"可以推导出）。（问题难度：★★★）

二、参考答案

小张的做法存在如下问题：

（1）项目A的项目经理缺少书面变更申请。

（2）缺少变更初审和变更方案评估及论证环节。

（3）在变更实施前，要将变更决定通知各有关的干系人，而不仅仅只是通知小王进行修改。

（4）变更实施中权限分配的做法有误，不能直接在受控库中分配修改文件的权限。

（5）缺少变更确认和发布环节。

正确做法应该是：

（1）由项目A项目经理就存在的缺陷修改提出书面变更申请。

（2）组织变更初审和变更方案论证。

（3）在变更获批后，将变更决定通知影响到的各有关干系人。

（4）变更实施中，在开发库开辟工作空间，从受控库取出相关的配置项，放于该工作空间，分配权限给程序员小王进行修改。

（5）变更实施完成，进行变更结果评估与确认，更新受控库中的相关配置项，并发布给各相关干系人。

【问题 4】答题思路解析及参考答案

一、答题思路解析

根据配置权限分配的相关内容，结合"案例描述及问题"中的权限分配可以发现，总经理、项目经理、开发人员的权限分配有误。总经理、项目经理和开发人员对受控库应该都只有读取权限，不能直接修改和删除受控库中的文件。（**问题难度：★★★**）

二、参考答案

小张在整个受控库的权限分配方面存在的问题有：

（1）受控库对项目经理只应开放读取权限。

（2）受控库对开发人员只应开放读取权限。

（3）受控库对总经理只应开放读取权限。

（4）还应添加 CCB 和 PMO 角色，并开放读取权限。

2014.05 试题二

【说明】阅读下列材料，请回答问题 1 至问题 3，将解答填入答题纸的对应栏内。

案例描述及问题

国内某信息系统集成商承接了某跨国公司的一项信息系统集成项目。在双方签订的合同中明确规定，进口材料的关税不包括在承建集成商的材料报价之中。由业主自行支付。但合同未规定业务的交付日期，只是规定，业主应在接到承建方提交的到货通知单 30 天内完成海关放行的一切手续。

由于到货时间太迟，货物到港后工程方急需这批材料，为避免现场出现停工待料的情况，集成商先垫支了关税，并完成了入关手续。事后，集成商向业主提出补偿要求，但业主认为，集成商所有行为都没有经过业主方的同意，不予补偿。而且指出补偿时间已经失效，因为已经超过了合同中规定的项目索赔时间。

【问题 1】

该项目集成商是否可向业主提出补偿关税的要求？如果补偿，是否受合同规定的索赔有效期的限制？在这些过程中，项目集成商是否违约？

【问题 2】

简述合同管理的主要内容。并分析说明该案例中是哪些环节出现了问题。

【问题3】

根据本案例，项目集成商在合同管理中没有利用好哪些工具和技术。

答题思路总解析

从本案例提出的三个问题很容易判断出：该案例分析主要考查的是项目采购管理和合同管理。"案例描述及问题"中画"＿＿＿"的文字是该项目已经出现的**问题**：即业主认为集成商的所有行为都没有经过业主方的同意，不予补偿。根据这个问题和"案例描述及问题"中画"＿＿＿"的文字，并结合项目管理经验，可以推断出：①合同条款不详尽，签订草率（这点从"合同未规定业务的交付日期，只是规定，业主应在接到承建方提交的到货通知单30天内完成海关放行的一切手续"可以推导出）；②缺少违约责任相关条款；③缺少变更处理及索赔相关条款；④合同执行中变更管理有问题，集成商在出现了变更后，未按照变更流程就自行决定实施变更；⑤沟通管理没有做好，未及时将变更的影响通知到干系人，特别是业主方（后四点从由于到货时间太迟，货物到港后工程方急需这批材料，为避免现场出现停工待料的情况，集成商先垫支了关税，并完成了入关手续。事后，集成商向业主提出补偿要求，但业主认为，集成商所有行为都没有经过业主方的同意，不予补偿"可以推导出）是导致项目出现"业主认为集成商所有行为都没有经过业主方的同意，不予补偿"的主要的**原因**（用于回答**【问题2】**的第（2）小问）。**【问题1】**需要结合本案例和《中华人民共和国合同法》来回答。**【问题2】**的第（1）小问是纯理论性质的问题，与本案例关系不大。**【问题3】**需要结合本案例和合同管理过程的工具与技术来回答。**（案例难度：★★★）**

【问题1】答题思路解析及参考答案

一、答题思路解析

根据"答题思路总解析"中的相关内容可知，本问题需要结合本案例和《中华人民共和国合同法》来回答。该问题的第（1）小问，由于双方合同中约定海关放行的一切手续由业主办理，现在实际上是集成商垫付了关税并完成了入关手续，因此该项目集成商可以向业主提出补偿关税的要求。该问题的第（2）小问，由于是补偿集成商垫付的关税，不是违约索赔，因此不受合同规定的索赔有效期的限制。该问题的第（3）小问，在这些过程中，项目集成商不违约，虽然集成商做了非合同规定的事情（预先支付了关税），但作为合同的任何一方都有责任和义务降低项目的损失。**（问题难度：★★★）**

二、参考答案

（1）该项目集成商可以向业主提出补偿关税的要求。

（2）由于是补偿集成商垫付的关税，不是违约索赔，因此不受合同规定的索赔有效期的限制。

（3）项目集成商不违约，虽然集成商做了非合同规定的事情（预先支付了关税），但作为合同的任何一方都有责任和义务降低项目的损失。

【问题 2】答题思路解析及参考答案

一、答题思路解析

合同管理包括合同签订管理、合同履行管理、合同变更管理和合同档案管理。根据"答题思路总解析"中的阐述,我们知道,该案例在以下环节出现问题,第一,合同签订管理方面:①合同条款不详尽,签订草率;②缺少违约责任相关条款;③缺少变更处理及索赔相关条款。第二,合同变更管理方面:合同执行中变更管理有问题,集成商在出现了变更后,未按照变更流程就自行决定实施变更。第三,合同履行管理方面:沟通管理没有做好,未及时将变更的影响通知到干系人,特别是业主方。(**问题难度:★★★**)

二、参考答案

合同管理的主要内容有:合同签订管理、合同履行管理、合同变更管理和合同档案管理。

该案例在以下环节出现问题:

(1)合同签订管理方面:合同条款不详尽,签订草率;缺少违约责任相关条款;缺少变更处理及索赔的相关条款。

(2)合同变更管理方面:合同执行中变更管理有问题,集成商在出现了变更后未按照变更流程就自行决定实施变更。

(3)合同履行管理方面:沟通管理没有做好,未及时将变更的影响通知到干系人,特别是业主方。

【问题 3】答题思路解析及参考答案

一、答题思路解析

控制采购(即合同管理)的主要工具与技术:合同变更控制系统、采购绩效审查、检查和审计、报告绩效、支付系统、索赔管理和记录管理系统。从"案例描述及问题"中的相关内容我们得到,业主和集成商之间就费用补偿问题产生了分歧(见"集成商向业主提出补偿要求,但业主认为,集成商所有行为都没有经过业主方的同意,不予补偿"这句话),因此我们可以判断出,项目集成商在合同管理中没有利用好的工具与技术主要有:报告绩效、合同变更控制系统、支付系统和索赔管理。(**问题难度:★★★**)

二、参考答案

项目集成商在合同管理中没有利用好的工具与技术主要有:

(1)报告绩效。

(2)合同变更控制系统。

(3)支付系统。

(4)索赔管理。

2014.05 试题三

【说明】阅读下列材料，请回答问题 1 至问题 3，将解答填入答题纸的对应栏内。

案例描述及问题

M 公司是从事了多年铁路领域系统集成业务的企业，刚刚中标了一个项目，该项目是开发新建铁路的动车控制系统，而公司已有多款较成熟的列车控制系统产品。M 公司与客户签订的合同中规定：自签订合同之日起，项目周期为 9 个月。在项目开始后不久，客户方接到上级的通知，要求该铁路运营提前开始，因此，客户要求 M 公司提前 2 个月交付项目。

项目经理将此事汇报给公司高层领导，高层领导详细询问了项目情况，项目经理认为，公司的控制系统软件是比较成熟的产品，虽然需要按项目需求进行二次开发，但应该能够提前完成，但列车控制设备需要协调外包生产，比原计划提前 2 个月没有把握，公司领导认为，从铁路行业的项目特点来考虑，提前开始铁路运营是必须完成的任务，因此客户的要求不能拒绝。于是他要求项目经理进行讨论，无论如何也要想办法满足客户提出的提前交付的需求。

【问题 1】

结合案例，如果你是项目经理，请分析进度提前对项目管理可能造成哪些方面的变更。

【问题 2】

为了满足客户提出的进度方面"提前 2 个月交付"的要求，项目经理可以采取的措施有哪些？

【问题 3】

在采取了上述措施之后，项目在执行过程中还可能面对哪些问题？

答题思路总解析

从本案例提出的三个问题很容易判断出：该案例分析主要考查的是项目进度管理。该案例属于一个推理性质的题目，不需要我们"找问题""找原因""找解决方案"。只要读者比较熟悉项目约束六边形（即范围、进度、成本、质量、风险和资源这六大要素之间的互相影响），【问题 1】就比较容易回答。项目约束六边形如下图所示：

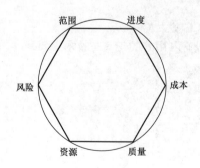

【**问题 2**】实际上考的就是进度压缩的技术。【**问题 3**】是【**问题 2**】的引申，针对【**问题 2**】提出的进度压缩技术实施后，可能出现的新问题，就是【**问题 3**】的答案。（**案例难度：★★★**）

【**问题 1**】答题思路解析及参考答案

一、答题思路解析

根据"答题思路总解析"中的阐述可知，进度提前可能会引起范围、成本、质量、资源、风险等方面的变更，一般来说，范围和质量是不能轻易被改变的，因此，我们在进度提前的限制条件下，要保持范围和质量不变，此时就很可能导致原定计划、成本、资源和风险的变化。另外，由于进度提前引发的一系列变更，还会导致 M 公司与客户之间的合同变更；列车控制设备是外包生产的，为了使外包生产提前完成，可能会导致采购计划的变更。（**问题难度：★★★**）

二、参考答案

进度提前对项目管理的如下方面可能会造成变更：

（1）重新安排活动计划带来的进度计划或项目管理计划的变更。

（2）工期变化可能造成合同的变更。

（3）投入更有效或更多的人员带来的人力资源变更。

（4）投入更有效或更多的人力资源引起的成本变更。

（5）为了使外包生产提前完成，可能需要变更采购计划（不限于更换外包供应商）。

（6）种种措施引起的风险的变更。

【**问题 2**】答题思路解析及参考答案

一、答题思路解析

该问题是需要满足客户提出的进度方面"提前 2 个月交付"的要求而采取的措施，因此，主要是赶工和快速跟进。具体展开，就有如下的一些措施：①加班赶工；②快速跟进，并行处理；③投入更多的资源；④选派经验丰富高效的人员加入；⑤改进工作技术和方法提升工作效率；⑥通过激励和培训提升现有人员的工作效率；⑥加强外包生产进度的监督与控制等。（**问题难度：★★★**）

二、参考答案

为了满足客户提出的进度方面"提前 2 个月交付"的要求，项目经理可以采取的措施有：

（1）加班赶工。

（2）快速跟进，并行处理。

（3）投入更多的资源。

（4）选派经验丰富高效的人员加入。

（5）改进工作技术和方法提升工作效率。

（6）通过激励和培训提升现有人员的工作效率。

（7）加强外包生产进度的监督与控制。

【问题3】答题思路解析及参考答案

一、答题思路解析

根据"答题思路总解析"中的阐述,针对【问题2】提出的进度压缩技术实施后,可能出现的问题,就是该问题的答案。把【问题2】参考答案中列出的7条措施梳理一下,就能发现它们可能导致的问题。(问题难度:★★★)

二、参考答案

采取了上述措施之后,项目在执行过程中还可能面对如下问题:

(1)赶工带来的成本增加,人员加班效率下降,团队负荷加大。

(2)快速跟进带来返工等风险。

(3)投入更多的资源或选派经验丰富的人员或通过激励和培训带来成本超支的风险。

(4)投入更多的资源或选派新人员可能会引发沟通问题。

(5)如果改进技术方法,也可能会出现由于引入新技术而带来新的风险和问题。

(6)公司领导对项目的高压易引起团队的焦虑和冲突。

(7)为了追赶进度,容易忽视变更管理、质量控制等环节。

(8)外包生产可能还是不能按时交付。

2014.11 试题二

【说明】阅读下列材料,请回答问题1至问题3,将解答填入答题纸的对应栏内。

案例描述及问题

甲公司是一家通信技术运营公司。经公司战略规划部开会讨论,决定开发新一代通信管理支持系统,以提升现有系统的综合性能,满足未来几年通信业务高速发展的需要。战略规划部按照以下步骤启动该项目:

(1)起草立项申请,报公司总经理批准。

(2)总经理批准后,战略规划部开展了初步的项目可行性研究工作,主要从国家政策导向、市场现状、成本估算等方面进行了粗略的调研。

(3)战略规划部依据初步的项目可行性研究报告,认为该项目符合国家政策导向,肯定要上马。公司立即成立了建设方项目工作小组,计划以公开招标的方式选择承建方。

乙公司成立时间不足两年,研发队伍能力较强,也有为其它通信技术公司开发过软件产品的经验。乙公司得知甲公司的招标信息后,马上组织人员开始投标工作。该项目的投标工作由软件研发部的郑工负责。郑工是公司的软件工程师,具有丰富的软件代码编写经验。郑工从技术角度分析认为项目可行,独立编制完成了投标文件。开标后,甲公司认为乙公司具有类似项目开发经验,选定乙公司中标,但在后续合同谈判过程中,甲、乙双方在项目进度延期违约金、项目边界,交付质量标准等方面存在较大分歧。甲公司代表认为项目范围在投标文件中有明确说明，且乙公司在投标文件中也已经默认；交付质量标准是他们公司专家给定的，不能更改。同时也发现战略规划部当初做的初步的项目可行性研究报告内容不全面，缺少定量的描述，比如实施进度等。

乙公司代表认为：甲公司合同中要求的进度延期违约金数额太高，担心一旦项目交付延期，损失将会非常大。该项目的质量标准明显高于行业标准，很难达到。此时，距中标通知时间超过一个月，双方仍因为以上分歧未达成一致，合同也未签订，最终甲公司与另外一家投标公司签订了系统集成技术合同。

【问题1】（6分）

结合案例，试分析甲公司（建设方）在项目立项时存在哪些问题。

【问题2】（6分）

结合案例，试分析乙公司（承建方）在项目立项时存在哪些问题。

【问题3】（6分）

从候选答案中选择6个正确选项（每选对一个得1分，选项超过6个则该题得0分），将选项编号填入答题纸对应栏内。

结合案例，属于系统集成类技术合同包含的内容有_____。

候选答案：

A. 名词和术语的解释　　　　　　　　B. 范围和要求

C. 成本率　　　　　　　　　　　　　D. 技术情报和资料的保密要求

E. 技术成果的归属和收益的分成办法　F. 开发工具来源

G. 验收标准和方法　　　　　　　　　H. 项目经理的资格要求

I. 项目名称

答题思路总解析

从本案例后提出的三个问题，特别是**【问题1】**和**【问题2】**，很容易判断出：该案例分析主要考查的是项目的立项管理。"案例描述及问题"中画"____"的文字是该项目已经出现的**问题**：即中标通知已发出一个多月，双方仍因为分歧未达成一致而未能签订合同。根据这个问题和"案例描述及问题"中画"____"（画"____"的文字主要用于挖掘建设方立项中存在的问题）和画"____"（画"____"的文字主要用于挖掘承建方立项中存在的问题）的文字，并结合项目管理经验，可以推断出：①项目初步可行性研究的内容不全面（这点从"战略规划部开展了初步的项目可行性研究工作，主要从国家政策导向、市场现状、成本估算等方面进行了粗略的调研"和"战略规划部当初做的初步的项目可行性研究报告内容不全面，缺少定量的描述，比如实施进度等"可以推导出）；②不能仅凭项目符合国家政策导向就上马，而应该综合考虑各种因素（这点从"战略规划部依据初步的项目可行性研究报告，认为该项目符合国家政策导向，肯定要上马"可以推导出）；③只考虑了承建方的项目经验，未考虑承建方的综合实力（这点从"甲公司认为乙公司具有类似项目开发经验，选定乙公司中标"可以推导出）；④招标文件中没有约定产品交付的质量标准；招标文件中缺少合同的主要条款（这两点从"在后续合同谈判过程中，甲、乙双方在项目进度延期违约金、项目边界，交付质量标准等方面存在较大分歧"可以推导出）；⑤郑工是软件工程师，缺乏投标经验（这点从"郑工是公司的软件工程师，具有丰富的软件代码编写经验"可以推导出）；⑥不能单从技术角度分析项目是否可行，还需要综合考虑其它因素（这点从"郑工从技术角度分析认为项目可行"可以推导出）；⑦投标文件不能由郑工一个人编制，而需要各部门人员协同配合（这点从"独立编制完成了投标文件"可以推导出）；⑧承建方没有认真阅读和理解招标文件中的内容，对建设方的需求把握不准；⑨对于招标文件存在的缺陷，承建方未能与建设方进行有效沟通（这两点从"甲公司认为乙公司具有类似项目开发经验，选定乙公司中标，但在后续合同谈判过程中，甲、乙双方在项目进度延期违约金、项目边界，交付质量标准等方面存在较大分歧""甲公司代表认为项目范围在投标文件中有明确说明，且乙公司在投标文件中也已经默认"和"乙公司代表认为，甲公司合同中要求的进度延期违约金数额太高，担心一旦项目交付延期，损失将会非常大。该项目的质量标准明显高于行业标准，很难达到"可以推导出）是导致项目出现"中标通知已发出一个多月，双方仍因为分歧未达成一致而未能签订合同"的主要**原因**（用于回答【**问题1**】和【**问题2**】）。【**问题3**】是一个纯理论性质的问题，与本案例关系不大。（**案例难度：★★★**）

【问题1】答题思路解析及参考答案

一、答题思路解析

根据"答题思路总解析"的阐述可知，甲公司（建设方）在项目立项时存在的主要问题有：①项目初步可行性研究的内容不全面；②不能仅凭项目符合国家政策导向就上马，而应该综合考虑各种因素；③只考虑了承建方的项目经验，未考虑承建方的综合实力；④招标文件中没有约定产品交付的质量标准；⑤招标文件中缺少合同的主要条款。（**问题难度：★★★★**）

二、参考答案

甲公司（建设方）在项目立项时存在的主要问题有：

（1）项目初步可行性研究的内容不全面。

（2）不能仅凭项目符合国家政策导向就上马，而应该综合考虑各种因素。

（3）只考虑了承建方的项目经验，未考虑承建方的综合实力是否能满足项目需要。

（4）招标文件中没有约定产品交付的质量标准。

（5）招标文件中缺少合同的主要条款。

【问题2】答题思路解析及参考答案

一、答题思路解析

根据"答题思路总解析"的阐述可知，乙公司（承建方）在项目立项时存在的主要问题有：①郑工是软件工程师，是技术专家，但缺乏投标经验；②不能单纯从技术角度分析项目是否可行，还需要综合考虑其他因素；③投标文件不能由郑工一个人编制，需要各部门人员协同配合，这样才能考虑得更加全面和具体；④承建方没有认真阅读和理解招标文件中的内容，对建设方的需求把握不

准；⑤对于招标文件存在的缺陷，承建方未能与建设方进行有效沟通。（**问题难度：★★★★**）

二、参考答案

乙公司（承建方）在项目立项时存在的主要问题有：

（1）郑工是软件工程师，是技术专家，但缺乏投标经验。

（2）不能单纯从技术角度分析项目是否可行，还需要综合考虑其他因素。

（3）投标文件不能由郑工一个人编制，需要各部门人员协同配合，这样才能考虑得更加全面和具体。

（4）承建方没有认真阅读和理解招标文件中的内容，对建设方的需求把握不准。

（5）对于招标文件存在的缺陷，承建方未能与建设方进行有效沟通。

【问题3】答题思路解析及参考答案

一、答题思路解析

根据"答题思路总解析"的阐述可知，该问题是一个纯理论性质的问题，系统集成类的技术合同，一般应包括：项目名称；标的内容、范围和要求；履行的计划、进度、期限、地点、地域和方式；技术文档和资料的保密；风险责任的承担；技术成果的归属和收益的分成方法；验收标准和方法；价款、报酬或者使用费及其支付方式；违约金或者损失赔偿的计算方法；解决争议的方法；名词术语的解释等。根据上述内容，我们容易判断出，属于系统集成类技术合同包含的内容有 A、B、D、E、G、I 六项。（**问题难度：★★★**）

二、参考答案

属于系统集成类技术合同包含的内容有：A（名词和术语的解释）、B（范围和要求）、D（技术情报和资料的保密要求）、E（技术成果的归属和收益的分成办法）、G（验收标准和方法）、I（项目名称）。

2014.11 试题三

【说明】阅读下列材料，请回答问题 1 至问题 4，将解答填入答题纸的对应栏内。

案例描述及问题

某信息系统开发公司承担了某企业的 ERP 系统开发项目，由项目经理老杨带领着一支 6 人的技术团队负责开发。由于工期短、任务重，老杨向公司申请增加人员，公司招聘了 2 名应届大学毕业生小陈和小王补充到该团队中。老杨安排编程能力强的小陈与技术骨干老张共同开发某些程序模块，而安排编程技术弱的小王负责版本控制工作。在项目开发初期，小陈由于不熟悉企业的业务需求，需要经常更改他和老张共同编写的源代码文件，但是他不知道哪个是最新版本，也不知道老张最近改动了哪些地方。一次由于小王的计算机中了病毒，造成部分程序和文档丢失，项目组不得不连续一周加班进行重新返工。此后，老杨吸取教训，要求小王每天下班前把所有最新版本程序和文档备份到 2 台不同的服务器上。一段时间后，<u>项目组在模块联调时发现一个基础功能模块存在重大 BUG，需要调取之前的备份进行重新开发</u>。可是小王发现，这样一来，这个备份版本之后的所有备份版本要么失去意义，要么就必须全部进行相应的修改。项目工期过半，<u>团队中的小李突然离职，老杨在他走后发现找不到小李所负责模块的最新版本源代码了</u>，只好安排其他人员对该模块进行重新开发。

整个项目在经历了重重困难，<u>进度延误了 2 个月后终于勉强上线试运行。可是很快用户就反映系统无法正常工作</u>。老杨带领所有团队成员在现场花费了 1 天时间终于找出问题所在，原来是 2 台备份服务器上的版本号出现混乱，<u>将测试版本中的程序打包到了发布版中</u>。

【问题 1】（5 分）

在（1）～（5）中填写恰当内容（从候选答案中选择一个正确选项，将该选项编号填入答题纸对应栏内）。

为了控制变更，软件配置管理中引入了___（1）___这一概念。根据这个定义，在软件的开发流程中把所有需要加以控制的配置项分为两类，其中，___（2）___配置项包括项目的各类计划和报告等。配置项应该按照一定的目录结构保存到___（3）___中。所有配置项的操作权限由___（4）___进行严格管理，其中___（5）___配置项向软件开发人员开放读取的权限。

（1）～（5）供选择的答案：

A. 版本　　　B. 基线　　　C. 配置项　　　D. 非基线　　　E. 受控库

F. 静态库　　G. 配置库　　H. CMO　　　I. PM　　　J. CCB

【问题 2】（4 分）

结合案例，请分析为什么要进行配置项的版本控制。

【问题 3】（5 分）

简述配置项的版本控制流程。

【问题 4】（8 分）

针对该项目在配置管理方面存在的问题，结合你的项目管理经验，为老杨提出一些改进措施。

答题思路总解析

从本案例提出的四个问题可以判断出：该案例分析主要考查的是项目的配置管理。"案例描述及问题"中画"＿＿"的文字是该项目已经出现的**问题**：即进度延误了 2 个月、用户反映系统无法正常工作、将测试版本中的程序打包到了发布版中。根据这些问题和"案例描述及问题"中画"＿＿"的文字，并结合我们的项目管理经验，可以推断出：①选用了没有配置管理经验的大学毕业生小王担任配置管理员（这点从"公司招聘了 2 名应届大学毕业生小陈和小王补充到该团队中。老杨安排编程能力强的小陈与技术骨干老张共同开发某些程序模块，而安排编程技术弱的小王负责版本控制工作"可以推导出）；②大学毕业生小陈不懂业务且缺乏必要的培训（这点从"小陈由于不熟悉企业的业务需求，需要经常更改他和老张共同编写的源代码文件"可以推导出）；③项目缺乏必要的配置管理工具（这点从"他不知道哪个是最新版本，也不知道老张最近改动了哪些地方"可以推导出）；

④配置项的存储和管理不到位导致重要版本丢失（这点从"一次由于小王的计算机中了病毒，造成部分程序和文档丢失，项目组不得不连续一周加班进行重新返工"和"团队中的小李突然离职，老杨在他走后发现找不到小李所负责模块的最新版本源代码"可以推导出）；⑤没有做配置管理规划，缺少完整的配置管理方案；⑥没有配置管理委员会（这两点从"老杨吸取教训，要求小王每天下班前把所有最新版本的程序和文档备份到 2 台不同的服务器上"和"团队中的小李突然离职，老杨在他走后发现找不到小李所负责模块的最新版本源代码"可以推导出）；⑦缺少配置管理及变更管理流程；⑧没有统一的版本管理机制，各版本不可追溯（这两点从"项目组在模块联调时发现一个基础功能模块存在重大 BUG，需要调取之前的备份进行重新开发。可是小王发现，这样一来，这个备份版本之后的所有备份版本要么失去意义，要么就必须全部进行相应的修改"可以推导出）；⑨员工管理不到位、工作移交没做好（这点从"团队中的小李突然离职，老杨在他走后发现找不到小李所负责模块的最新版本源代码"可以推导出）；⑩没有建立配置基线，版本管理混乱（这点从"2 台备份服务器上的版本号出现混乱，将测试版本中的程序打包到了发布版中"可以推导出）等是导致项目出现"进度延误了 2 个月、用户反映系统无法正常工作、将测试版本中的程序打包到了发布版中"这些问题的主要**原因**，针对这些原因的**解决方案**就是【问题 4】的答案。本案例【问题 1】和【问题 3】属于纯理论性质的问题，与本案例关系不大。上面发现的配置管理方面存在的问题，换一种说法就是【问题 2】的答案。（**案例难度：★★★**）

【问题 1】答题思路解析及参考答案

一、答题思路解析

根据"答题思路总解析"的阐述，我们知道，该问题属于纯理论性质的问题。（**问题难度：★★★**）

二、参考答案

为了控制变更，软件配置管理中引入了 **B. 基线**这一概念。根据这个定义，在软件的开发流程中把所有需加以控制的配置项分为两类，其中，**D. 非基线配置项**包括项目的各类计划和报告等。配置项应该按照一定的目录结构保存到 **G. 配置库**中。所有配置项的操作权限由 **H. CMO** 进行严格管理，其中 **B. 基线**配置项向软件开发人员开放读取的权限。

【问题 2】答题思路解析及参考答案

一、答题思路解析

根据"答题思路总解析"中的阐述，该项目由于没有做好版本管理与控制，而出现了如下问题：①不能清楚地辨识文件的版本情况，不利于协同工作（这点从"他不知道哪个是最新版本，也不知道老张最近改动了哪些地方"可以推导出）；②重要版本丢失，造成不必要的返工（这点从"一次由于小王的计算机中了病毒,造成部分程序和文档丢失,项目组不得不连续一周加班进行重新返工"和"团队中的小李突然离职，老杨在他走后发现找不到小李所负责模块的最新版本源代码"可以推导出）；③各版本不可追溯，不利于变更管理（这点从"项目组在模块联调时发现一个基础功能模块存在重大 BUG，需要调取之前的备份进行重新开发。可是小王发现，这样一来，这个备份版本之后的所有备份版本要么失去意义，要么就必须全部进行相应的修改"可以推导出；④取错版本（这点从"2 台备份服务器上的版本号出现混乱，将测试版本中的程序打包到了发布版中"可以推导出）。如果版本管理和控制处理好，上面的四个问题就不会出现了，这就是为什么要进行配置项的版本控制的原因。因此，把上面分析出来的四个问题换一种表达方式，就是本问题的答案。（**问题难度：★★★**）

二、参考答案

要进行配置项的版本控制的理由：

（1）版本控制有利于清晰地记录和保存配置项的所有版本，避免发生版本混淆或丢失，从而避免无谓的返工。

（2）版本控制有利于协同开发工作，案例中由于没有做好版本控制导致了小陈和老张之间协作上的困难。

（3）版本控制有利于历史版本的追溯，能够快速准确地查找到配置项的任何历史版本。

（4）版本控制使配置项处于受控状态，能更好地进行配置项的变更管理。

（5）版本控制有利于在版本出现冲突的情况下进行有效的辨析，从而避免取错版本。

【问题 3】答题思路解析及参考答案

一、答题思路解析

根据"答题思路总解析"的阐述可知，该问题属于纯理论性质的问题，读者如果比较熟悉配置项状态变化的相关内容，这个问题就比较容易回答。根据"配置项状态变化图"，我们可以理出配置项的版本控制流程：①根据项目计划创建配置项；②修改和完善处于"草稿"状态的配置项；③提交并通过评审和审批；④配置管理员按配置管理计划对配置项建立版本号或基线并正式发布；⑤若需要变更配置项，则配置管理员按规则从受控库中取出该配置项，处于"修改"状态的配置项经过修改并通过评审和审批后，配置管理员按配置管理计划对配置项建立新的版本号或基线并再次正式发布。（**问题难度：★★★**）

二、参考答案

配置项版本控制流程：

（1）根据项目计划创建配置项。

（2）修改和完善处于"草稿"状态的配置项。

（3）提交并通过评审和审批。

（4）配置管理员按配置管理计划对配置项建立版本号或基线并正式发布。

（5）若需要变更配置项，则配置管理员按配置项变更管理流程从受控库中取出该配置项，处于"修改"状态的配置项经过修改并通过评审和审批后，配置管理员按配置管理计划对配置项建立新的版本号或基线并再次正式发布。

【问题4】答题思路解析及参考答案

一、答题思路解析

根据"答题思路总解析"中的阐述可知，该项目出现的主要问题有：①选用了没有配置管理经验的大学毕业生小王担任配置管理员；②大学毕业生小陈不懂业务且缺乏必要的培训；③项目缺乏必要的配置管理工具；④配置项的存储和管理不到位导致重要版本丢失；⑤没有做配置管理规划，缺少完整的配置管理方案；⑥没有配置管理委员会；⑦缺少配置管理及变更管理流程；⑧没有统一的版本管理机制，各版本不可追溯；⑨员工管理不到位、工作移交没做好；⑨没有建立配置基线，版本管理混乱。把这十个方面的的问题解决了，就是老杨应该采取的改进措施。（**问题难度：★★★**）

二、参考答案

老杨可以在如下方面进行改进：

（1）选用有经验的人员担任配置管理员。

（2）从项目整体出发，做好配置管理规划。

（3）建立配置管理委员会。

（4）使用合适的配置管理工具。

（5）建立配置管理及变更管理流程。

（6）建立统一的版本管理机制。

（7）识别配置项、为配置项建立唯一标识，建立配置基线，使配置项处于受控状态。

（8）对新员工进行必要的培训。

（9）做好员工离职时的移交工作。

（10）严格按配置管理计划实施配置管理和变更管理，定期提交配置状态报告、改进配置管理方法。

2014.11 试题四

【说明】 阅读下列材料，请回答问题1至问题3，将解答填入答题纸的对应栏内。

案例描述及问题

某信息系统集成公司，根据市场需要从2013年初开始进入信息系统运营服务领域。公司为了加强管理，提高运营服务能力，企业通过了 GB/T 24405.l—2009 idt ISO20000-1：2005 认证。

2013 年 12 月该公司与政府部门就某智能交通管理信息系统运营签订了一份商业合同，并附有一份《服务级别协议》（Service Level Agreement，SLA），该级别协议部分内容如下：

（1）系统运维要求

内容：检查、维修、监控

服务等级：7×24 小时

服务可用性要求：全年累计中断不超过 20 分钟

（2）服务器维修

数量：1 台

内容：检查、维修、监控

服务等级：7×24 小时

此外，对一些网络设施维护等也进行了规定。

公司为了确保该项目达到 SLA 要求，任命了有运维经验的小王为项目经理，并在运维现场建立了备件库、服务台，并配备了 3 名一线运维工程师进行 3 班轮流驻场服务。公司要求运维团队要充分利用这些资源，争取服务级别达成率不低于 95%，满意度不低于 95%。项目进入实施阶段后，小王根据企业和客户要求，建立了运维程序和运维方案，为了完成 SLA 和公司下达的指标，小王建立了严格的监督管理机制，利用企业的打卡系统，把运维人员也纳入打卡考核。

但在第一个季度报告时，客户就指出，系统经常中断、打服务电话也经常没人接，满意度调查结果也只有 65%。

【问题 1】（9 分）

根据题目说明，请归纳该项目的范围说明书应包括哪些具体内容。

【问题 2】（7 分）

围绕题干中列举的现象，请指出造成满意度低的原因。

【问题 3】（4 分）

在（1）～（4）中填写恰当内容（从候选答案中选择一个正确选项，将该选项编号填入答题纸对应栏内）。

客户接受运维服务季度报告的过程属于范围___(1)___。满意度调查属于质量___(2)___。运维企业管理要符合《信息技术服务运行维护第 1 部分 通用要求》，除了要加强人员、资源、流程管理外，还要强化___(3)___管理。服务台属于___(4)___。

（1）～（2）供选择的答案：

    A. 控制   B. 确认   C. 评审   D. 审计

（3）～（4）供选择的答案：

    A. 知识库   B. 流程工具   C. 技术   D. 资源

答题思路总解析

从"案例描述及问题"以及本案例后提出的三个问题，特别是**【问题 2】**和**【问题 3】**我们很容易判断出：该案例分析主要考查的是信息系统服务管理，**【问题 1】**考到了项目的范围管理。"案例描述及问题"中画"＿＿＿"的文字是该项目已经出现的**问题**：即满意度调查结果只有 65%。根据这个问题和"案例描述及问题"中画"＿＿＿"的文字，并结合项目管理经验，可以推断出：①系统经常中断，说明没有达到预先定义的 SLA 中可用性的要求（这点从"系统经常中断"可以推导出）；②打服务电话也经常没人接，说明没有达到预先定义的 SLA 中服务等级的要求（这点从"打服务电话也经常没人接"可以推导出）是导致项目出现"满意度调查结果只有 65%"这一问题的**直接原因**。另外，①服务范围不明确、《服务级别协议》（SLA）内容不全面（这点从"附有一份《服务级别协议》（SLA）"及对《服务级别协议》内容的相关描述可以推导出）；②未配备二线工程师（这点从"任命了有运维经验的小王为项目经理，并在运维现场建立了备件库、服务台、并配备了3 名一线运维工程师进行 3 班轮流驻场服务"可以推导出）；③运维人员的考核没有直接与运维工作挂钩，导致责任心不强（这点从"利用企业的打卡系统，把运维人员也纳入打卡考核"可以推导出）；缺乏有效的技术管理，缺乏有效的运维工具和知识库支持；④一线运维工程师未能对系统进行 7×24 小时监控，出现服务中断时未能及时恢复；⑤项目经理小王没有对运维工程师的工作情况进行有效监督（这三点从"系统经常中断"可以推导出）等是导致项目出现"满意度调查结果只有65%"这一问题的**间接原因**（这些直接原因和间接原因用于回答【问题 2】）。本案例【问题 1】和【问题 3】属于纯理论性质的问题，与本案例关系不大。（**案例难度：★★★**）

【问题 1】答题思路解析及参考答案

一、答题思路解析

根据"答题思路总解析"的阐述可知，该问题属于纯理论性质的问题，读者如果熟悉项目的范围说明书应该包括的内容，该问题就比较容易回答。（**问题难度：★★★**）

二、参考答案

该项目的范围说明书应包括的具体内容有：

（1）项目目标。

（2）服务范围描述。

（3）项目的可交付物。

（4）项目边界。

（5）服务验收标准。

（6）项目的约束条件。

（7）项目的假设。

【问题 2】答题思路解析及参考答案

一、答题思路解析

根据"答题思路总解析"中的阐述可知，造成满意度低的直接原因有：①系统经常中断，没有达到预先定义的 SLA 中可用性的要求；②打服务电话也经常没人接，没有达到预先定义的 SLA 中服务等级的要求。造成满意度低的间接原因有：①服务范围不明确、《服务级别协议》（SLA）内容不全面；②未配备二线工程师；③运维人员的考核没有直接与运维工作挂钩，导致责任心不强；④缺乏有效的技术管理，缺乏有效的运维工具和知识库支持；⑤一线运维工程师未能对系统进行

7×24 小时监控，出现服务中断时未能及时恢复；⑥项目经理小王没有对运维工程师的工作情况进行有效监督。（**问题难度：★★★**）

二、参考答案

造成满意度低的原因：

（1）系统经常中断，没有达到预先定义的 SLA 中可用性的要求。

（2）打服务电话也经常没人接，没有达到预先定义的 SLA 中服务等级的要求。

（3）服务范围不明确、SLA 内容不全面。

（4）未配备二线工程师。

（5）运维人员的考核没有直接与运维工作挂钩，导致责任心不强。

（6）缺乏有效的技术管理，缺乏有效的运维工具和知识库支持。

（7）一线运维工程师未能对系统进行 7×24 小时监控，出现服务中断时未能及时恢复。

（8）项目经理小王没有对运维工程师的工作情况进行有效监督。

【问题 3】答题思路解析及参考答案

一、答题思路解析

根据"答题思路总解析"的阐述可知，该问题属于纯理论性质的问题，范围确认是指客户对可交付成果的接受（这里就是指对运维服务的接受），因此（1）选"B. 确认"；满意度调查后会出来一个结果，即客户对服务质量的评价，因此（2）选"C. 评审"。读者如果比较熟悉《信息技术服务运行维护 第 1 部分 通用要求》，则（3）和（4）就比较容易选对，否则会感觉到比较难。（**问题难度：★★★**）

二、参考答案

客户接受运维服务季度报告的过程属于范围（B. 确认）。满意度调查属于质量（C. 评审）。运维企业管理要符合《信息技术服务运行维护 第 1 部分 通用要求》，除了要加强人员、资源、流程管理外，还要强化（C. 技术）管理。服务台属于（B. 流程工具）。

2015.05 试题二

【说明】阅读下列材料，请回答问题 1 至问题 2，将解答填入答题纸的对应栏内。

案例描述及问题

某市承办国际服装节，需要开发网站进行宣传。系统集成企业 M 公司中标了该网站开发项目。该项目既要考虑一般网站建设的共性，又要考虑融入人的艺术创意和构思，以便能够将网站办得耳目一新，不但具有宣传价值，还能利于大数据的积累。

网站的主要内容包括大型活动宣传，名师名模服装展示，服装服饰交易，服装文化传播等。

双方协定项目合同工期为 5 个月。M 公司任命项目经理小曹负责该项目。项目组经过需求调研后制定了项目计划，并按计划完成了网站系统分析、系统设计，包括艺术风格与主页设计、数据库设计等活动。

项目进入编码阶段后，承办单位为了扩大影响力，要求在项目中增加全国服装模特海选的宣传、选拔、评奖与管理。因此，<u>建设方代表直接找到小曹提出增加项目内容</u>，并答应会支付相应的费用，但要确保项目工期不能拖延。

针对上述情况，小曹及其领导进行了如下处理：

（1）<u>小曹见到其领导时转述了建设方的要求。</u>

（2）<u>领导考虑了一会儿，对小曹说"答应客户要求"。</u>

（3）小曹通知商务人员与建设方签订补充协议。

（4）<u>因建设单位要求工期不能拖延，故小曹决定项目进度计划不变。</u>

（5）<u>小曹找来设计工程师小廖，把新增部分全权委托给了他，让他加班加点确保进度。</u>到达交付期时，<u>项目集成测试中发现的问题还未得到及时解决。</u>

【问题 1】（10 分）

面对用户的要求，小曹及其领导的做法有何不妥之处？

【问题 2】（7 分）

为确保进度不受拖延，小曹应该如何执行领导的决定？

答题思路总解析

从本案例提出的两个问题可以判断出：该案例分析主要考查的是项目的整体管理和进度管理。"案例描述及问题"中画"＿＿＿"的文字是该项目已经出现的**问题**：即至交付期时，项目集成测试中发现的问题还未得到及时解决。根据这个问题和"案例描述及问题"中画"＿＿＿"的文字并结合项目管理经验，可以推断出：①建设方提出范围变更时，没有提交书面的变更申请（这点从"建设方代表直接找到小曹提出增加项目内容"可以推导出）；②小曹没有组织项目组相关成员对建设方提出的变更请求进行全面评估（这点从"小曹见到其领导时转述了建设方的要求"可以推导出）；③建设方提出的变更请求是否被批准执行，没有经过项目变更控制委员会（Configuration Contrd Board，CCB）审批，而是由公司领导直接答应的（这点从"领导考虑了一会儿，对小曹说'答应客户要求'"可以推导出）；④小曹没有根据项目的新增需求重新制定项目进度计划（这点从"因建设单位要求工期不能拖延，故小曹决定项目进度计划不变"可以推导出）；⑤小曹没有根据项目新增需求的实际需要进行合理分工，而是把新增任务全部交由小廖承担（这点从"小曹找来设计工程师小廖，把新增部分全权委托给了他，让他加班加点确保进度"可以推导出）等是导致项目出现"至交付期时，项目集成测试中发现的问题还未得到及时解决"的主要**原因**（用于回答**【问题 1】**）。针对**【问题 1】**的不妥之处提出的**解决方案**，就是**【问题 2】**的答案。（**案例难度：★★★**）

【问题1】答题思路解析及参考答案

一、答题思路解析

根据"答题思路总解析"中的阐述可知，面对用户的要求，小曹及其领导的做法有如下不妥之处：①在建设方提出范围变更时，小曹没有要求建设方提交书面的变更申请；②小曹没有组织项目组相关成员对建设方提出的变更请求进行全面评估；③建设方提出的变更请求是否被批准执行，没有经过CCB审批，而是由公司领导直接答应；④小曹没有根据项目的新增需求重新制定项目进度计划；⑤小曹没有根据项目新增需求的实际需要进行合理分工，而是把新增任务全部交由小廖承担。

（问题难度：★★★）

二、参考答案

面对用户的要求，小曹及其领导的做法有如下不妥之处：

（1）在建设方提出范围变更时，小曹没有要求建设方提交书面的变更申请。

（2）小曹没有组织项目组相关成员对建设方提出的变更请求进行全面评估。

（3）建设方提出的变更请求是否被批准执行，没有经过CCB审批，而是由公司领导直接答应。

（4）小曹没有根据项目的新增需求重新制定项目进度计划。

（5）小曹没有根据项目新增需求的实际需要增加人手、进行合理分工，而是把新增任务全部交由小廖承担。

【问题2】答题思路解析及参考答案

一、答题思路解析

根据"答题思路总解析"中的阐述可知，把【问题1】中发现的不足之处解决了，就是本问题的答案。

将整体变更控制管理流程图整理为下图，就能更好地辅助我们回答该问题。**（问题难度：★★★）**

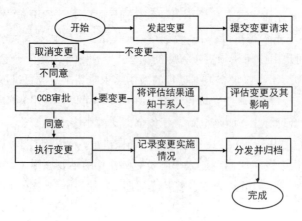

二、参考答案

为确保进度不受拖延，小曹应该这样执行领导的决定：

（1）要求建设方按项目整体变更流程提交书面的变更请求。

（2）小曹组织项目组相关成员详细了解本次变更的需求并进行全面的影响评估。

（3）把变更影响的评估结果通知建设方及其他相关人员（包括小曹的领导）。

（4）组织 CCB 审批变更请求。

（5）根据新增需求请公司商务人员和建设方签订补充协议。

（6）小曹根据新增需求重新制定项目计划，组织相关人员执行被批准的新增需求。

（7）对执行过程进行严格监控，及时发现问题并进行有效处理。

2015.05 试题三

【说明】阅读下列材料，请回答问题 1 至问题 4，将解答填入答题纸的对应栏内。

案例描述及问题

信息系统集成 A 公司（以下简称 A 公司）于 2012 年 5 月承接了某市级银行的计费数据库系统的开发项目，约定在该银行十三个本地网点计费系统建设中提供硬件平台及相应软件产品，并由 A 公司负责系统总集成，以及后期相关的运维工作。由于感觉技术比较单一，因此签订了总价合同，合同中只是简单规定了技术总体要求，并约定依据项目的大致进展进行付款。

2013 年 3 月，A 公司已经完成了数据库系统软件的开发，并且将这些功能部署在了 5 个网点，但是比原计划滞后了差不多二个月。在项目执行的过程中，A 公司发现该市银行各网点所用的系统并不完全相同，而且对数据库的个性化需求也有区别，如郊区网点的业务需求与市区网点不同。在签订合同时由于对这些因素估计不足，迫使原定的项目计划不断进行调整，项目预算也已经超支。

2013 年 4 月银行方面以 A 公司项目进度缓慢，质量不能满足要求，并且以 5 个已上线网点的运维服务支持不足为由，另外找到了一个信息系统集成 B 公司（以下简称 B 公司）接替 A 公司继续做剩余工作。此时 A 公司也感觉前期准备不足，很难按照合同要求做好项目，因此同意将项目整体移交给 B 公司，但是要求银行必须支付前期建设的费用。由于合同中对相关的工作量缺乏定量的描述条款，合同的价格很难确定，双方陷入僵持之中。尤其是有一批 A 公司为了项目购买的服务器已经经过了银行的验收，银行希望 A 公司先移交服务器，然后再谈应付款项，但是 A 公司坚持要银行先付款，然后再移交服务器。银行甚至准备重新购买一批服务器，放弃已经经过验收的 A 公司服务器，让 B 公司重新进行该项目。

【问题 1】（10 分）

A 公司在合同签订过程中应约定哪些内容，以避免题干描述问题或类似问题的出现？

【问题 2】（5 分）

在 A 公司同意的情况下，项目是否可以转交给 B 公司？为什么？

【问题3】(2分)

请问 A 公司先要银行付款再移交服务器是否恰当?

【问题4】(3分)

银行放弃已经通过验收的服务器,让 B 公司重新开始该项目的活动是否合适?应该怎么处理?

答题思路总解析

从本案例后提出的四个问题,很容易知道:该案例分析题主要考查的是项目的采购管理和合同管理。纵观这四个问题,没有需要我们回答"找原因""找解决方案"的问题。因此,本题不适合采用"找问题""找原因""找解决方案"的三找法则。**【问题1】**是一个偏理论性质的问题,与本案例关系不大;**【问题2】**、**【问题3】**和**【问题4】**需要把理论与本项目的实际情况结合起来进行回答。**(案例难度:★★★)**

【问题1】答题思路解析及参考答案

一、答题思路解析

从"答题思路总解析"的阐述中可知,该问题是一个偏理论性质的问题,与本案例关系不大。读者如果熟悉合同应该包括哪些内容,该问题就比较容易回答。**(问题难度:★★★)**

二、参考答案

A 公司在合同签订过程中应约定的主要内容有:

(1)当事人各自的权利、义务。

(2)项目费用及工程款的支付方式。

(3)项目变更约定。

(4)违约责任。

(5)质量验收标准、验收时间。

(6)技术支持服务。

(7)损失赔偿、保密约定和合同附件。

【问题2】答题思路解析及参考答案

一、答题思路解析

从"答题思路总解析"的阐述中可知,该问题需要把理论和本案例结合起来进行回答。根据《中华人民共和国合同法》第八十八条"当事人一方经对方同意,可以将自己在合同中的权利和义务一并转让给第三人",在 A 公司同意的情况下,银行是可以将项目转交给 B 公司的,但需要依据合同相关条款完成移交前的相关工作。**(问题难度:★★★)**

二、参考答案

在 A 公司同意的情况下，银行是可以将项目转交给 B 公司的，但需要依据合同相关条款完成移交前的相关工作。

理由： 依据《中华人民共和国合同法》第八十八条的规定："当事人一方经对方同意，可以将自己在合同中的权利和义务一并转让给第三人"。

【问题 3】答题思路解析及参考答案

一、答题思路解析

从"答题思路总解析"的阐述中可知，该问题需要把理论和本案例结合起来进行回答。根据《中华人民共和国合同法》，合同双方都必须履职好各自的权利和义务，卖方需要按合同要求给买方提供合格的货品，买方需要按合同条款支付相应的合同款项。因此，A 公司先要求银行付款再移交服务器是不恰当。A 公司应当先将服务器移交给银行，再要求银行支付价款（除非合同中签订的条款是银行先支付价款，A 公司才移交服务器；但从本案例的描述中，看不出有这样的合同条款）。（**问题难度：★★★**）

二、参考答案

A 公司先要银行付款再移交服务器是不恰当的。A 公司应当先将服务器移交给银行，再要求银行支付价款（除非合同中签订的条款是银行先支付价款，A 公司才移交服务器；但从本案例的描述中，看不出有这样的合同条款）。

【问题 4】答题思路解析及参考答案

一、答题思路解析

从"答题思路总解析"的阐述中可知，该问题需要把理论和本案例结合起来进行回答。银行放弃已经通过验收的服务器，让 B 公司重新开始该项目的活动是不合适的。从合同履约的角度来看，银行已经对该批服务器进行验收，表示已经认可了 A 公司提供的该项目服务，因此，应该本着合作共赢的态度来处理该问题；银行应该和 A 公司进行沟通和谈判，商定一个双方都认可和接受的方案，接受 A 公司提供的该批服务器，让 B 公司使用该批服务器继续执行该项目后面的工作。（**问题难度：★★★**）

二、参考答案

银行放弃已经通过验收的服务器，让 B 公司重新开始该项目的活动是不合适的。

因为从合同履约的角度来看，银行已经对该批服务器进行验收，表示已经认可了 A 公司提供的该项目服务。

应该这样处理：双方应本着合作共赢的态度来处理该问题；银行应该和 A 公司进行沟通和谈判，商定一个双方都认可和接受的方案，接受 A 公司提供的该批服务器，让 B 公司使用该批服务器继续执行该项目后面的工作。

2015.05 试题四

【说明】阅读下列材料，请回答问题1至问题2，将解答填入答题纸的对应栏内。

案例描述及问题

某信息系统集成企业，主要从事政法领域的信息系统集成和售后服务。最近公司管理层做出战略调整，要把企业发展的重心转向信息系统运维服务。公司最近与某法院签订了一份运维服务合同（公司负责该法院相关系统的集成、售后服务）。服务内容主要包括：供配电 UPS；路由器；PC服务器。服务级别要求 7×24 小时服务，服务可用性达到 99.9%，服务满意度要达到 85%。

公司对该项目非常重视，任命了有丰富售后服务经验的张某为项目经理，全权授权张经理负责该项目，并要求他负责企业运维服务的能力建设和提升。张经理也学习了大量项目管理知识和运维管理知识，并将相关知识运用在该项目中。项目中发生的具体事件如下：

1. 张经理认为做好运维的核心是运维人员的维修水平。由于运维合同价格偏低，在招聘人员时主要考虑人员是否有相关设备维修经验，并指派本公司有系统集成实施经验的若干名人员加入运维团队，要求团队成员满负荷工作，项目组人员不能有冗余。

2. 在运维项目实施期间，遇到值班人员有事或生病，只能由项目经理代班，遇到客户报修的设备问题，维修人员常常以我不懂该专业，让客户第二天再报。运维人员遇到无法解决的技术问题向项目经理汇报时，项目经理回答"你们招进来就是解决设备问题的，我无法提供帮助，你们自己解决"。相关运维人员经常超过规定时间，也未能使设备恢复运行。

3. 项目经理认为团队管理的核心是团队凝聚力强，不发生冲突。项目经理利用工作和业务时间进行了大量的沟通和协调工作。确保在运维实施期间，成员关系比较融洽。但在季末法院信息中心进行的服务满意度调查时，综合满意度只有 70%，设施综合可用性指标只达到 98%。

【问题1】（5分）
指出该项目经理在运维团队建设上存在哪些问题。

【问题2】（8分）
结合以上案例，判断下列选项的正误（填写在答题纸的对应栏内，正确的选项填写"√"，错误的选项填写"×"）。

（1）满意度调查应作为团队管理的评判依据。 （ ）

（2）团队管理不仅要关注团队绩效，还应关注个人绩效。 （ ）

（3）团队管理不包括解决问题。 （ ）

（4）项目经理对团队管理的认识是正确的。 （ ）

（5）"服务内容主要包括：供配电 UPS；路由器；PC 服务器；服务级别要求 7×24 小时服务，服务可用性达到 99.9%，服务满意度要达 85%"属于《服务级别协议》。 （ ）

（6）运行维护能力的建立应由企业管理层负责，不应交给项目经理负责。 （ ）

（7）运行维护服务对象不应包括供配电系统。　　　　　　　　　　　（　　）

（8）售后服务和运行维护服务要求是一样的。　　　　　　　　　　　（　　）

答题思路总解析

从"案例描述及问题"以及本案例后提出的两个问题，很容易判断出：该案例分析主要考查的是项目的人力资源管理和信息系统服务管理。"案例描述及问题"中画"＿＿＿"的文字是该项目已经出现的**问题**：即服务满意度只有 70%，设施综合可用性指标只达到 98%。根据这个问题和"案例描述及问题"中画"＿＿＿"的文字并结合项目管理经验，可以推断出：①选派项目组成员没有进行多标准决策分析，仅仅凭技术能力选人（这点从"张经理认为做好运维的核心是运维人员的维修水平"和"在招聘人员时主要考虑人员是否有相关设备维修经验"可以推导出）；②团队成员没有保持适当的冗余，这样无法灵活处理一些突发的事件（这点从"要求团队成员满负荷工作，项目组人员不能有冗余"和"在运维项目实施期间，遇到值班人员有事或生病，只能由项目经理代班"可以推导出）；③维修人员服务意识比较差（这点从"遇到客户报修的设备问题，维修人员常常以我不懂该专业，让客户第二天再报"可以推导出）；④项目经理张某缺乏对员工的培养和辅导（这点从"运维人员遇到无法解决的技术问题向项目经理汇报时，项目经理回答'你们招进来就是解决设备问题的，我无法提供帮助，你们自己解决'"可以推导出）；⑤项目经理张某对项目工作监控不到位（这点从"相关运维人员经常超过规定时间，也未能使设备恢复运行"可以推导出）；⑥项目经理张某在团队建设和管理过程有失偏颇，没有从团队建设和管理的目的出发来采取正确的措施（这点从"项目经理认为团队管理的核心是团队凝聚力强，不发生冲突"可以推导出是导致项目出现"服务满意度只有 70%，设施综合可用性指标只达到 98%"这一问题的主要**原因**。（用于回答**【问题 1】**）。**【问题 2】**需要把理论、实践和本案例情况结合起来进行判断。（**案例难度：★★★**）

【问题 1】答题思路解析及参考答案

一、答题思路解析

根据"答题思路总解析"中的阐述可知，项目经理在运维团队建设上存在的问题主要有：①选派项目组成员没有进行多标准决策分析，仅仅凭技术能力选人；②团队成员没有保持适当的冗余，这样无法灵活处理一些突发的事件；③维修人员服务意识比较差，项目经理对维修人员服务意识缺乏培养；④项目经理张某缺乏对员工的培养和辅导；⑤项目经理张某对项目工作监控不到位；⑥项目经理张某在团队建设和管理过程有失偏颇，没有从团队建设和管理的目的出发来采取正确的措施。（**问题难度：★★★**）

二、参考答案

项目经理在运维团队建设上存在的问题主要有：

（1）选派项目组成员没有进行多标准决策分析，仅仅凭技术能力选人。

（2）团队成员没有保持适当的冗余，这样无法灵活处理一些突发的情况。

（3）维修人员服务意识比较差，项目经理对维修人员服务意识缺乏培养。

（4）项目经理张某缺乏对员工的培养和辅导。

（5）项目经理张某对项目工作监控不到位。

（6）项目经理张某在团队建设和管理过程有失偏颇，没有从团队建设和管理的目的出发来采取正确的措施。

【问题2】答题思路解析及参考答案

一、答题思路解析

根据"答题思路总解析"中的阐述可知，需要把理论、实践和本案例情况结合起来进行判断。团队建设和管理的目的之一就是要为客户提供满意的服务，因此（1）是正确的；团队管理既需要关注团队绩效，当然也不能忽视个人绩效，因此（2）是正确的；冲突管理是团队管理过程的工具之一，显然团队管理包括解决问题，因此（3）是错误的；本案例中项目经理张某对团队管理的认识是错误的，这一点是显而易见的，否则本案例就不会提出【问题1】了，因此（4）是错误的；从本案例描述来看，"服务内容主要包括：供配电 UPS；路由器；PC 服务器；服务级别要求 7×24 小时服务，服务可用性达到 99.9%，服务满意度要达 85%"都属于《服务级别协议》，因此（5）是正确的；企业运维服务能力的建设和提升可以委托给维护项目的项目经理负责，因此（6）是错误的；从本案例的描述可以看出，运行维护服务对象包括供配电系统，因此（7）是错误的；运行维护服务比售后服务的要求更高，因此（8）是错误的。（**问题难度：★★★**）

二、参考答案

（1）满意度调查应作为团队管理的评判依据。　　　　　　　　　　　　　　（ √ ）

（2）团队管理不仅要关注团队绩效，还应关注个人绩效。　　　　　　　　　（ √ ）

（3）团队管理不包括解决问题。　　　　　　　　　　　　　　　　　　　　（ × ）

（4）项目经理对团队管理的认识是正确的。　　　　　　　　　　　　　　　（ × ）

（5）服务内容主要包括：供配电 UPS；路由器；PC 服务器；服务级别要求 7×24 小时服务，服务可用性达到 99.9%，服务满意度要达 85%属于《服务级别协议》。　　（ √ ）

（6）运行维护能力的建立应由企业管理层负责，不应交给项目经理负责。　（ × ）

（7）运行维护服务对象不应包括供配电系统。　　　　　　　　　　　　　　（ × ）

（8）售后服务和运行维护服务要求是一样的。　　　　　　　　　　　　　　（ × ）

2015.11 试题一

【说明】阅读下列材料，请回答问题1至问题4，将解答填入答题纸的对应栏内。

案例描述及问题

在某市的政府采购中,系统集成公司甲中标了市政府部门乙的信息化项目。经过合同谈判,双方签订了建设合同,<u>合同总金额为1150万元</u>,建设内容包括:搭建政府办公网络平台,改造中心机房,并采购所需的软硬件设备。

<u>甲公司为了更好地履行合同要求,将中心机房的电力改造工程分包给专业施工单位丙公司,并与其签订分包合同。</u>

在项目实施了2个星期后,由于政府部门乙提出了新的业务需求,决定将一个机房分拆为两个,因此需要增加部分网络交换设备。乙参照原合同,<u>委托甲公司采购相同型号的网络交换设备,金额为127万元,双方签订了补充协议。</u>

<u>在机房电力改造施工过程中,由于丙公司工作人员的失误,造成部分电力设备损毁,导致政府部门乙两天无法正常办公,严重损害了政府部门乙的社会形象,因此部门乙就此施工事故向甲公司提出索赔。</u>

【问题1】(2分)

案例中,政府部门乙向甲公司提出索赔。索赔是合同管理的重要环节,按照我国建设部、财政部下达的通用条款,以下哪项不属于索赔事件处理的原则?(从候选答案中选择一个正确选项,将该选项编号填入答题纸对应栏内)

候选答案:

A. 索赔必须以合同为依据 　　　　 B. 索赔必须以双方协商为基础

C. 及时、合理地处理索赔 　　　　 D. 加强索赔的前瞻性

【问题2】(8分)

请指出甲公司与政府部门乙签订的补充协议是否有不妥之处?如有,请指出并说明依据。

【问题3】(5分)

请简要叙述合同索赔流程。

【问题4】(5分)

案例中,甲公司将中心机房的电力改造分包给专业施工单位丙公司,并与其签订分包合同,请问甲公司与丙公司签订分包合同是否合理?为什么?

答题思路总解析

从"案例描述及问题"以及本案例后提出的四个问题可知:该案例分析题主要考查的是项目的采购管理和合同管理。"案例描述及问题"中画"＿＿＿"的文字是该项目已经出现的**问题**:即在机房电力改造施工过程中,由于丙公司工作人员的失误,造成部分电力设备损毁,导致政府部门乙两天无法正常办公,严重损害了政府部门乙的社会形象,因此部门乙就此施工事故向甲公司提出索赔。但我们不难发现本案例题后提出的,**【问题1】**是一个理论方面的选择题,**【问题2】**问的是"补

充协议有何不妥",【问题3】是一个纯理论性质的问题,【问题4】需要我们判断"甲公司与丙公司签订分包合同是否合理",是一个理论联系实际的问题,与本案例中项目出现的问题关系不大。(**案例难度:★★★**)

【问题1】答题思路解析及参考答案

一、答题思路解析

根据"答题思路总解析"中的阐述可知,该问题属于纯理论性质的问题,与本案例没有必然关系。读者如果熟悉索赔事件处理的原则,这道题就很容易回答出来。(**问题难度:★★★**)

二、参考答案

案例中,政府部门乙向甲公司提出索赔。索赔是合同管理的重要环节,按照我国建设部、财政部下达的通用条款,B项(索赔必须以双方协商为基础)不属于索赔事件处理的原则。

【问题2】答题思路解析及参考答案

一、答题思路解析

该问题问的是"请指出甲公司与政府部门乙签订的补充协议是否有不妥之处?如有,请指出并说明依据"。"补充协议"到底有何不妥?从"案例描述及问题"中的文字来看,讲述"补充协议"内容的文字很少,有价值的信息只有一个,那就是"补充协议的采购金额127万元"。由于甲公司承接的是政府部门乙的项目,因此,这个问题其实就与政府采购法有关,读者如果熟悉《中华人民共和国政府采购法》,这个问题就比较容易回答,否则确实很难看出"补充协议"的不妥之处。根据《中华人民共和国政府采购法》第四十九条的规定:政府采购合同履约过程中,采购人需追加与合同标的相同的货物、工程或服务,在不改变合同其它条款的前提下,可以与供应商协商签订补充合同,但所有补充合同的采购金额不得超过原合同采购金额的10%。从"案例描述及问题"中两处画"___"的文字,我们知道,补充协议的采购金额已经超过了原合同采购金额的10%(127大于1150×10%),这就是本补充协议的不妥之处。(**问题难度:★★★**)

二、参考答案

补充协议的不妥之处是采购金额已经超过了原合同采购金额的10%。

依据:根据《中华人民共和国政府采购法》第四十九条的规定,政府采购合同履约过程中,采购人需追加与合同标的相同的货物、工程或服务,在不改变合同其它条款的前提下,可以与供应商协商签订补充合同,但所有补充合同的采购金额不得超过原合同采购金额的10%。

【问题3】答题思路解析及参考答案

一、答题思路解析

根据"答题思路总解析"中的阐述可知,该问题属于纯理论性质的问题,与本案例没有必然关系。读者如果熟悉合同索赔流程,这道题就很容易回答出来。承建方向建设方进行合同索赔的流程:

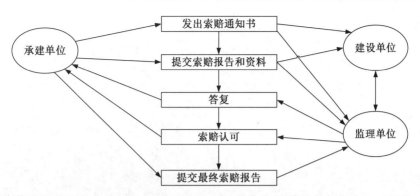

建设单位向承建单位索赔的流程与承建单位向建设单位索赔的流程其实是一样的。（**问题难度：**
★★★）

二、参考答案

合同的索赔流程如下：

（1）发出索赔通知书。

（2）提交索赔报告和资料。

（3）给出索赔答复。

（4）索赔认可。

（5）提交最终的索赔报告。

【问题 4】答题思路解析及参考答案

一、答题思路解析

根据"答题思路总解析"中的阐述可知，该问题是一个理论联系实际的问题。"改造中心机房"
属于甲公司与政府部门乙签订的"信息化项目"这一建设合同的非主体、非关键性工作，根据《中
华人民共和国招标投标法》第四十八条规定："中标人按照合同约定或者经招标人同意，可以将中
标项目的部分非主体、非关键性工作分包给他人完成。接受分包的人应当具备相应的资格条件，并
不得再次分包。中标人应当就分包项目向招标人负责，接受分包的人就分包项目承担连带责任"，
因此，案例中，甲公司将中心机房的电力改造分包给专业施工单位丙公司，并与其签订分包合同是
合理的。（**问题难度：★★★**）

二、参考答案

案例中，甲公司将中心机房的电力改造分包给专业施工单位丙公司，并与其签订分包合同是合
理的。

理由：

"改造中心机房"属于甲公司与政府部门乙签订的"信息化项目"这一建设合同的非主体、非
关键性工作。根据《中华人民共和国招标投标法》第四十八条规定："中标人按照合同约定或者经
招标人同意，可以将中标项目的部分非主体、非关键性工作分包给他人完成。接受分包的人应当具

备相应的资格条件，并不得再次分包。中标人应当就分包项目向招标人负责，接受分包的人就分包项目承担连带责任"。

2015.11 试题二

【说明】阅读下列材料，请回答问题1至问题3，将解答填入答题纸的对应栏内。

案例描述及问题

公司在2014年初承接了一个医疗信息系统项目，要求2014年底完成该项目的研发任务并进行试运行，2015年负责项目全年的运行维护，运行稳定后甲方验收合格，项目才能结束。由于张工具有多年的医疗系统开发管理经验，公司领导任命他为项目经理。

张工首先仔细阅读了项目的招标文件、投标书及相应的合同文件，然后指派了王工为需求管理人员进行需求梳理、需求分析并编写了需求说明书。王工为此制定了详细的需求调研计划，其中调研对象包含甲方的医生、护士、信息科主任。在充分调研后，王工编写了需求说明书提交给了张工，张工组织项目组成员进行了需求评审，评审通过后，依据项目计划开始实施并顺利进行到了2014年6月份。此时，王工收到甲方的通知，由于政策变动，医保接口需要修改，否则无法进行医保结算。张工重新更新了项目计划，将研发完成时间调整到2015年1月中旬进行试运行。

同时王工重新修改了需求规格说明书。项目按照新计划及需求继续进行到2014年底，公司考核项目完成情况时发现项目未能按计划时间完成，所以扣除了张工的项目奖。

【问题1】（8分）

结合案例，您认为张工的项目奖是否应该被扣除？请指出项目经理张工在范围管理过程中存在哪些问题？

【问题2】（6分）

从候选答案中选择3个正确选项（选对一个得2分，选项超过3个该题得0分），将选项编号填入答题纸对应栏内。

以上案例中，请指出需要参与需求评审过程的人员有（　　　　）。

    A. 甲方信息科主任　　　　B. 甲方商务　　　　C. 公司技术总监

    D. 公司财务总监　　　　E. 公司质量经理　　　　F. 公司销售经理

【问题3】（6分）

简述范围变更控制的基本流程。

答题思路总解析

从"案例描述及问题"以及本案例后提出的三个问题，很容易知道：该案例分析题主要考查的是项目的范围管理。"案例描述及问题"中画"＿＿＿"的文字是该项目已经出现的**问题**：即项目按照新计划及需求继续进行到 2014 年底，公司考核项目完成情况时发现项目未能按计划时间完成，所以扣除了张工的项目奖。根据这个问题和"案例描述及问题"中画"＿＿＿＿"的文字，并结合项目管理经验，可以推断出：①张工组织的需求评审，只邀请了项目组成员参加，没有邀请客户和公司相关领导和相关部门的代表参加（这点从"张工组织项目组成员进行了需求评审"可推导出）；②对客户提出的需求变更，没有执行需求变更控制流程（这点从"王工收到甲方的通知，由于政策变动，医保接口需要修改，否则无法进行医保结算。张工重新更新了项目计划，将研发完成时间调整到 2015 年 1 月中旬进行试运行"可推导出）；③需求变更后，未发布变更通知，也未把项目计划的最新调整情况知会给公司相关领导（这点从"项目按照新计划及需求继续进行到 2014 年底，公司考核项目完成情况时发现项目未能按计划时间完成"可推导出）；④未对重新修改后的需求规格说明书进行再次评审（这点从"王工重新修改了需求规格说明书"可推导出）等是导致项目出现"项目按照新计划及需求继续进行到 2014 年底，公司考核项目完成情况时发现项目未能按计划时间完成，所以扣除了张工的项目奖"的主要原因（这些原因，用于回答【问题 1】）。【问题 2】是一个理论结合实践的问题，【问题 3】属于理论性质的问题，与本案例的关联不大。（案例难度：★★★）

【问题 1】答题思路解析及参考答案

一、答题思路解析

从"答题思路总解析"的阐述中不难判断出，张工的项目奖应该被扣。因为张工在范围管理方面存在疏漏。具体体现在：①张工组织的需求评审，只邀请了项目组成员参加，没有邀请客户和公司相关领导和相关部门的代表参加；②对客户提出的需求变更，没有执行需求变更控制流程；③需求变更后，未发布变更通知，也未把项目计划的最新调整情况知会给公司相关领导；④未对重新修改后的需求规格说明书进行再次评审。而这四点也是项目经理张工在范围管理过程中存在的问题。**（问题难度：★★★）**

二、参考答案

张工的项目奖应该被扣。因为张工在范围管理方面存在疏漏。

项目经理张工在范围管理过程中存在的问题有：

（1）张工组织的需求评审，只邀请了项目组成员参加，没有邀请客户和公司相关领导和相关部门的代表参加。

（2）对客户提出的需求变更，没有执行需求变更控制流程。

（3）需求变更后，未发布变更通知，也未把项目计划的最新调整情况知会给公司相关领导。

（4）未对重新修改后的需求规格说明书进行再次评审。

【问题 2】答题思路解析及参考答案

一、答题思路解析

从"答题思路总解析"的阐述中可知，该问题是一个理论联系实践的问题。从项目管理知识体系的理论方面可知，参与项目需求评审的人员需要有甲方领导和业务代表、乙方主管项目的领导、乙方相关部门的代表和项目团队相关成员（如果项目有监理单位，监理工程师也应该参加需求评审）。本问题只需要我们选择三个角色，从 A、B、C、D、E、F 六个角色可以判断出，A.甲方信息科主任（作为甲方业务代表），C.公司技术总监（作为乙方主管项目的领导），E.公司质量经理（作为乙方相关部门的代表）是最应该参加项目需求评审的。（**问题难度：★★★**）

二、参考答案

A.甲方信息科主任，C.公司技术总监，E.公司质量经理。

【问题 3】答题思路解析及参考答案

一、答题思路解析

可以把整体变更控制管理流程图整理为：

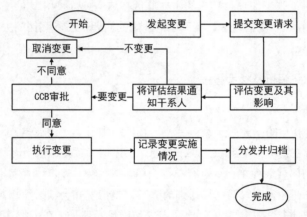

变更控制的主要步骤是：发起变更、提交变更申请单、评估变更及其影响、把评估结果报送给相关干系人、CCB 审批变更、执行变更、记录变更的实施情况、分发和归档变更的实施结果。（**问题难度：★★★**）

二、参考答案

范围变更控制的基本流程：

（1）发起变更。

（2）编写并提交范围变更申请表。

（3）评估变更对项目整体造成的影响。

（4）把评估结果发送给变更提出者及相关干系人审核。

（5）CCB 审批范围变更申请。

（6）发出变更通知并开始实施变更。

（7）对变更实施的情况进行跟踪和记录。

（8）评估范围变更的效果，分发和归档变更的实施结果。

2015.11 试题三

【说明】阅读下列材料，请回答问题 1 至问题 3，将解答填入答题纸的对应栏内。

案例描述及问题

在某系统集成项目收尾的时候，项目经理小张和他的团队完成了以下工作：

工作一：系统测试。项目组准备了详尽的测试用例，与业主共同进行系统测试。测试过程中为了节约时间，小张指派项目开发人员小李从测试用例中挑选了部分数据进行测试，保证系统正常运行。

工作二：试运行。项目组将业主的数据和设置加载到系统中进行正常操作，完成了试运行的工作。

工作三：文档移交。小张准备了项目最终报告、项目介绍、说明手册、维护手册、软硬件说明书、质量保证书等文档资料直接发送给业主。

工作四：项目验收。经过业主验收后，小张派小李撰写了项目验收报告，并发送给双方工作主管。

工作五：准备总结会。小张总结了项目过程文档以及项目组各技术人员的经验，并列出了项目执行过程中的若干优点。

工作六：召开总结会。小张召集参与项目的部分人员参加了总结会，并就相关内容进行了讨论，形成了总结报告。

【问题 1】（3 分）

工作六中，项目组召开了总结会，以下哪一项不是总结会讨论的内容？（从候选答案中选择一个正确选项，将选项编号填入答题纸对应栏内）

候选答案：

A．项目绩效　　　　　　　　B．项目审计

C．经验总结　　　　　　　　D．进度计划绩效

【问题 2】（3 分）

项目经理小张在验收活动完成后，还需要针对系统集成项目进行后续的支持工作，以下哪一项不属于系统集成项目的后续工作？（从候选答案中选择一个正确选项，将选项编号填入答题纸对应栏内）

A．信息系统日常维护工作　　B．硬件产品的更新

C．业主针对新员工的培训需求　D．信息系统的新需求

【问题 3】（12 分）

请指出本案例的六项工作中哪些工作存在问题并具体说明。

答题思路总解析

从本案例的描述及案例后提出的三个问题，很容易判断出：该案例分析主要考查的是项目的整体管理和收尾管理。**【问题 1】**和**【问题 2】**都是纯理论性质的问题，与本案例无关。**【问题 3】**是需要我们找在项目收尾时，项目经理小张和他的团队完成的六项工作中存在哪些不妥之处。本案例不适合采用"找问题""找原因""找解决方案"的"三找"法则。（**案例难度：★★★**）

【问题 1】答题思路解析及参考答案

一、答题思路解析

该问题是一个纯理论性质的问题，读者如果比较熟悉项目总结会应该讨论的七个方面内容：项目绩效、技术绩效、成本绩效、进度计划绩效、项目的沟通、识别问题和解决问题、意见和建议，该问题就比较容易回答。（**问题难度：★★★**）

二、参考答案
B.项目审计。

【问题 2】答题思路解析及参考答案

一、答题思路解析

该问题是一个纯理论性质的问题，读者如果比较熟悉系统集成项目的后续工作，该问题就比较容易回答应该包括的三个方面的内容：信息系统的日常维护工作、硬件产品更新和满足信息系统的新需求。（**问题难度：★★★**）

二、参考答案
C.业主针对新员工的培训需求。

【问题 3】答题思路解析及参考答案

一、答题思路解析

读者如果比较熟悉系统集成项目验收工作包括的主要步骤及相关内容描述的话，该问题就比较容易回答。当然，如果读者有丰富的项目收尾经验，即使不记得书上提出的理论知识，此题也是不难回答的。项目经理小张和他的团队完成的六项工作中存在的不妥之处，从"案例描述及问题"中画"＿＿＿＿"的文字可以推导出。"工作一：系统测试"中存在的问题：系统测试不全面，且不能由开发人员执行系统测试（该问题可以从"测试过程中为了节约时间，小张指派项目开发人员小李从测试用例中挑选了部分数据进行测试，保证系统正常运行"推导出）；"工作二：试运行"中存在的问题：系统试运行应该由业主方主导，不能由项目组代替，并应持续一段时间（该问题可以从"项目组将业主的数据和设置加载到系统中进行正常操作，完成了试运行工作"推导出）；"工作三：文档移交"中存在的问题：文档没有经验收合格，也没有双方的签字认可（该问题可以从"小张准备了项目最终报告、项目介绍、说明手册、维护手册、软硬件说明书、质量保证书等文档资料直接发送给业主"推导出）；"工作四：项目验收"中存在的问题：项目验收报告不能由承建方单独撰写，而应该由双方共同撰写（该问题可以从"小张派小李撰写了项目验收报告"推导出）；"工作五：准备总结会"中存在的问题：经验教训的总结不应该是小张一个人独自完成，而应该是全体成员一起参与讨论；经验总结中不能只列出优点，还应该正视不足之处（该问题可以从"小张总结了项目过程文档以及项目组各技术人员的经验，并列出了项目执行过程中的若干优点"推导出）；"工作六：召开总结会"中存在的问题：项目总结会不应该只邀请参与项目的部分人员参加，而应该邀请全体参与项目的成员都参加（该问题可以从"小张召集参与项目的部分人员参加了总结会"推导出）。**（问题难度：★★★）**

二、参考答案

（1）"工作一：系统测试"中存在的问题：系统测试不全面，且不能由开发人员执行系统测试（因为测试如果不全面，就无法保证产品质量；系统测试如果由开发人员自己做，将无法做到客观公正）。

（2）"工作二：试运行"中存在的问题：系统试运行应该由业主方主导，不能由项目组代替，并应持续一段时间（因为系统最终需要得到业主方验收，因此需要业主来主导试运行；另外，系统只有试运行一段时间，才能确定是否稳定、可行）。

（3）"工作三：文档移交"中存在的问题：文档没有经验收合格，也没有双方的签字认可（因为没有对文档进行合格性验收，就无法了解文档的质量；验收文档没有经过双方签字认可，就会给项目验收后的工作留下隐患）。

（4）"工作四：项目验收"中存在的问题：项目验收报告不能由承建方单独撰写，而应该由双方共同撰写（因为项目验收是双方的事情，双方都需要进行总结和回顾）。

（5）"工作五：准备总结会"中存在的问题：经验教训的总结不应该是小张一个人独自完成，而应该是全体成员一起参与讨论；经验总结中不能只列出优点，还应该正视不足之处（因为大家一起总结，才能让经验和教训总结得更全面和中肯；另外只有既正视优点又正视不足，才更有利于工作的不断改进）。

（6）"工作六：召开总结会"中存在的问题：项目总结会不应该只邀请参与项目的部分人员参加，而应该邀请全体参与项目的成员都参加（全体参与项目的成员都参加项目总结会才更有利于项目经验的共享和传播）。

2016.05 试题二

【说明】 阅读下列材料，请回答问题 1 至问题 3，将解答填入答题纸的对应栏内。

案例描述及问题

某信息系统集成企业承担了甲方的信息系统集成项目，在项目的采购过程中，某项采购合同是在甲方的授意下签订的，然而在项目进展过程中，项目经理发现该采购产品高于市场价格，而且有些性能指标也没有能够完全满足合同规定要求。<u>当项目经理发现此类问题进行调查时，发现该供应商的资质和声誉都存在问题，并且就在不久前已经被其他公司并购</u>，最麻烦的是合同的付款条件是提前支付相关款项，合同的大部分采购款已经支付。

<u>在项目的中期验收中，甲方发现了部分采购产品存在问题，并要求项目组进行返工和更换相关产品。</u>项目经理则以采购供应商是由甲方推荐的为由，拒绝进行返工和更换。而甲方则认为，项目合同里面并没有规定由甲方承担采购责任，甲方只是为项目组推荐了部分供应商，<u>而供应商已被收购，原先的公司已经不存在，原先的责任人已经离职为由，拒绝根据合同相关条款更换产品</u>，项目经理对此束手无策。<u>项目经理和甲方就该问题相持不下，项目处于停滞状态。</u>

【问题1】（6分）

结合案例，请指出项目组在采购合同管理中存在什么问题。

【问题2】（6分）

在采购合同中，支付方式的规定一般包括哪些方面的内容？甲方的做法是否妥当，是否该为此承担主要责任？

【问题3】（6分）

供应商是否能以公司变更、负责人离职为由，拒绝履行公司变更前签订的协议？为什么？对此项目经理该如何处理？

答题思路总解析

从本案例提出的三个问题，可以判断出：该案例分析主要考查的是项目的采购管理和合同管理。"案例描述及问题"中画"＿＿＿"的文字是该项目已经出现的**问题**：即供应商拒绝根据合同相关条款更换产品；项目经理和甲方就该问题相持不下，项目处于停滞状态。根据这些问题和"案例描述及问题"中画"＿＿"的文字，并结合我们的项目管理经验，可以推断出：①合同签订前没有进行充分的调查，如没有调查采购产品的市场价格、潜在供应商的产品质量以及潜在供应商的资信情况（这点从"在项目的采购过程中，某项采购合同是在甲方的授意下签订的，然而在项目进展过程中，项目经理发现该采购产品高于市场价格，而且有些性能指标也没能完全满足合同规定要求"和"当项目经理发现此类问题进行调查时，发现该供应商的资质和声誉都存在问题"可以推导出）；②合同条款不科学、不合适，不应该提前支付大部分款项，导致后面对供应商的管理很被动（这点从"最麻烦的是合同的付款条件是提前支付相关款项，合同的大部分采购款已经支付"可以推导出）；③供应商被收购后，没有及时进行合同变更（这点从"供应商已被收购，原先的公司已经不存在，原先的责任人已经离职为由，拒绝根据合同相关条款更换产品"可以推导出）；④在合同执行过程中，没有对供应商进行及时有效的监督（这点从"当项目经理发现此类问题进行调查时，发现该供应商就在不久前已经被其他公司并购"可以推导出）；⑤没有对供应商所提交的产品进行严格检测（这点从"在项目的中期验收中，甲方发现了部分采购产品存在问题，并要求项目组进行返工和更换相关产品"可以推导出）；⑥在项目执行过程中，没有承担起项目承建方应该承担的责任（这点从"项目经理则以采购供应商是由甲方推荐的为由，拒绝进行返工和更换"可以推导出）等是导致项目出现"供应商拒绝根据合同相关条款更换产品；项目经理和甲方就该问题相持不下，项目处于停滞状态"的主要**原因**（用于回答【**问题1**】）。【**问题2**】和【**问题3**】都是偏理论性质的问题，与本问题关系不大。（**案例难度：★★★**）

【问题1】答题思路解析及参考答案

一、答题思路解析

根据"答题思路总解析"中的阐述可知，项目组在采购合同管理中存在的主要问题有：①合同签订前没有进行充分的调查，如没有调查采购产品的市场价格、潜在供应商的产品质量以及潜在供应商的资信情况；②合同条款不科学、不合适，不应该提前支付大部分款项，导致后面对供应商的管理很被动；③供应商被收购后，没有及时进行合同变更；④在合同执行过程中，没有对供应商进行及时有效的监督；⑤没有对供应商所提交的产品进行严格检测；⑥在项目执行过程中，没有承担起项目承建方应该承担的责任。（**问题难度：★★★**）

二、参考答案

项目组在采购合同管理中存在的主要问题有：

（1）合同签订前没有进行充分的调查，如没有调查采购产品的市场价格、潜在供应商的产品质量以及潜在供应商的资信情况。

（2）合同条款不科学、不合适，不应该提前支付大部分款项，导致后面对供应商的管理很被动。

（3）供应商被收购后，没有及时进行合同变更。

（4）在合同执行过程中，没有对供应商进行及时有效的监督。

（5）没有对供应商所提交的产品进行严格检测。

（6）在项目执行过程中，没有承担起项目承建方应该承担的责任。

【问题2】答题思路解析及参考答案

一、答题思路解析

根据"答题思路总解析"中的阐述可知，该问题是一个偏理论性质的问题。在采购合同中，支付方式的规定一般包括：①支付货款的条件；②结算支付的方式；③拒付货款的条件，发包方有权部分或全部拒付货款。另外，甲方的做法不妥，甲方不应干涉乙方的采购，可以提供建议但不应干涉，由于采购合同是乙方和供应商之间签订的，因此甲方不需要为此承担主要责任，但需要承担相关的连带责任。（**问题难度：★★★**）

二、参考答案

在采购合同中，支付方式的规定一般包括：

（1）支付货款的条件。

（2）结算支付的方式。

（3）拒付货款，发包方有权部分或全部拒付货款。

甲方的做法不妥，甲方不应干涉乙方的采购，可以提供建议但不应干涉，由于采购合同是乙方和供应商之间签订的，因此甲方不需要为此承担主要责任，但需要承担相关的连带责任。

【问题3】答题思路解析及参考答案

一、答题思路解析

根据"答题思路总解析"中的阐述可知，该问题是一个偏理论性质的问题。根据《中华人民共和国合同法》第七十六条之规定"合同生效后，当事人不得以姓名、名称的变更或者法定代表人、负责人、承办人的变动而不履行合同义务"。因此，供应商不能以公司变更、负责人离职为由，拒绝履行公司变更前签订的协议。另外，在合同履约的过程中，双方遇到了有争议的问题时，首先是双方谈判，谈判不成再找第三方调解，调解不成，再诉诸法律。**（问题难度：★★★）**

二、参考答案

（1）供应商不能以公司变更、负责人离职为由，拒绝履行公司变更前签订的协议。因为《中华人民共和国合同法》第七十六条规定：合同生效后，当事人不得因姓名、名称的变更或者法定代表人、负责人、承办人的变动而不履行合同义务。

（2）项目经理可以就此问题先与供应商进行协商谈判；如果不能解决问题，可以找第三方来调解；调解不成，则可以诉诸法律来解决问题。

2016.05 试题三

【说明】阅读下列材料，请回答问题 1 至问题 3，将解答填入答题纸的对应栏内。

案例描述及问题

项目经理小王目前正在负责一个小型的软件开发项目。<u>一开始他觉得项目比较小，变更应该不多，流程也不需要太复杂</u>，因此<u>就没有制定项目变更管理计划</u>，而是<u>强调团队成员间的及时沟通来保证项目按照计划进行</u>：根据项目经理小王的理解，<u>所谓变更管理的主要目标就是保证项目能够按照计划进行</u>，如果能够保证不发生超越项目进度计划、成本计划等控制范围外的偏差，<u>就可以不用制定项目变更管理计划，以减少项目的工作量</u>。而<u>项目执行过程中对计划的微调根本不需要记录和管理，也不需要走项目变更管理流程</u>。而且他认为如果所有项目变更都必须向相关领导请示汇报，过程太复杂和麻烦，还不如由执行人员提出变更的方案，互相讨论达成一致来得更方便和快捷。

但是在项目进入集成测试阶段的时候，突然出现了很多莫名其妙的问题。如在调试过程中，由于<u>相关设计和记录的简化和不规范</u>，造成了<u>调试的困难</u>，很难定位各个问题模块的错误；由于项目执行过程中人员的调配替换，造成了<u>文档记录的不一致</u>，导致后期人员阅读和理解方面的障碍。并且由于缺乏对开发过程的<u>配置管理和控制</u>，导致<u>版本混乱</u>，很难形成有效支持各模块集成的文档。另外，<u>项目中很多细小的改动由于没有准确的记录，或者是根本没有记录</u>，导致集成测试发现问题时，根本没有办法更改。小王对此也没有办法，不知道因为什么原因导致目前的项目状态，项目面临返工的危险。

【问题 1】（4 分）

结合案例，请指出项目经理小王对项目变更管理的认识哪些是正确的？哪些是不正确的？

【问题 2】（10 分）

根据你的理解，请说明项目变更管理在软件项目管理中的主要活动内容。

【问题 3】（6 分）

针对项目的当前状态，小王应该采取哪些补救措施？

答题思路总解析

从本案例提出的三个问题，可以判断出：该案例分析主要考查的是项目管理中的整体变更管理。"案例描述及问题"中画"＿＿＿"的文字是该项目已经出现的**问题**：即"调试的困难，很难定位各个问题模块的错误；后期人员阅读和理解方面的障碍；版本混乱，很难形成有效支持各模块集成的文档；集成测试发现问题时，根本没有办法更改；项目面临返工"。根据这些问题和"案例描述及问题"中画"＿＿＿"的文字，并结合项目管理经验，可以推断出：①没有制定项目变更管理计划（这点从"没有制定项目变更管理计划"可以推导出）；②对变更没有进行记录和管理；③没走项目变更管理流程（这两点从"项目执行过程中对计划的微调根本不需要记录和管理，也不需要走项目变更管理流程"可以推导出）；④设计和记录不规范、不完整（这点从"相关设计和记录的简化和不规范""文档记录不一致"和"项目中很多细小的改动由于没有准确的记录，或者是根本没有记录"可以推导出）；⑤配置管理不到位，缺乏有效的版本管理（这两点从"缺乏对开发过程的配置管理和控制，导致版本混乱"可以推导出）等是导致项目出现"调试的困难，很难定位各个问题模块的错误；后期人员阅读和理解方面的障碍；版本混乱，很难形成有效支持各模块集成的文档；集成测试发现问题时，根本没有办法更改；项目面临返工"的主要**原因**（把这些原因换一种表达方式就是**【问题 3】**的答案）。针对**【问题 1】**，我们不难发现，"案例描述及问题"中画"＿＿＿"的文字，可以提取出小王对项目变更认识正确的地方；导致项目出现问题的原因中与变更管理相关的方面，就是小王对项目变更管理认识不正确的地方。**【问题 2】**是一个纯理论性质的问题，与本案例关系不大。（**案例难度：★★★**）

【问题 1】答题思路解析及参考答案

一、答题思路解析

根据"答题思路总解析"中的阐述可知，小王对项目变更管理认识正确的地方有：①项目比较小，变更应该不会多；②变更管理的流程不需要太复杂（这两点从"一开始他觉得项目比较小，变更应该不多，流程也不需要太复杂"可以推导出来）；③强调项目组成员之间的及时沟通，有利于保证项目按计划进行（这一点从"强调团队成员间的及时沟通来保证项目按照计划进行"可以得知）；

④变更管理的主要目标就是保证项目能够按照计划进行（这一点从"变更管理的主要目标就是保证项目能够按照计划进行"可以得知）。小王对项目变更管理认识不正确的地方有：①不用制定项目变更管理计划（这点从"没有制定项目变更管理计划"可以得知）；②对计划的微调根本不需要记录和管理；③不需要走变更管理流程（这两点从"项目执行过程中对计划的微调根本不需要记录和管理，也不需要走项目变更管理流程"可以推导出）。（**问题难度：★★★**）

二、参考答案

小王对项目变更管理认识正确的地方有：

（1）项目比较小，变更应该不会多。

（2）变更管理的流程不需要太复杂。

（3）强调项目组成员之间的及时沟通有利于保证项目按计划进行。

（4）变更管理的主要目标就是保证项目能够按照计划进行。

小王对项目变更管理认识不正确的地方有：

（1）不用制定项目变更管理计划。

（2）对计划的微调根本不需要记录和管理。

（3）不需要走变更管理流程。

【问题2】答题思路解析及参考答案

一、答题思路解析

根据"答题思路总解析"中的阐述，我们知道，该问题是一个纯理论性质的问题，与本案例没什么关系。变更管理的主要活动内容有：①识别已经发生或可能发生的变更；②影响整体变更控制的相关因素，确保只有已批准的变更才能被实施；③评审并批准变更申请；④通过规范化的变更申请流程来管理已批准的变更；⑤管理基线的完备性，确保只有已批准的变更才能被集成到项目的产品或服务中，并对变更的配置和计划文档进行维护；⑥评审并审批所有书面的纠正措施和预防措施；⑦根据已批准的变更，控制并更新项目范围、成本、预算、进度和质量需求，变更要从整个项目的层面上进行协调；⑧要记录变更申请的所有影响；⑨验证缺陷修复的正确性；⑩基于质量报告控制项目质量，使其符合标准。（**问题难度：★★★**）

二、参考答案

项目变更管理在软件项目管理中的主要活动内容：

（1）识别已经发生或可能发生的变更。

（2）影响整体变更控制的相关因素，确保只有已批准的变更才能被实施。

（3）评审并批准变更申请。

（4）通过规范化的变更申请流程来管理已批准的变更。

（5）管理基线的完备性，确保只有已批准的变更才能被集成到项目的产品或服务中，并对变更的配置和计划文档进行维护。

（6）评审并审批所有书面的纠正措施和预防措施。

（7）根据已批准的变更，控制并更新项目范围、成本、预算、进度和质量需求，变更要从整个项目的层面上进行协调。

（8）要记录变更申请的所有影响。

（9）验证缺陷修复的正确性。

（10）基于质量报告控制项目质量使其符合标准。

【问题 3】答题思路解析及参考答案

一、答题思路解析

根据"答题思路总解析"中的阐述，把导致项目出现问题的原因换一种说法，即修正原来没有做到的地方，就是小王应该采取的补救措施。（**问题难度：★★★**）

二、参考答案

针对项目的当前状态，小王应该采取如下补救措施：

（1）制定出一个合适的项目变更管理计划；

（2）建立起项目变更管理流程和变更控制委员会；

（3）加强配置管理和版本管理；

（4）严格按变更管理计划和变更管理流程来执行变更。

（5）规范化地执行设计和文档记录工作。

2016.05 试题四

【说明】阅读下列材料，请回答问题 1 至问题 3，将解答填入答题纸的对应栏内。

案例描述及问题

某创业型公司乙在 2015 年 1 月，凭借着报价低的优势中标并承接了一个信息系统工程项目。项目建设内容主要包括建设方甲公司的北京总公司 ERP 信息系统建设，以及甲公司成都分公司的机房改造项目。甲乙两公司协商签订了工程额为 100 万元的总价合同，工期为一年。

乙公司指派有过 ERP 项目经验的张工承担项目经理，因公司还处于创业初期，所以公司管理层非常注重成本的控制，要求项目经理严格控制成本，每周汇报项目的实际花费。为了满足低成本的要求，考虑到北京、成都两地的材料、差旅费用等问题，在征得甲公司与管理层的同意后，张工将机房改造工程外包给成都当地的丙公司，并在合同中要求丙公司必须在 2015 年年底之前完工。

项目执行期间，张工借派了一名成本控制专员，负责每周统计该项目 ERP 部分所发生的费用，同时向管理层提交费用统计报告。项目进展到 6 月份，项目 ERP 部分实际发生的总费用为 30 万元。成都赶上了梅雨季节，丙公司反馈，因机房处于某大厦的一层，太潮湿，机房改造工程被迫暂停，待梅雨季节过后继续施工。

项目执行到 2015 年底，机房改造项目已确定无法在 2016 年 1 月如期完工，ERP 部分虽然基本到了后期的测试阶段，但其总费用也已经达到了 60 万元。

【问题 1】（3 分）

根据案例，2016 年 1 月机房改造工程无法如期完工，请指出乙公司是否可以向丙公司索赔？如可以，请说明可以申请什么索赔？如不可以，请说明理由。

【问题 2】（10 分）

结合以上案例，请帮助张工提出成本管理及成本控制方面的改进措施。

【问题 3】（4 分）

结合以上案例，在项目后期，请帮助项目经理张工提出一些可以弥补工期延误的方法。

答题思路总解析

从本案例提出的三个问题，可以判断出：该案例分析主要考查的是项目的采购管理、合同管理、成本管理、进度管理。案例描述后提出的三个问题基本没有要求我们回答项目出现问题的原因或解决的方案（**【问题 3】**虽然需要我们帮助项目经理张工提出一些可以弥补工期耽误的方法，但是这些方法基本都是通用的方法，不具有对该项目明显的针对性）。因此，本案例我们可以不用"找问题""找原因""找解决方案"的"三找"法则。（**案例难度：★★★**）

【问题 1】答题思路解析及参考答案

一、答题思路解析

根据"案例描述及问题"中的信息可知，乙公司是可以向丙公司索赔的，因为丙公司没有成功履约。虽然说梅雨季节是天气因素，但这属于已知－未知风险，不是不可抗力（或未知－未知风险），是可控的，作为丙公司，应该也是可以采取措施来应对的。乙公司可以向丙公司进行费用索赔。（**问题难度：★★★**）

二、参考答案

2016 年 1 月机房改造工程无法如期完工，乙公司可以向丙公司提出索赔，且可申请费用索赔。

【问题 2】答题思路解析及参考答案

一、答题思路解析

该问题属于一个偏理论性质的问题，如果考生比较熟悉成本管理领域的主要过程，就比较容易回答。我们知道，成本管理的主要工作包括制定成本管理计划、成本估算、成本预算和成本控制。把这方面与该案例进行适当结合，就能很好地回答这个问题。（**问题难度：★★★**）

二、参考答案

在成本管理及成本控制方面，张工可以采取如下的改进措施：

（1）制定一个科学合理的成本管理计划，用于指导成本估算、成本预算和成本控制。

（2）根据实际情况，采用合适的工具和技术估算出每一活动的成本。

（3）根据上级批准的预算按项目进度计划进行分配。

（4）在当前费用统计的基础上，每周进行成本偏差分析。

（5）找出成本偏差的原因并采取相关措施。

（6）对外包给丙公司的工作加强成本监督和控制。

（7）重新识别和分析影响成本的风险因素，并制定相应的措施。

【问题3】答题思路解析及参考答案

一、答题思路解析

根据"答题思路总解析"中的阐述可知，该问题要求帮助项目经理张工提出一些可以弥补工期延误的方法，但这些方法基本都是通用的，不具有对该项目明显的针对性。要实现进度压缩，无外乎两种方法：赶工和快速跟进。因此，我们可以采用的办法有：①用高效人员替换低效人员进行赶工；②改进工作技术和方法，提高工作效率进行赶工；③通过培训和激励提高人员的工作效率进行赶工；④安排适当的加班来进行赶工；⑤在确保风险可控的前提下并行施工来缩短工期。（**问题难度：★★★**）

二、参考答案

在项目后期，项目经理张工可以通过如下方法弥补之前耽误的工期：

（1）用高效人员替换低效人员进行赶工。

（2）改进工作技术和方法，提高工作效率进行赶工。

（3）通过培训和激励提高人员的工作效率进行赶工。

（4）安排适当的加班来进行赶工。

（5）在确保风险可控的前提下并行施工来缩短工期。

2016.11 试题二

【说明】阅读下列材料，请回答问题 1 至问题 4，将解答填入答题纸的对应栏内。

案例描述及问题

某大型国有企业 A 计划建立一套生产自动控制系统，改变目前的半自动化生产状态。企业 A 内部设立有信息中心，具有自主开发能力，但采购部门经理老李认为自主开发耗时长，于是决定从外部选择一家具有相关成熟产品和实施经验的集成商实施外包。

老李组织编写了采购计划，确定该项目要对外进行招标。由于招标代理机构 B 已经与企业 A 合作多次，并列入了企业 A 的供应商名录，因此企业 A 直接委托机构 B 开始招标工作。

招标代理机构 B 协助企业 A 拟制了招标文件，并在互联网上发布了招标公告。招标文件中要求，潜在的供方应具有信息系统集成二级（及其以上）资质。集成商公司 C 想参加投标，但只具有信息系统集成三级资质，因此，公司 C 联合了有信息系统集成二级资质的集成商公司 D 共同参加投标。在投标截止时间前一周，企业 A 发现招标文件中有一处错误，他们对招标文件进行了修改并在网上进行了公告，还电话通知了每一个已知的投标人。

代理机构 B 接收了多份标书，与企业 A 共同对标书中涉及的技术方案、报价、资质证明材料等文件进行了评审，最终选择了一家报价最低的集成商公司 E。

接下来，企业 A 与集成商公司 E 签订了合同。在项目需求阶段，双方对于需求的理解产生了不一致。为消除需求的歧义，双方召开了多次会议进行沟通。同时，在项目实施过程中，由于集成商公司 E 没有此类软件开发的经验，部分开发模块需要外购，因此导致项目的进度延后。

【问题1】（3分）

老李直接决定将项目外包的做法是否合适？为什么？

【问题2】（3分）

判断下列选项的正误（填写在答题纸的对应栏内，正确的选项填写"√"，错误的选项填写"×"）：

（1）编制采购计划前应首先做出自制/外购决定。 （　）

（2）企业 A 不应该直接委托机构 B 作为招标代理机构。 （　）

（3）结束采购过程就是把合同和相关文件归档以备将来使用。 （　）

【问题3】（8分）

（1）该项目应采用哪一种合同对于甲方比较有利？为什么？

（2）公司 C 和公司 D 的联合体是否符合投标要求？为什么？

【问题4】（6分）

请说明在该项目的采购过程中可能存在哪些问题？

答题思路总解析

从本案例提出的四个问题可以判断出：该案例分析主要考查的是项目的采购管理和合同管理。根据"案例描述及问题"中画"＿＿"的文字并结合项目管理经验，可以推断出该项目在采购过程中可能存在的问题有：①未进行充分的自制或外购分析（这点从"采购部门经理老李认为自主开发耗时长，还是决定从外部选择一家具有相关成熟产品和实施经验的集成商实施外包"可以推导出）；②未认真审核招标代理机构的资格（这点从"由于招标代理机构 B 已经与企业 A 合作多次，并列入了企业 A 的供应商名录，因此企业 A 直接委托机构 B 开始招标工作"可以推导出）；③未审核投标方的资质（这点从"招标文件中要求，潜在供方应具有信息系统集成二级（及其以上）资质。集成商 C 公司想参加投标，但只具有信息系统集成三级资质，C 公司联合了有信息系统集成二级资质的集成商公司 D 共同参加投标"可以推导出）；④招标过程中修改了招标文件，却只进行了电话通知而没有进行书面通知（这点从"在投标截止时间前一周，企业 A 发现招标文件中有一处错误，他们对招标文件进行了修改并在网上进行了公告，还电话通知了每一个已知的投标人"可以推导出）；⑤选择最低价中标并不一定是最好的，缺乏综合考虑其他因素（如开发能力、过往成功案例等）（这点从"最终选择了一家报价最低的集成商公司 E"可以推导出）；⑥采购实施过程缺乏有效沟通和监控（这点从"在项目需求阶段，双方对于需求的理解产生了不一致。为消除需求的歧义，双方召开了多次会议进行沟通"可以推导出）。以上推导出的这些问题用于回答【问题 4】。【问题 1】、【问题 2】和【问题 3】都是偏理论性质的问题。（**案例难度：★★★**）

【问题 1】答题思路解析及参考答案

一、答题思路解析

老李直接决定将项目外包的做法是不合适的。决定是否外包，应该进行全面的利弊分析，单纯从自主开发耗时长短来分析就做出决策是不妥的，还应分析成本、是否是公司的核心竞争力等多个方面。（**问题难度：★★★**）

二、参考答案

不合适。

决定是否外包，应该进行全面的利弊分析，单纯从自主开发耗时长短来分析就做出决策是不妥的，还要分析成本、是否是公司的核心竞争力等多个方面。

【问题 2】答题思路解析及参考答案

一、答题思路解析

（1）正确；（2）正确；（3）错误，结束采购过程不仅要把合同和相关文件归档以备将来使用，还要进行经验教训总结等其他采购合同收尾性工作。（**问题难度：★★★**）

二、参考答案

（1）编制采购计划前应首先做出自制/外购决定。　　　　　　　　　　　　（√）

（2）企业 A 不应该直接委托机构 B 作为招标代理机构。　　　　　　　　　（√）

（3）结束采购过程就是把合同和相关文件归档以备将来使用。　　　　　　　（×）

【问题 3】答题思路解析及参考答案

一、答题思路解析

比较不同的合同类型，采用固定总价合同或固定总价加激励费合同对甲方比较有利，因为这类合同把项目的大部分风险转移给了乙方（卖方）。公司 C 和公司 D 的联合体不符合要求，联合投标应该以联合体企业中的最低资质作为联合体的资质。（**问题难度：★★★**）

二、参考答案

（1）采用固定总价合同或固定总价加激励费合同对甲方比较有利，因为这类合同把项目的大部分风险转移给了乙方（卖方）。

（2）C 公司和 D 公司的联合体不符合要求，联合投标应该以联合体企业中的最低资质作为联合体的资质。

【问题 4】答题思路解析及参考答案

一、答题思路解析

根据"答题思路总解析"中的描述知道，该项目采购过程中可能存在的问题有：①未进行充分的自制或外购分析；②未认真审核招标代理机构的资格；③未审核投标方的资质；④招标过程中修改了招标文件，却只进行了电话通知而没有进行书面通知；⑤选择最低价中标并不一定是最好的，没有综合考虑其他因素；⑥采购实施过程缺乏有效沟通和监控。（**问题难度：★★★**）

二、参考答案

该项目采购过程中可能存在的问题有：

（1）未进行充分的自制或外购分析。

（2）未认真审核招标代理机构的资格。

（3）未审核投标方的资质。

（4）招标过程中修改了招标文件，却只进行了电话通知而没有进行书面通知。

（5）选择最低价中标并不一定是最好的，没有综合考虑其他因素。

（6）采购实施过程缺乏有效的沟通和监控。

2016.11 试题三

【**说明**】阅读下列材料，请回答问题 1 至问题 3，将解答填入答题纸的对应栏内。

案例描述及问题

鉴于配置管理在信息系统集成和 IT 运维项目中的重要作用，某企业计划在企业层面统一建立配置库，以规范公司的配置管理，并责成公司的商务经理杨工兼任公司的配置经理，全面组织和协调公司的配置管理事项。杨工接到任务后，按照公司目前系统集成和运维的架构，将配置库分为系统集成项目配置库和运维项目配置库，这种配置库管理方式只是从名称方面进行了区分，实际上只有一个配置库。由于公司大部分的运维项目来自于公司的系统集成部，所以底层数据是共享的，没有分割开来，运维人员和系统集成人员经常针对同一个配置项进行修改。

在配置库运行 4 个月之后，公司组织了一次对配置库的审计，发现配置库存在大量的问题，杨工面对这样的局面，对自己在配置管理中的角色也感到非常迷茫。他收集了目前公司配置库管理方面存在的问题，这些问题比较突出地体现在以下几个方面：

（1）有的项目组将配置项细化到了软件产品的模块，而有的项目组以项目简单为由，根本没有进行配置管理，并且各项目组内部对配置管理的需求也不统一，随时间变化波动较大。

（2）很多开发人员和运维人员不知道在不同的库里应该相应放置什么内容，而且各种配置项的配置格式也不统一，导致配置库难以达到预期的效果。

（3）配置库的增删比较混乱，很多配置项找不到最后的版本，而且很多配置内容也放置混乱，导致各种库的分割管理起不到预期的效果。

【问题 1】（6 分）

请结合以上案例，简要说明配置管理的目标和主要活动。

【问题 2】（8 分）

请说明杨工在配置管理中存在的问题。

【问题 3】（3 分）

根据你的理解，请指出配置审计的功能是什么？

答题思路总解析

从本案例提出的三个问题可以判断出：该案例分析主要考查的是项目的配置管理。根据"案例描述及问题"中画"＿＿"的文字，并结合项目管理经验，可以推断出杨工在配置管理中存在的问题有：①没有任命专职的配置管理员（这点从"责成公司的商务经理杨工兼任公司的配置经理"可以推导出）；②没有制定配置管理计划；③没有对配置库进行很好的分类管理（这两点从"杨工接到任务后，按照公司目前系统集成和运维的架构，将配置库分为系统集成项目配置库和运维项目配置库，这种配置库管理方式只是从名称方面进行了区分，实际上只有一个配置库"可以推导出）；④配置权限划分不严谨，导致配置项被随意修改（这点从"由于公司大部分的运维项目来自于公司的系统集成部，所以底层数据是共享的，没有分割开来，运维人员和系统集成人员经常针对同一个配置项进行修改"可以推导出）；⑤没有定义配置项划分标准和配置项目格式标准；⑥版本管理混乱，造成版本丢失（这两点从"杨工收集到的目前公司配置库管理方面存在的三个主要问题"可以推导出）。以上推导出的这些问题用于回答**【问题 2】**。**【问题 1】**和**【问题 3】**属于纯理论性质的问题。（案例难度：★★★）

【问题 1】答题思路解析及参考答案

一、答题思路解析

配置管理的目标是为了系统地控制配置变更，在系统的整个生命周期中维护配置的完整性和可跟踪性。配置管理的主要活动有：制定配置管理计划、配置标识、配置控制、配置状态报告以及配置审计、发布管理和交付。（问题难度：★★★）

二、参考答案

配置管理的目标是为了系统地控制配置变更，在系统的整个生命周期中维护配置的完整性和可跟踪性。

配置管理的主要活动有：制定配置管理计划、配置标识、配置控制、配置状态报告、配置审计、发布管理和交付。

【问题2】答题思路解析及参考答案

一、答题思路解析

根据"答题思路总解析"中的描述可知,杨工在配置管理中存在的问题有:①没有任命专职的配置管理员;②没有制定配置管理计划;③没有对配置库进行很好的分类管理;④配置权限划分不严谨,导致配置项被随意修改;⑤没有定义配置项目的划分标准和格式标准;⑥版本管理混乱,造成版本丢失。**(问题难度:★★★)**

二、参考答案

杨工在配置管理中存在的问题有:

(1)没有任命专职的配置管理员。

(2)没有制定配置管理计划。

(3)没有对配置库进行很好的分类管理。

(4)配置权限划分不严谨,导致配置项被随意修改。

(5)没有定义配置项目的划分标准和格式标准。

(6)版本管理混乱,造成版本丢失。

【问题3】答题思路解析及参考答案

一、答题思路解析

配置审计的实施是为了确保项目配置管理的有效性,体现了配置管理的最根本要求——不允许出现任何混乱现象,例如:①防止向用户提交不适合的产品;②发现不完善;③找出各配置项间不匹配或不相容的现象;④确认配置项已在所要求的质量控制审核后纳入基线并入库保存;⑤确认记录和文档保持着可追溯性。**(问题难度:★★★)**

二、参考答案

配置审计的实施是为了确保项目配置管理的有效性,体现了配置管理最根本的要求——不允许出现任何混乱现象,例如:

(1)防止向用户提交不适合的产品。

(2)发现不完善。

(3)找出各配置项间不匹配或不相容的现象。

(4)确认配置项已在所要求的质量控制审核后纳入基线并入库保存。

(5)确认记录和文档保持着可追溯性。

2016.11 试题四

【说明】 阅读下列材料,请回答问题1至问题3,将解答填入答题纸的对应栏内。

案例描述及问题

公司 A 属于创业型公司，随着公司业务规模的扩大，公司领导决定成立专门的质量管理部门，全面负责公司所有项目的质量，并降低产品的缺陷率。公司还聘任了具有多年质量管理经验的张工担任公司质量管理部门的经理。

张经理上任后，从每个项目组中抽调了一名 QA，QA 隶属于公司质量部，工作地点在各个项目所在地，与项目组一起工作，负责所在项目的质量管理。小王是 X 项目的 QA，当前 X 项目正在研发阶段。张经理要求小王按照项目进度提交一份项目质量管理计划，并提供了常规质量管理计划的模板，主要包括质量检查点、检查人、检查内容、检查时间、检查方式等。小王于是按照张经理的要求编写并提交了"项目质量管理计划——X 项目"。

过了 2 个月，张经理根据质量管理计划的某一个时间点，询问小王某一个设计评审的会议情况时，小王没有找到有关的会议记录。张经理又电话询问 X 项目的项目经理有关质量管理的情况，该项目经理认为质量管理是由小王负责，并根据质量管理部门的要求进行的，自己会大力配合。

【问题 1】（8 分）

结合以上案例，请指出该质量管理计划制定和实施过程中存在的问题。

【问题 2】（5 分）

结合以上案例，请指出 QA 的主要工作内容。

【问题 3】（5 分）

结合以上案例，你认为设计评审会议应该由谁组织？为什么？

答题思路总解析

从本案例提出的三个问题可以判断出：该案例分析主要考查的是项目的质量管理。根据"案例描述及问题"中画"＿＿"的文字，并结合项目管理经验，可以推断出，该质量管理计划制定和实施过程中存在的问题有：①由小王一个人制定项目质量管理计划是不合适的，应该和项目组相关成员一起制定；②仅仅依据常规质量管理计划的模板来制定具体项目计划是不够的，应该结合项目的具体情况（这两点从"张经理要求小王按照项目进度提交一份项目质量管理计划，并提供了常规质量管理计划的模板，主要包括质量检查点、检查人、检查内容、检查时间、检查方式等。小王于是按照张经理的要求编写并提交了'项目质量管理计划——X 项目'"可以推导出）；③张经理没有及时对小王的工作进行跟踪了解；④实施过程有评审但没有评审记录（这两点从"过了 2 个月，张经理根据质量管理计划的某一个时间点，询问小王某一个设计评审的会议情况时，小王没有找到有关的会议记录"可以推导出）；⑤项目经理认为质量管理中他扮演配合的角色，存在认识错误（这点从"该项目经理认为质量管理是由小王负责，并根据质量管理部门的要求进行的，自己会大力配合"可以推导出）。以上推导出的这些问题用于回答**【问题 1】**。**【问题 2】**和**【问题 3】**属于理论性质的问题，与本案例关系不大。（**案例难度：★★★**）

【问题1】答题思路解析及参考答案

一、答题思路解析

根据"答题思路总解析"中的描述可知，该质量管理计划制定和实施过程中存在的问题有：①由小王一个人制定项目质量管理计划制定是不合适的，应该和项目组相关成员一起制定；②仅仅只是依据常规质量管理计划的模板来具体项目计划是不够的，应该结合项目的具体情况；③张经理没有及时对小王的工作进行跟踪了解；④实施过程有评审参与但缺评审记录；⑤项目经理认为质量管理中他是配合的角色，存在认识错误。（**问题难度：★★★**）

二、参考答案

该质量管理计划制定和实施过程中存在的问题有：

（1）由小王一个人制定项目质量管理计划是不合适的，应该和项目组相关成员一起制定。

（2）仅仅只是依据常规质量管理计划的模板来做具体项目计划是不够的，应该结合项目具体情况。

（3）张经理没有及时对小干的工作进行跟踪了解。

（4）实施过程有评审参与但缺少评审记录。

（5）项目经理认为质量管理中他是配合的角色，认识错误。

【问题2】答题思路解析及参考答案

一、答题思路解析

QA需要扮演三个角色：导师、医生和警察。QA的职责一般有：负责制定质量管理计划、进行过程指导、进行过程审计、发现问题并提出改进方案等。（**问题难度：★★★**）

二、参考答案

QA需要扮演三个角色：

（1）导师：负责培训项目组成员，让大家掌握质量管理的相关理念和方法。

（2）医生：发现项目执行过程中的问题，并给出改进方案。

（3）警察：代表公司监督项目组对流程体系的执行。

典型的QA职责包括：负责制定质量管理计划、进行过程指导、进行过程审计、发现问题并提出改进方案等。

【问题3】答题思路解析及参考答案

一、答题思路解析

项目经理在项目管理中承担整合者的角色，而设计评审会议涉及到多个部门，因此设计评审会议由项目经理来组织比较合适。但对评审结果的把关应该由QA部门来主导。（**问题难度：★★★**）

二、参考答案

我认为设计评审会由项目经理组织比较合适。

项目经理在项目管理中承担整合者的角色，而设计评审会议涉及到多个部门，因此设计评审会议由项目经理来组织比较合适。但对评审结果的把关应该由 QA 部门来主导。

2017.05 试题一

【说明】阅读下列材料，请回答问题 1 至问题 3，将解答填入答题纸的对应栏内。

案例描述及问题

A 公司想要升级其数据中心的安防系统，经过详细的可行性分析及项目评估后，决定通过公开招投标的方式进行采购。某系统集成商 B 公司要求在投标前按照项目实际情况进行综合评估后才能做出投标决策。B 公司规定：评估分数（按满分为 100 分进行归一化后的得分）必须在 70 分以上的投标项目才具有投标资格。于是 B 公司项目负责人张工在采购标书后，综合考虑竞争对手、项目业务与技术等因素，编制了如下评估表：

序号	评估对象	评估级别	单位级别相对重要程度	加权得分	评估级别说明
1	回款容易程度	5	8	40	0：非常困难，回款可能性小于 20% 1：比较困难，回款可能性小于 50% 2：困难，回款可能性小于 60% 3：有一定难度，回款可能性小于 70% 4：基本没有难度，回款可能性小于 90% 5：应该没问题，回款可能性大于 90%
2	项目业务熟悉程度	4	3	12	0：完全不熟悉 1：熟悉程度低于 20% 2：熟悉程度低于 40% 3：熟悉程度低于 60% 4：熟悉程度低于 80% 5：熟悉程度高于 80%
3	项目技术熟悉程度	5	3	15	0：完全不熟悉 1：熟悉程度低于 20% 2：熟悉程度低于 40% 3：熟悉程度低于 60% 4：熟悉程度低于 80% 5：熟悉程度高于 80%

序号	评估对象	评估级别	单位级别相对重要程度	加权得分	评估级别说明
4	竞争胜出可能性	2	8	16	0：竞争非常激烈，中标可能性为0 1：竞争高度激烈，中标可能性不超过20% 2：竞争比较激烈，中标可能性不超过50% 3：竞争激烈程度不高，中标可能性不超过70% 4：竞争激烈程度较低，中标可能性不超过90% 5：几乎没有竞争，中标可能性超过90%
合计得分					
归一化评估结果					

【问题1】（6分）

结合上述案例，请帮助项目经理张工计算该项目的评估结果（包括合计得分和归一化评估结果）。

【问题2】（4分）

基于以上案例，如果你是B公司管理层领导，对于该项目，是决定投标还是放弃投标？为什么？

【问题3】（8分）

请指出项目论证应包括哪几个方面。

答题思路总解析

从本案例提出的三个问题，我们可以判断出：该案例分析主要考查的是项目立项管理。**【问题1】**第（1）小问，要求计算合计得分，这是一个简单的加法问题，容易得分；第（2）小问有些偏，需要知道归一化评估结果的计算公式才能计算出结果。**【问题2】**需要结合**【问题1】**的结算结果进行判断。**【问题3】**是一个纯理论性质的问题，与本案例关系不大。（**案例难度：★★★★**）

【问题1】答题思路解析及参考答案

一、答题思路解析

要计算合计得分，我们只需要把1、2、3、4项的分数求和就可以了，合计得分是83分（40+12+15+16）。根据归一化评估结果的计算公式归一化评估结果

$$归一化评估结果 = 100 \times \frac{\sum_{i=1}^{n} 评估结果_i \times 相对重要程度_i}{\sum_{i=1}^{n} 5 \times 相对重要程度_i}$$

可以计算出归一化评估结果是75.45（分）（100×83/［5×（8+3+3+8）］）。（**问题难度：★★★★**）

二、参考答案

合计得分83分（40+12+15+16）

归一化评估结果75.45分｛100×83/［5×（8+3+3+8）］｝。

【问题 2】答题思路解析及参考答案

一、答题思路解析

根据【**问题 1**】的计算结果可知该项目的归一化评估结果为 75.45 分。依据公司投资决策规定，高于 70 分的项目才具有投标资格，因此可以进行投标。（**问题难度：★★**）

二、参考答案

决定投标，本项目的归一化评估结果为 75.45 分。根据公司投资决策规定，高于 70 分的项目具有投标资格，因此可以进行投标。

【问题 3】答题思路解析及参考答案

一、答题思路解析

根据"案例描述及问题"中的信息可知，该问题属于纯理论性质的问题，项目论证的内容包括项目运行环境评价、项目技术评价、项目财务评价、项目国民经济评价、项目环境评价、项目社会影响评价、项目不确定性和风险评价、项目综合评价等八个方面。（**问题难度：★★★**）

二、参考答案

项目论证应包括：项目运行环境评价、项目技术评价、项目财务评价、项目国民经济评价、项目环境评价、项目社会影响评价、项目不确定性和风险评价、项目综合评价等。

2017.05 试题三

【说明】阅读下列材料，请回答问题 1 至问题 3，将解答填入答题纸的对应栏内。

案例描述及问题

某政府部门为了强化文档管理，实现文档管理全部电子化，并达到文档能实时生成和同步流转的目标，使文档管理有一次突破性升级，拟建设一个新的文档管理系统。项目主要负责人希望该系统与该政府部门正在建设的新办公大楼能够同期投入使用，因此该部门将原来预计的文档管理系统的开发时间压缩了 3 个月，然后据此制定了招标文件并进行了招标。

某公司长期从事系统集成项目，但是并不具备文档管理系统的开发经验。在参与此项目的招投标时，虽然认为项目风险较大，但为了企业的业务发展，还是决定投标，并最终中标。

张某被任命为该项目的项目经理。考虑到该公司对此类项目尚无成熟案例，他认为做好项目的风险管理很重要，就参照以前的项目模板，编制了一个项目风险管理计划，经公司领导签字后就下发各小组实施。但随着项目的进行，各成员发现项目中面临的问题与风险管理计划缺乏相关性，就按照各自的理解对实际风险控制和应对措施进行安排，致使验收一拖再拖，项目款项也迟迟不能收回。

【问题1】（10分）

请指出该项目经理在项目风险管理方面存在哪些问题？

【问题2】（4分）

针对该项目的情况，请指出项目中存在的具体风险项，并简要说明。

【问题3】（5分）

在（1）～（5）中填写恰当内容（从候选答案中选择一个正确选项，将该选项编号填入答题纸对应栏内）。

项目经理在编制风险管理计划时，参考了以前的计划模板，该计划模板属于___（1）___；按照项目的目标把风险进行结构化分解，得到的是___（2）___；在风险识别时，要考虑___（3）___中所定义的各项假设条件的不确定性；在风险识别时，可参考___（4）___库中的历史项目风险数据；在进行风险分析时，需要进行风险数据的___（5）___评估，以确定这些风险数据对风险管理的有用程度。

候选答案：

A. 组织过程资产　　　　B. 资产　　　　C. 风险　　　　D. 质量

E. 项目范围说明书　　　F. 评审　　　　G. 工具　　　　H. RBS

答题思路总解析

从本案例提出的三个问题可以判断出：该案例分析主要考查的是项目风险管理。"案例描述及问题"中画"____"的文字是该项目已经出现的**问题**：即"验收一拖再拖，项目款项也迟迟不能收回"。根据这些问题和"案例描述及问题"中画"___"的文字，并结合项目管理经验，我们可以推断出：①仅仅参照了以前的项目模板编制风险管理计划，没有考虑项目的实际情况（这点从"参照以前的项目模板，编制了一个项目风险管理计划"可以推导出）；②风险管理计划没有经过项目组讨论和评审就直接签字下发实施（这点从"编制了一个项目风险管理计划，经公司领导签字后就下发各小组实施"可以推导出）；③没有进行充分的风险识别，也没有针对风险进行风险应对规划；④风险控制和应对措施都是各成员按各自理解进行的，没有进行统一的风险应对和管控（这两点从"各成员发现项目中面临的问题与风险管理计划缺乏相关性，就按照各自理解对实际风险控制和应对措施进行安排"可以推导出）；⑤验收拖延问题出现后，项目经理没有采取有效的措施予以解决（这点从"验收一拖再拖，项目款项也迟迟不能收回"可推导出）等是导致项目出现"验收一拖再拖，项目款项也迟迟不能收回"的主要**原因**（这些原因用于回答**【问题1】**）。**【问题2】**需要结合案例的描述来识别风险。**【问题3】**属于纯理论性质的问题，与本案例关系不大。（**案例难度：★★★**）

【问题1】答题思路解析及参考答案

一、答题思路解析

根据"答题思路总解析"中的阐述可知，项目经理在项目风险管理方面存在的主要问题有：

①仅仅参照了以前的项目模板编制风险管理计划，没有考虑项目的实际情况；②风险管理计划没有经过项目组讨论和评审就直接签字下发实施；③没有进行充分的风险识别，也没有针对风险进行风险应对规划；④风险控制和应对措施都是各成员按各自理解进行的，没有进行统一的风险应对和管控；⑤验收拖延问题出现后，项目经理没有采取有效的措施予以解决。（**问题难度：★★★**）

二、参考答案

项目经理在项目风险管理方面存在的主要问题有：

（1）仅仅只是参照了以前的项目模板编制风险管理计划，没有考虑项目的实际情况。

（2）风险管理计划没有经过项目组讨论和评审就直接签字下发实施。

（3）没有进行充分的风险识别，也没有针对风险进行风险应对规划。

（4）风险控制和应对措施都是各成员按各自理解进行的，没有进行统一的风险应对和管控。

（5）验收拖延问题出现后，项目经理没有采取有效的措施予以解决。

【问题 2】答题思路解析及参考答案

一、答题思路解析

项目中存在的具体风险有：①进度风险：系统的开发时间压缩了 3 个月，项目可能不能满足进度压缩的要求（该风险从"该部门将原来预计的文档管理系统的开发时间压缩了 3 个月"可以推导出来）；②质量风险：公司不具备文档管理系统的开发经验，可能不能开发出满足客户质量要求的产品（该风险从"某公司长期从事系统集成项目，但是并不具备文档管理系统的开发经验"可以推导出来）；③人员风险：项目经理张某的经验和能力可能无法达到该项目的要求（该风险从"验收一拖再拖，项目款项也迟迟不能收回"可以推导出来）；④管理风险：公司整体管理水平可能达不到项目的要求（从该案例全文的描述中可以推导出来）。（**问题难度：★★★**）

二、参考答案

项目中存在的具体风险有：

（1）进度风险：系统的开发时间压缩了 3 个月，项目可能不能满足进度压缩的要求。

（2）质量风险：公司不具备文档管理系统的开发经验，可能不能开发出满足客户质量要求的产品。

（3）人员风险：项目经理张某的经验和能力可能无法达到该项目的要求。

（4）管理风险：公司整体管理水平可能达不到项目的要求。

【问题 3】答题思路解析及参考答案

一、答题思路解析

该问题是一个纯理论性质的问题。以前项目的风险计划模板属于组织过程资产；把风险进行结构化分解后得到风险分解结构（Risk Breakdown Structure，RBS）；项目的各项假设条件的不确定性定义在项目范围说明书之中；历史项目的风险数据应存储在组织过程资产库中；确定风险数据对风险管理的有用程度，采用的工具与技术是风险数据的质量评估。（**问题难度：★★★**）

二、参考答案

项目经理在编制风险管理计划时，参考了以前的计划模板，该计划模板属于（A.组织过程资产）；按照项目的目标把风险进行结构化分解，得到的是（H.RBS）；在风险识别时，要考虑（E.项目范围说明书）中所定义的各项假设条件的不确定性；同时，可参考（A.组织过程资产）库中的历史项目风险数据；在进行风险分析时，需要进行风险数据的（D.质量）评估，以确定这些风险数据对风险管理的有用程度。

2017.05 试题四

【**说明**】阅读下列材料，请回答问题 1 至问题 3，将解答填入答题纸的对应栏内。

案例描述及问题

某大型国企 A 公司近几年业务发展迅速，陆续上线了很多信息系统，致使公司 IT 部门的运维工作压力日益增大。A 公司决定采用公开招标的方式选择 IT 运维服务供应商。

A 公司选择了一家长期合作的、资质良好的招标代理机构，并协助其编写了详细的招标文件。6 月 1 日，招标代理机构在其官网发布了招标公告。招标公告规定，投标人必须在 6 月 25 日 10:00 前提交投标文件，开标时间定为 6 月 25 日 14:00。

6 月 25 日 14:00，开标工作准时开始，由招标代理机构主持，并邀请了所有投标方参加。开标时，招标代理机构工作人员检查了投标文件的密封情况。经确认无误后，当众拆封，宣读投标人名称、投标价格和投标文件的其他内容。

为保证投标工作的公平、公正，A 公司邀请了 7 名来自本公司内部各部门（法律、财务、市场、IT、商务等）的专家或领导组成了评标委员会。评标委员会按照招标文件确定的评标标准和方法，对投标文件进行了评审和比较。

【**问题 1**】（6 分）

结合以上案例，请指出以上招标过程中的问题。

【**问题 2**】（6 分）

假设你是 A 公司负责本次招标的人员，在招标过程中，假如发生以下情况，应该如何处理？

（1）开标前，某投标方人员向你打听其他投标单位的名称、报价等情况。

（2）某投标方 B 公司提交了投标文件之后，在开标前发现投标文件报价有错误，电话联系你希望在评标时进行调整。

【**问题 3**】（4 分）

结合本案例判断下列选项的正误（填写在答题纸的对应栏内，正确的选项填写"√"，错误的选项填写"×"）。

（1）招标方具有编制招标文件和组织评标能力的，可以自行办理招标事宜，而不用委托招标代理机构。　　　　　　　　　　　　　　　　　　　　　　　　　　　（　　）

（2）依法必须进行招标的项目，自招标文件开始发出之日起至提交投标文件截止之日止，最短不得少于 15 日。　　　　　　　　　　　　　　　　　　　　　　　　　（　　）

（3）招标方和投标方应当自中标通知书发出之日起 30 日内，按照招标文件和中标方的投标文件签订书面合同。　　　　　　　　　　　　　　　　　　　　　　　　（　　）

（4）在要求提交投标文件截止时间 10 日前，招标方可以以书面形式对已发出的招标文件进行必要的澄清或修改。　　　　　　　　　　　　　　　　　　　　　　　　（　　）

答题思路总解析

从本案例提出的三个问题可以判断出：该案例分析主要考查的是项目的采购管理和合同管理。根据"案例描述及问题"中画"＿＿＿"的文字，并结合我国现行的政府采购法和招投标法，可以推断出本项目在招标过程中存在的主要问题有：①开标时间不符合要求，开标应在提交投标文件的截止时间的同一时间公开进行（这点从"投标人必须在 6 月 25 日 10:00 前提交投标文件，开标时间定为 6 月 25 日 14:00"可以推导出）；②开标不应由代理机构主持，应是招标人主持（这点从"开标工作准时开始，由招标代理机构主持"可以推导出）；③投标文件的密封情况应由投标人或代表检查，不应由代理机构检查（这点从"开标时，招标代理机构工作人员检查了投标文件的密封情况"可以推导出）；④评标专家委员会成员缺少外聘经济、技术类专家，要求是 5 人以上单数，经济类专家占 2/3（这点从"A 公司邀请了 7 名来自本公司内部各部门（法律、财务、市场、IT、商务等）的专家或领导组成了评标委员会"可推导出）（这些问题用于回答【问题 1】）。【问题 2】需要结合我国现行的招投标法来回答，与本案例关系不大。【问题 3】属于纯理论性质的问题，与本案例关系不大。（**案例难度：★★★**）

【问题 1】答题思路解析及参考答案

一、答题思路解析

根据"答题思路总解析"中的阐述，可以推断出本项目在招标过程中存在的主要问题有：①开标时间不符合要求，开标应在提交投标文件的截止时间的同一时间公开进行；②开标不应由代理机构主持，应是由招标人主持；③投标文件的密封情况应由投标人或代表检查，不应由代理机构检查；④评标专家委员会成员缺少外聘经济、技术类专家，要求是 5 人以上单数，经济类专家占 2/3。（**问题难度：★★★**）

二、参考答案

本项目在招标过程中存在的主要问题有：

（1）开标时间不符合要求，开标应在招标文件确定的截止时间的同一时间公开进行。

（2）开标不应由代理机构主持，应是由招标人主持。

（3）投标文件的密封情况应由投标人或代表检查，不应由代理机构检查。

（4）评标专家委员会成员缺少外聘经济、技术类专家，要求是 5 人以上单数，经济类专家占 2/3。

【问题 2】答题思路解析及参考答案

一、答题思路解析

假如我是 A 公司负责本次招标的人员，开标前，某投标方人员向我打听其他投标单位的名称、报价等情况，应明确拒绝对方的请求，因为这将可能有损第三方参与人的利益。

假如我是 A 公司负责本次招标的人员，某投标方 B 公司提交了投标文件之后，在开标前发现投标文件报价有错误，电话联系我希望在评标时进行调整，我不应该同意该请求，但可以在评标会上由评标委员会决定是否需要澄清。根据招投标法实施条例，投标文件中有含义不明确的内容、明显的文字或者计算错误，如果评标委员会认为需要澄清，可以书面通知投标人，投标人以书面回复，但不得超出范围或改变实质性要求。（问题难度：★★★）

二、参考答案

（1）应明确拒绝对方的请求，因为这将可能有损第三方参与人的利益。

（2）不同意该请求，但可以体现在评标会上由评标委员会决定是否需要澄清。根据招投标法实施条例，投标文件中有含义不明确的内容、明显的文字或者计算错误，如果评标委员会认为需要澄清，可以书面通知投标人，投标人以书面回复，但不得超出范围或改变实质性要求。

【问题 3】答题思路解析及参考答案

一、答题思路解析

该问题是一个纯理论性质的问题。根据我们国家现行的招投标法，（1）是正确的；依法必须进行招标的项目，自招标文件开始发出之日起至提交投标文件截止之日止，最短不得少于 20 日，因此（2）错误；（3）正确；在要求提交投标文件截止时间 15 日前，招标方可以以书面形式对已发出的招标文件进行必要的澄清或修改，因此（4）错误。（问题难度：★★★）

二、参考答案

（1）招标方具有编制招标文件和组织评标能力的，可以自行办理招标事宜，而不用委托招标代理机构。 （√）

（2）依法必须进行招标的项目，自招标文件开始发出之日起至提交投标文件截止之日止，最短不得少于 15 日。 （×）

（3）招标方和投标方应当自中标通知书发出之日起 30 日内，按照招标文件和中标方的投标文件订立书面合同。 （√）

（4）在要求提交投标文件截止时间 10 日前，招标方可以以书面形式对已发出的招标文件进行必要的澄清或修改。 （×）

2017.11 试题一

【说明】阅读下列材料，请回答问题 1 至问题 4，将解答填入答题纸的对应栏内。

案例描述及问题

某公司中标一个城市的智能交通建设项目，总投资 350 万元，建设周期 1 年。在项目管理计划发布之后，柳工作为本项目的项目经理，领导项目团队按照计划与任务分工开始实施。

在项目初期，项目团队在确定了项目范围后，项目经理制定了项目变更流程：

1. 提出变更申请；2. 针对影响不大的变更，可以直接修改；3. 针对影响较大的变更，必须上报项目经理，由项目经理审批之后才能修改；4. 修改后由项目经理确认，确认无误后更新配置库，完成变更。

在一次项目进度协调会上，项目经理柳工与项目成员李工发生了争执，原因如下：<u>李工对于客户提出的需求，无论大小都给予解决</u>，客户对此非常满意。但是，<u>项目组其他成员并不知晓李工修改的内容</u>，导致开发任务多次返工。目前，项目已经延期。

【问题 1】（8 分）

结合上述案例，请指出项目经理柳工制定的变更管理流程存在哪些问题。

【问题 2】（3 分）

基于以上案例，请指出项目成员李工在变更过程中的不恰当之处。

【问题 3】（3 分）

基于以上案例，请阐述变更过程中包含的配置管理活动。

【问题 4】（6 分）

请阐述变更管理的工作流程。

答题思路总解析

从本案例提出的四个问题，可以判断出：该案例分析主要考查的是项目整体管理中的变更控制。如果考生比较熟悉变更控制流程，【问题 1】和【问题 4】就比较容易回答。【问题 2】需要结合理论和案例进行综合回答。【问题 3】是一个纯理论性质的问题，与本案例关系不大。（**案例难度：★★★**）

【问题 1】答题思路解析及参考答案

一、答题思路解析

如果考生比较熟悉变更控制流程，结合"案例描述及问题"中列出的项目经理制定的项目变更流程（见"案例描述及问题"中画"＿＿"的文字），本问题就很容易回答。可以将整体的变更控制管理流程图整理为：

根据流程图可以发现，项目经理柳工制定的变更管理流程存在如下问题：①没有设置变更影响的分析环节；②没有建立变更控制委员会来审批变更；③所有变更都必须走变更控制流程，而不是影响不大的就能直接修改；④应该由变更控制委员会审批变更请求，而不是项目经理；⑤变更结束后仅仅由项目经理确认，没有通知到相关干系人；⑥没有对变更文件进行存档（以上六点从"1. 提出变更申请；2. 针对影响不大的变更，可以直接修改；3. 针对影响较大的变更，必须上报项目经理，由项目经理审批之后才能修改；4. 修改后由项目经理确认，确认无误后更新配置库，完成变更"可以推导出）。（**问题难度：★★★**）

二、参考答案

项目经理柳工制定的变更管理流程存在如下问题：

（1）没有设置变更影响的分析环节。

（2）没有建立变更控制委员会来审批变更。

（3）所有变更都必须走变更控制流程，而不是影响不大的就能直接修改。

（4）应该由变更控制委员会审批变更请求，而不是项目经理。

（5）变更结束后仅仅由项目经理确认，没有通知到相关干系人。

（6）没有对变更文件进行存档。

【问题2】答题思路解析及参考答案

一、答题思路解析

根据"案例描述及问题"中画"___"的文字并结合项目管理经验可知，项目成员李工在变更过程中的不恰当之处有：①李工对于客户提出的变更请求直接修改，没有走变更控制流程（这点从"李工对于客户提出的需求，无论大小都给予解决"可以推导出）；②变更实施过程中没有做好配置管理和版本管理；③变更结束后没有通知相关干系人（这两点从"项目组其他成员并不知晓李工修改的内容，导致开发任务多次返工"可以推导出）。（**问题难度：★★★**）

二、参考答案

项目成员李工在变更过程中的不恰当之处有：

（1）李工对于客户提出的变更请求直接修改，没有走变更控制流程。

（2）变更实施过程中没有做好配置管理和版本管理。

（3）变更结束后没有通知相关干系人。

【问题 3】答题思路解析及参考答案

一、答题思路解析

根据"答题思路总解析"中的阐述可知，该问题属于纯理论性质的问题，配置管理包括 6 个主要活动：制定配置管理计划、配置标识、配置控制、配置状态报告、配置审计、发布管理和交付。因此，变更过程中包含的配置管理活动主要有：①配置项识别；②配置状态记录；③配置核实与审计。（**问题难度：★★★**）

二、参考答案

变更过程中包含的配置管理活动主要有：

（1）配置项识别。

（2）配置状态记录。

（3）配置核实与审计。

【问题 4】答题思路解析及参考答案

一、答题思路解析

根据【问题 1】中的解析可知，变更控制的主要步骤是：①发起变更；②提出变更申请；③评估变更影响；④通知相关干系人；⑤CCB 审查批准；⑥实施变更；⑦记录变更实施情况；⑧对变更文件进行分发并归档。这就是变更管理的工作流程。（**问题难度：★★★**）

二、参考答案

变更管理的工作流程如下：

（1）发起变更。

（2）提出变更申请。

（3）评估变更影响。

（4）通知相关干系人。

（5）CCB 审查批准。

（6）实施变更。

（7）记录变更实施情况。

（8）对变更文件进行分发并归档。

2017.11 试题三

【说明】阅读下列材料，请回答问题 1 至问题 4，将解答填入答题纸的对应栏内。

案例描述及问题

A 公司是为保险行业提供全面的信息系统集成解决方案的系统集成企业。齐工是 A 公司的项目经理，目前正在负责某保险公司 P 公司的客户管理系统开发项目，当前该项目已经通过验收。

齐工将项目所涉及的文档都移交给了 P 公司，认为项目收尾工作已经基本完成，所以解散了项目团队，并组织剩下的项目团队成员召开了项目总结会议。项目组成员小王提出"项目组有人没有参加总结会议，是否要求所有人员都要参加？"，齐工解释说"项目总结会议不需要全体人员参加，没有实质性的工作内容。"

【问题 1】（5 分）

结合案例，项目经理齐工对小王提出的问题的解释是否恰当？请从项目总结会规范要求的角度说明理由。

【问题 2】（5 分）

结合案例，请简述项目总结会议一般讨论的内容。

【问题 3】（2 分）

请将下面（1）～（2）处的答案填写在答题纸的对应栏内。

结合案例，你认为系统集成项目收尾管理工作通常包含___（1）___、项目工作总结、___（2）___、项目后评价工作。

【问题 4】（5 分）

结合案例，请简述系统文档验收所涉及的文档都有哪些。

答题思路总解析

从本案例提出的四个问题，可以判断出：该案例分析主要考查的是项目收尾管理。该案例后提出的四个问题，基本都是理论性质的问题，与案例本身关系不大。**（案例难度：★★★）**

【问题 1】答题思路解析及参考答案

一、答题思路解析

项目经理齐工对小王提出的问题的解释是不恰当的。因为项目总结会需要全体参与项目的成员都参加，并由全体成员讨论后形成文件，同时项目总结会需要讨论项目绩效、经验、教训等实质性内容，具有非常重要的意义。**（问题难度：★★★）**

二、参考答案

不恰当。

因为项目总结会需要全体参与项目的成员都参加，并由全体成员讨论后形成文件，同时项目总结会需要讨论项目绩效、经验、教训等实质性内容，具有非常重要的意义。

【问题 2】答题思路解析及参考答案

一、答题思路解析

项目总结会议一般讨论的内容有：（1）项目绩效；（2）技术绩效；（3）成本绩效；（4）进度计划绩效；（5）项目的沟通；（6）识别问题和解决问题；（7）意见和建议。（**问题难度：★★★**）

二、参考答案

项目总结会议一般讨论的内容有：

（1）项目绩效。

（2）技术绩效。

（3）成本绩效。

（4）进度计划绩效。

（5）项目的沟通。

（6）识别问题和解决问题。

（7）意见和建议。

【问题 3】答题思路解析及参考答案

一、答题思路解析

系统集成项目收尾管理工作通常包含：项目验收工作、项目工作总结、系统维护工作、项目后评价工作。（**问题难度：★★★**）

二、参考答案

（1）项目验收工作。

（2）系统维护工作。

【问题 4】答题思路解析及参考答案

一、答题思路解析

系统文档验收所涉及的文档有：①系统集成项目介绍；②系统集成项目最终报告；③信息系统操作手册；④信息系统维护手册；⑤软硬件产品说明书、质量保证书等。（**问题难度：★★★**）

二、参考答案

系统文档验收所涉及的文档有：

（1）系统集成项目介绍。

（2）系统集成项目最终报告。

（3）信息系统操作手册。

（4）信息系统维护手册。

（5）软硬件产品说明书、质量保证书等。

2017.11 试题四

【说明】 阅读下列材料，请回答问题 1 至问题 4，将解答填入答题纸的对应栏内。

案例描述及问题

A 公司中标某客户数据中心建设项目，该项目涉及数据中心基础设施、网络、硬件、软件、信息安全建设等方面的工作。经高层批准，任命小李担任项目经理。小李从相应的技术服务部门（网络服务部、硬件服务部、软件服务部、信息安全服务部）分别抽调了技术人员加入该项目。这些技术人员大部分时间投入本项目，小部分时间参与公司的其它项目。由于公司没有基础设施方面的技术能力，因此将本项目的基础设施建设工作外包给了 B 公司。

小李认为，该项目工作内容复杂，涉及人员较多，人员沟通很关键，作为项目经理，自己应投入较大精力在人员的沟通管理上。

首先，小李经过分析，建立了干系人名册，主要人员包括客户方的 4 名技术人员、3 名中层管理人员、2 名高管和项目团队人员以及 A 公司的 2 名高管。

接着，小李制定了沟通管理计划。在选择沟通渠道时，考虑到干系人较多，召开会议不方便，小李决定采用电子邮件方式；在沟通频率方面，为了让干系人能及时、全面地了解项目进展，小李决定采用项目日报的方式每日沟通；在沟通内容方面，小李制作了项目日报的模板，主要内容包括三部分：一是项目成员每日主要工作内容汇总，二是项目的进度、成本、质量等方面的情况汇总，三是每日发现的主要问题、工作建议等。

项目实施过程中，项目成员严格按照要求，每天下班前发送日报给小李。第二天上午 9 点前，小李汇总所有成员的日报内容，发送给所有干系人。

随着项目的实施，小李发现 B 公司的技术人员的工作质量经常不能满足要求，工作进度也有所延迟，当问及 B 公司的相关负责人时，他们表示对此并不知情。同时，A 公司各技术服务部门的负责人也抱怨说，他们抽调了大量技术人员参与该项目，但却无法掌控他们的工作安排，也不知道他们的工作绩效。另外，A 公司高层领导也向小李表示，客户管理层对该项目也有些不满，他们认为每天浪费了大量时间看了一些无用的信息，他们希望小李能当面汇报。

【问题 1】（4 分）

下图为该项目干系人的权力/利益方格示意图：

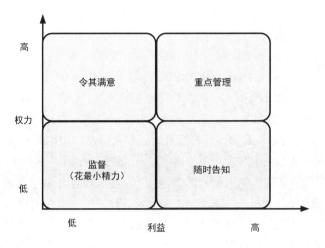

结合案例中小李制定的干系人名册，请指出该项目需要"重点管理"的干系人有哪些？

【问题2】（4分）

请指出小李在项目沟通管理和干系人管理方面做得好的地方。

【问题3】（8分）

在项目沟通管理和干系人管理方面：

（1）小李的做法还存在哪些问题？

（2）针对存在的问题，请给出你的具体改进建议。

【问题4】（4分）

判断下列选项的正误（填写在答题纸的对应栏内，正确的选项填写"√"，错误的选项填写"×"）：

一般沟通过程所采用的方式分为四类： 推销方式（又称说明方式）、叙述方式、讨论方式、征询方式。

（1）从控制程度来看，讨论方式的控制力最弱。　　　　　　　　　　　　　（　　）

（2）从参与程度来看，推销方式的参与程度最弱。　　　　　　　　　　　　（　　）

（3）沟通渠道的选择可以从即时性和表达方式两个维度进行考虑。表达方式可以分为文字、语言、混合三种。与文字方式相比，语言方式更节约时间，因为语言沟通的速度快。（　　）

（4）常用的沟通方法有交互式沟通、推式沟通、拉式沟通等。当信息量很大或受众很多时，应采用拉式沟通方式。　　　　　　　　　　　　　　　　　　　　　　　　（　　）

答题思路总解析

从本案例提出的四个问题可以判断出：该案例分析主要考查的是项目沟通管理和干系人管理。"案例描述及问题"中画"＿＿＿"的文字是该项目已经出现的**问题**：即"小李发现 B 公司的技术人员的工作质量经常不能满足要求，工作进度也有所延迟；A 公司各技术服务部门的负责人也抱怨；客户管理层对该项目也有些不满"。根据这些问题和"案例描述及问题"中画"＿＿＿"的文字，并结合项目管理经验可以推断出：①小李对干系人识别不充分，没有涉及到 B 公司人员（这点从"主要人员包括客户方的 4 名技术人员、3 名中层管理人员、2 名高管和项目团队人员以及 A 公司的 2 名高管"可以推导出）；②沟通管理计划由小李一个人制定，不妥（这点从"小李制定了沟通管理计划"可以推导出）；③缺乏对项目干系人沟通需求和沟通风格的分析（这点从"小李决定采用电子邮件方式"以及"他们希望小李能当面汇报"可以推导出）；④没有针对不同的干系人提交不同的项目信息（这点从"他们认为每天浪费了大量时间看了一些无用的信息，他们希望小李能当面汇报"可以推导出）；⑤管理沟通没有做好，没有及时把相关信息告知相关干系人（这点从"当问及 B 公司的相关负责人时，他们表示对此并不知情"以及"他们抽调了大量技术人员参与该项目，但却无法掌控他们的工作安排，也不知道他们的工作绩效"可以推导出）；⑥控制沟通工作做得不好，没有对存在的沟通问题及时进行解决（这点从"A 公司各技术服务部门的负责人也抱怨"以及"客户管理层对该项目也有些不满"可以推导出）等是导致项目出现"小李发现 B 公司的技术人员的工作质量经常不能满足要求，工作进度也有所延迟；A 公司各技术服务部门的负责人也抱怨；客户管理层对该项目也有些不满"的主要**原因**（这些原因用于回答【**问题 3**】的第（1）小问；把这些问题解决了，就是【**问题 3**】第（2）小问的答案）。【**问题 1**】需要结合理论和案例进行回答。小李在项目沟通管理和干系人管理方面做得好的地方有：①小李对干系人进行了分析，并建立了干系人登记册（这点从"首先，小李经过分析，建立了干系人名册"可以推导出）；②小李制定了沟通管理计划（这点从"小李制定了沟通管理计划"可以推导出）；③小李根据实际情况选择了相应的沟通渠道和沟通频率（这点从"在选择沟通渠道时，考虑到干系人较多，召开会议不方便，小李决定采用电子邮件方式"和"小李决定采用项目日报的方式每日沟通"可以推导出）；④小李制定了相应的沟通模板（这点从"小李制作了项目日报的模板"可以推导出）；⑤每天将相关工作内容分发给干系人（这点从"第二天上午 9 点前，小李汇总所有成员的日报内容，发送给所有干系人"可以推导出），这些就是【**问题 2**】的答案。【**问题 4**】属于纯理论性质的问题，与本案例关系不大。（**案例难度：★★★**）

【问题 1】答题思路解析及参考答案

一、答题思路解析

根据"答题思路总解析"中的阐述可知，该问题需要结合理论和案例来回答。需要重点管理的干系人包括：客户方 3 名中层管理人员、2 名高管和 A 公司的 2 名高管（因为他们权力大、利益大）。（**问题难度：★★★**）

二、参考答案

需要重点管理的干系人包括：客户方 3 名中层管理人员、2 名高管和 A 公司的 2 名高管。

【问题 2】答题思路解析及参考答案

一、答题思路解析

根据"答题思路总解析"中的阐述可知，小李在项目沟通管理和干系人管理方面做得好的地方有（见"案例描述及问题"中画"＿＿"的文字）：①小李对干系人进行了分析，并建立了干系人登记册；②小李制定了沟通管理计划；③小李根据实际情况选择了相应的沟通渠道和沟通频率；④小李制定了相应的沟通模板；⑤每天将相关工作内容分发给干系人。（**问题难度：★★★**）

二、参考答案

小李在项目沟通管理和干系人管理方面做得好的地方有：

（1）小李对干系人进行了分析，并建立了干系人登记册。

（2）小李制定了沟通管理计划。

（3）小李根据实际情况选择了相应的沟通渠道和沟通频率。

（4）小李制定了相应的沟通模板。

（5）每天将相关工作内容分发给干系人。

【问题 3】答题思路解析及参考答案

一、答题思路解析

根据"答题思路总解析"中的阐述可知，小李在项目沟通管理和干系人管理方面存在的问题有：①小李对干系人识别不充分，没有涉及到 B 公司人员；②沟通管理计划由小李一个人制定，不妥；③缺乏对项目干系人沟通需求和沟通风格的分析；④没有针对不同的干系人提交不同的项目信息；⑤管理沟通没有做好，没有及时把相关信息告知相关干系人；⑥控制沟通工作做得不好，没有对存在的沟通问题及时进行解决。

针对问题的改进建议有：①重新识别干系人，将所有项目干系人都纳入干系人登记册中；②重新组织相关干系人一起制定一个科学合理的沟通管理计划；③重新进行干系人沟通需求和沟通风格的分析；④对不同的干系人采用不同的沟通方式、提交不同的项目信息；⑤及时沟通，保持信息畅通；⑥采用合适的方式，对沟通中存在的问题及时进行解决。（**问题难度：★★★**）

二、参考答案

小李在项目沟通管理和干系人管理方面存在的问题有：

（1）小李对干系人识别不充分，没有涉及到 B 公司人员。

（2）沟通管理计划由小李一个人制定，不妥。

（3）缺乏对项目干系人沟通需求和沟通风格的分析。

（4）没有针对不同的干系人提交不同的项目信息。

（5）管理沟通没有做好，没有及时把相关信息告知相关干系人。

（6）控制沟通工作做得不好，没有对存在的沟通问题及时进行解决。

改进建议有：

（1）重新识别干系人，将所有项目干系人都纳入干系人登记册中。

（2）重新组织相关干系人一起制定一个科学合理的沟通管理计划。

（3）重新进行干系人沟通需求和沟通风格的分析。

（4）对不同的干系人采用不同的沟通方式、提交不同的项目信息。

（5）及时沟通，保持信息畅通。

（6）采用合适的方式，对沟通中存在的问题及时进行解决。

【问题4】答题思路解析及参考答案

一、答题思路解析

根据"答题思路总解析"中的描述可知，该问题是一个纯理论性质的问题。讨论方式（即参与方式）的控制力最弱，（1）正确；叙述方式参与程度最弱，（2）错误；语言的速度比阅读速度慢，（3）错误；沟通方法有三种：交互式沟通、推式沟通和拉式沟通，当信息量很大或受众很多时，采用拉式沟通方式，（4）正确。**（问题难度：★★★）**

二、参考答案

（1）从控制程度来看，讨论方式的控制力最弱。 （√）

（2）从参与程度来看，推销方式参与程度最弱。 （×）

（3）沟通渠道的选择可以从即时性和表达方式两个维度进行考虑。表达方式可以分为文字、语言、混合三种。与文字方式相比，语言方式更节约时间，因为语言沟通的速度快。 （×）

（4）常用的沟通方法有交互式沟通、推式沟通、拉式沟通等。当信息量很大或受众很多时，应采用拉式沟通方式。 （√）

2018.05 试题一

【说明】阅读下列材料，请回答问题1至问题4，将解答填入答题纸的对应栏内。

案例描述及问题

某信息系统集成公司承接了一项信息系统集成项目，任命小王为项目经理。

项目之初，小王根据合同中的相关条款，在计划阶段简单地描绘了项目的大致范围，列出了项目应当完成的工作。甲方的项目经理是该公司的信息中心主任，但信息中心对其他部门的影响较弱。但是此项目涉及到甲方公司的很多其他业务部门，因此在项目的实施过程中，甲方的销售部门、人力资源部门、财务部门等都直接向小王提出了很多新的要求，而且很多要求互相之间都存在一定的矛盾。

小王尝试地做了大量的解释工作，但是甲方的相关部门总是能够在合同的相关条款中找到变更的依据。小王明白是由于合同条款不明确而导致了现在的困境，但他也不知道该怎样解决当前所面临的问题。

【问题1】（8分）

在本案例中，除了因合同条款不明确导致的频繁变更外，还有哪些因素造成了小王目前的困境？

【问题 2】（4 分）

结合案例，列举该项目的主要干系人。

【问题 3】（4 分）

简要说明变更控制的主要步骤。

【问题 4】（4 分）

基于案例，请判断以下描述是否正确（填写在答题纸的对应栏内，正确的选项填写"√"，不正确的选项填写"×"）：

（1）变更控制委员会是项目的决策机构，不是作业机构。   （   ）

（2）甲方的组织结构属于项目型。   （   ）

（3）需求变更申请可以由甲方多个部门分别提出。   （   ）

（4）信息中心主任对项目变更的实施负主要责任。   （   ）

答题思路总解析

从本案例提出的四个问题可以判断出：该案例分析主要考查的是项目整体管理中的变更控制。根据"案例描述及问题"中画"＿＿"的文字并结合项目管理经验，可以推断出造成小王目前困境的主要原因如下：①没有制定项目管理计划并得到相关干系人的签字确认；②项目范围管理没有做好，范围不明确（这两点从"项目之初，根据合同中的相关条款，小王在计划阶段简单地描绘了项目的大致范围，列出了项目应当完成的工作"可以推导出）；③甲方项目经理的影响力不够（这点从"甲方的项目经理是该公司的信息中心主任，但信息中心对其他部门的影响较弱"可以推导出）；④没有建立整体的变更控制流程，对变更也没有按变更流程处理（这点从"甲方的销售部门、人力资源部门、财务部门等都直接向小王提出了很多新的要求，而且很多要求互相之间都存在一定的矛盾"可以推导出）；⑤合同条款不明确（这点从"小王尝试地做了大量的解释工作，但是甲方的相关部门总是能够在合同的相关条款中找到变更的依据。小王明白是由于合同条款不明确而导致了现在的困境"可以推导出）（这些原因用于回答**【问题 1】**）。**【问题 2】**需要结合案例找干系人；**【问题 3】**属于纯理论性质的问题，与本案例关系不大；**【问题 4】**需要结合理论和本案例的情况来判断。

（案例难度：★★★）

【问题 1】答题思路解析及参考答案

一、答题思路解析

根据"答题思路总解析"中的阐述可知，造成小王目前困境的主要原因有：①没有制定项目管理计划并得到相关干系人的签字确认；②项目范围管理没有做好，范围不明确；③甲方项目经理的影响力不够；④没有建立整体变更控制流程，对变更也没有按变更流程处理；⑤合同条款不明确。**（问题难度：★★★）**

二、参考答案

在本案例中，除了因合同条款不明确导致的频繁变更外，还有如下因素造成了小王目前的困境：

（1）没有制定项目管理计划并得到相关干系人的签字确认。

（2）项目范围管理没有做好，范围不明确。

（3）甲方项目经理的影响力不够。

（4）没有建立整体变更控制流程，对变更也没有按变更流程处理。

【问题2】答题思路解析及参考答案

一、答题思路解析

根据"答题思路总解析"中的阐述可知，该问题需要结合案例进行回答。根据案例中的相关描述可知，项目的主要干系人有：甲方的项目经理、甲方的销售部门、甲方的人力资源部门、财务部门。（问题难度：★★★）

二、参考答案

项目的主要干系人有：甲方的项目经理、甲方的销售部门、甲方的人力资源部门、财务部门。

【问题3】答题思路解析及参考答案

一、答题思路解析

根据"答题思路总解析"中的阐述可知，该问题是一个纯理论性质的问题。可以把整体变更控制管理流程图整理为：

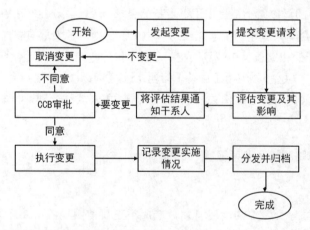

根据上图可知，变更控制的主要步骤是：①发起变更；②提出变更申请；③评估变更影响；④通知相关干系人；⑤CCB审查批准；⑥执行变更；⑦记录变更实施情况；⑧对变更文件进行分发并归档。（问题难度：★★★）

二、参考答案

变更控制的主要步骤有：

（1）发起变更。

（2）提出变更申请。

（3）评估变更影响。

（4）通知相关干系人。

（5）CCB 审查批准。

（6）实施变更。

（7）记录变更实施情况。

（8）对变更文件进行分发并归档。

【问题 4】答题思路解析及参考答案

一、答题思路解析

根据"答题思路总解析"中的阐述可知，该问题需要结合理论和本案的情况来判断。①本题表述正确；甲方项目经理对其他部门的影响较弱，因此不是项目型，②表述错误；③本题表述正确；④该表述错误，应该是乙方项目经理对项目变更的实施负主要责任。（**问题难度：★★★**）

二、参考答案

（1）变更控制委员会是项目的决策机构，不是作业机构。　　　　　　　　（√）

（2）甲方的组织结构属于项目型。　　　　　　　　　　　　　　　　　　（×）

（3）需求变更申请可以由甲多个部门分别提出。　　　　　　　　　　　　（√）

（4）信息中心主任对项目变更的实施负主要责任。　　　　　　　　　　　（×）

2018.05 试题三

【说明】阅读下列材料，请回答问题 1 至问题 3，将解答填入答题纸的对应栏内。

案例描述及问题

系统集成商甲公司承接了一项信息管理系统建设的项目，甲公司任命具有多年类似项目研发经验的张工为项目经理。

张工上任后，立刻组建了项目团队，人员确定后，张工综合了工作任务、团队人员的经验和喜好，将项目组划分为了三个小组，每个小组负责一个工作任务。团队进入开发阶段，张工发现，项目管理原来没有研发编程那么简单；其中 1 个项目小组的重要开发人员因病请假，导致该小组任务比其他两个小组滞后 2 周。另外，每个小组内部工作总出现相互推诿情况，而且各小组和小组成员矛盾也接连不断，项目任务一度停滞不前。

此时，正赶上人事部推出新的项目绩效考核方案，经过对项目进度和质量方面的考评结果，项目绩效成绩较低，直接影响了每个项目团队成员的绩效奖金。<u>项目组成员负面情绪较重，有的成员在加班劳累和无法获得绩效奖金的双重压力下准备辞职</u>，张工得知后，与项目组成员私下进行了逐一面谈沟通。

【问题1】（8分）

结合案例，请指出本项目在人力资源管理方面存在的问题。

【问题2】（6分）

基于以上案例：

（1）判断当前项目团队处于哪个阶段？

（2）简述X理论和Y理论的主要观点。如果从X理论和Y理论的观点来看，项目经理张工在该阶段应该采取哪一种理论来进行团队激励？为什么？

【问题3】（4分）

结合案例，从候选答案中选择一个正确答案，将该选项的编号填入答题纸对应栏内。

（1）项目经理根据工作任务和团队人员的经验和喜好进行分组，这采用了影响员工的方法中的（　　）方法。

　　A. 权力　　　　　B. 任务分配　　　C. 工作挑战　　　D. 友谊

（2）项目经理张工针对成员负面情绪较重的问题，采取了（　　）方法进行团队建设。

　　A. 人际关系技能　　B. 冲突管理　　　C. 绩效评估　　　D. 观察和交谈

答题思路总解析

从本案例提出的四个问题可以判断出：该案例分析主要考查的是项目人力资源管理。根据"案例描述及问题"中画"___"的文字，并结合项目管理经验，可以推断出：①人员任命方面存在问题，任命的项目经理虽然研发能力强，但项目管理经验不足（这点从"甲公司任命具有多年类似项目研发经验的张工为项目经理"可以推导出）；②没有编制人力资源管理计划，直接组建项目团队（这点从"张工上任后，立刻组建了项目团队"可以推导出）；③没有制定人员储备计划，因重要开发人员请病假，导致了项目的滞后（这点从"其中1个项目小组的重要开发人员因病请假，导致该小组任务比其他两个小组滞后2周"可以推导出）；④分工不明确，导致出现相互推诿情况（这点从"每个小组内部工作总出现相互推诿情况"可以推导出）；⑤团队建设存在问题，没有进行相关团队建设活动；⑥团队管理存在问题，没有进行冲突管理，导致矛盾不断（这两点从"各小组和小组成员矛盾也接连不断"可以推导出）；⑦人员激励和绩效管理方面存在问题，没有及时对加班成员进行激励（这点从"项目组成员负面情绪较重，有的成员在加班劳累和无法获得绩效奖金的双重压力下准备辞职"可以推导出）等是本项目在人力资源管理方面存在的问题（用于回答**【问题1】**）。

【问题2】需要将理论和案例相结合进行作答；**【问题3】**属于纯理论性质的问题，与本案例关系不大。（案例难度：★★★）

【问题 1】答题思路解析及参考答案

一、答题思路解析

根据"答题思路总解析"中的阐述可知，本项目在人力资源管理方面存在的问题主要有：①人员任命方面存在问题。任命的项目经理虽然研发能力强，但项目管理经验不足。②没有编制人力资源管理计划，直接组建项目团队。③没有制定人员储备计划。重要开发人员因病请假，导致了项目的滞后。④分工不明确，导致出现相互推诿情况。⑤团队建设存在问题，没有进行相关团队建设活动。⑥团队管理存在问题。没有进行冲突管理，导致矛盾不断。⑦人员激励和绩效管理方面存在问题，没有及时对加班成员进行激励。（**问题难度：★★★**）

二、参考答案

本项目在人力资源管理方面存在的问题主要有：

（1）人员任命方面存在问题，任命的项目经理虽然研发能力强，但项目管理经验不足。

（2）没有编制人力资源管理计划，直接组建项目团队。

（3）没有制定人员储备计划，重要开发人员因病请假，导致了项目的滞后。

（4）分工不明确，导致出现相互推诿情况。

（5）团队建设存在问题，没有进行相关团队建设活动。

（6）团队管理存在问题，没有进行冲突管理，导致矛盾不断。

（7）人员激励和绩效管理方面存在问题，没有及时对加班成员进行激励。

【问题 2】答题思路解析及参考答案

一、答题思路解析

根据"答题思路总解析"中的阐述可知，该问题需要将理论与案例相结合进行回答。团队处于震荡阶段。X 理论认为人天性好逸恶劳，只要有机会就可能逃避工作；人缺乏进取心、逃避责任，甘愿听从指挥，安于现状，且没有创造性。X 理论的领导者认为，在领导工作中必须对员工采取强制、惩罚或解雇等手段，强迫员工努力工作，对员工应当严格监督、控制和管理。Y 理论则认为人天生并不是好逸恶劳的，人们热爱工作，从工作中得到满足感和成就感，且愿意主动承担责任。项目经理张工应该采取 Y 理论，因为 Y 理论在人的需求的各个层次都起作用，对高科技工作者更应该采取以人为中心、宽容及放权的领导方式，使下属的目标和组织的目标很好地结合起来。（**问题难度：★★★**）

二、参考答案

（1）团队处于震荡阶段。

（2）X 理论认为人天性好逸恶劳，只要有机会就可能逃避工作；人缺乏进取心、逃避责任，甘愿听从指挥，安于现状，且没有创造性。X 理论的领导者认为，在领导工作中必须对员工采取强制、惩罚或解雇等手段，强迫员工努力工作，对员工应当严格监督、控制和管理。Y 理论则认为人天生并不是好逸恶劳的，人们热爱工作，从工作中得到满足感和成就感，愿意主动承担责任。项目经理张工应该采取 Y 理论，因为 Y 理论在人的需求的各个层次都起作用，对高科技工作者更应该采取以人为中心、宽容及放权的领导方式，使下属的目标和组织的目标很好地结合起来。

【问题3】答题思路解析及参考答案

一、答题思路解析

根据"答题思路总解析"中的阐述可知，该问题是一个纯理论性质的问题。项目经理根据工作任务和团队人员的经验和喜好进行分组，这采用了影响员工的方法中的工作挑战方法；项目经理张工针对成员负面情绪较重的问题，采取了观察和交谈方法进行团队建设。（**问题难度：★★★**）

二、参考答案

（1）项目经理根据工作任务和团队人员的经验和喜好进行分组，这采用了影响员工的方法中的（工作挑战）方法。

（2）项目经理张工针对成员负面情绪较重的问题，采取了（观察和交谈）方法进行团队建设。

2018.05 试题四

【说明】 阅读下列材料，请回答问题 1 至问题 4，将解答填入答题纸的对应栏内。

案例描述及问题

某系统集成公司 B 承建了公司 A 的办公自动化系统建设项目，任命张伟担任项目经理。该项目所使用的硬件设备（服务器、存储、网络等）和基础软件（操作系统、数据库、中间件等）均从外部厂商采购，办公自动化应用软件采用公司自主研发的软件产品。采购的设备安装、部署、调试工作分别由公司硬件服务部、软件服务部、网络服务部完成。由于该项目工期紧，系统相对比较复杂，且涉及的施工人员较多，张伟认为自己应投入较多精力在风险管理上。

首先，张伟凭借自身的项目管理经验，对项目可能存在的风险进行了分析，并对风险发生的可能性进行了排序。排名前三的风险是：

（1）硬件到货延迟。

（2）客户人员不配合。

（3）公司办公自动化软件可能存在较多 BUG。

针对上述三项主要风险，张伟制定了相应的应对措施，并且计划每月底对这些措施的实施情况进行回顾。

项目开始 2 个月后，张伟对项目进度进行回顾时，发现项目进度延迟，主要原因有两点：

（1）购买的数据库软件与操作系统的版本出现兼容性问题，团队成员由于技术不足无法解决，后通过协调厂商工程师得以解决，造成项目周期比计划延误一周。

（2）服务器工程师、网络工程师被自己所在的部门经理临时调走支持其他项目，造成项目周期延误一周。

客户对于项目进度的延误很不满意。

【问题 1】（4 分）

请指出张伟在项目风险管理方面做得好的地方。

【问题 2】（8 分）

张伟在项目风险管理方面还有哪些有待改进之处？

【问题 3】（4 分）

如果你是项目经理，针对本案例已发生的人员方面的风险，给出应对措施。

【问题 4】（4 分）

关于风险管理，判断下列描述是否正确（填写在答题纸的对应栏内，正确的选项填写"√"，错误的选项填写"×"）：

（1）按照风险的性质划分，买卖股票属于纯粹风险。　　　　　　　　　　　（　　）

（2）按风险产生的原因划分，核辐射、空气污染和噪音属于社会风险。　　　（　　）

（3）风险的性质会因时空各种因素变化而有所变化，这反映了风险的偶然性。（　　）

（4）本案例中，针对硬件到货延迟的风险，公司 B 与供应商在采购合同中需明确因到货延迟产生的经济损失由供应商承担，这属于风险的转移措施。　　　　　　　（　　）

答题思路总解析

从本案例提出的四个问题，可以判断出：该案例分析主要考查的是项目的风险管理。"案例描述及问题"中画"＿＿＿"的文字是该项目已经出现的**问题**：即"客户对于项目进度的延误很不满意"。根据这些问题和"案例描述及问题"中画"＿＿＿"的文字，并结合我们的项目管理经验，可以推断出：①没有制定详细的风险管理计划；②仅凭个人的经验进行风险的识别，而没有与项目组成员一起参与（这两点从"首先，张伟凭借自身的项目管理经验，对项目可能存在的风险进行了分析"可以推导出）；③风险识别不够详细，只识别出了 3 个主要风险，没有尽可能识别出所有风险；④缺乏定量风险分析（这两点从"对风险发生的可能性进行了排序。排名前三的风险是：①硬件到货延迟；②客户人员不配合；③公司办公自动化软件可能存在较多 BUG"可以推导出）；④两个月后才发现问题，说明风险监控不及时，新风险没有及时被发现；⑤风险应对措施制定得不合理，对出现的风险没有及时采取有效的应对措施，导致项目进度延误（这两点从"项目开始 2 个月后，张伟对项目进度进行回顾时，发现项目进度延迟"可以推导出）等是导致项目出现"客户对于项目进度的延误很不满意"的主要**原因**（这些原因用于回答**【问题 2】**）。

根据"案例描述及问题"中相关内容并结合项目管理经验，可以推断出：①项目经理张伟有较强的风险意识，认识到风险管理的重要性（这点从"张伟认为自己应投入较大精力在风险管理上"可以推导出）；②项目经理张伟进行了风险识别；③随后张伟进行了定性风险分析并对风险进行了排序（这两点从"首先，张伟凭借自身的项目管理经验，对项目可能存在的风险进行了分析，并对风险发生的可能性进行了排序"可以应推导出）；④制定了风险应对策略（这点从"针对上述三项主要风险，张伟制定了相应的应对措施"可以推导出）；⑤进行了风险控制（这点从"项目开始 2 个月后，张伟对项目进度进行回顾"可以推导出），这些都是张伟在项目风险管理方面做得好的地方，用于回答【问题 1】。【问题 3】需要结合案例进行回答。【问题 4】属于纯理论性质的问题，与本案例关系不大。（**案例难度：★★★**）

【问题 1】答题思路解析及参考答案

一、答题思路解析

根据"答题思路总解析"中的阐述可知，张伟在项目风险管理方面做得好的地方有：①有较强的风险意识，认识到风险管理的重要性；②进行了风险识别；③进行了定性风险分析并对风险进行了排序；④制定了风险应对策略；⑤进行了风险控制。（**问题难度：★★★**）

二、参考答案

张伟在项目风险管理方面做得好的地方有：

（1）有较强的风险意识，认识到风险管理的重要性。

（2）进行了风险识别。

（3）进行了定性风险分析并对风险进行了排序。

（4）制定了风险应对策略。

（5）进行了风险控制。

【问题 2】答题思路解析及参考答案

一、答题思路解析

根据"答题思路总解析"中的阐述可知，张伟在项目风险管理方面需要改进的地方有：①没有制定详细的风险管理计划；②仅凭个人的经验进行风险的识别，而没有与项目组成员一起参与；③风险识别不够详细，只识别出了 3 个主要风险，没有尽可能识别出所有风险；④缺乏定量风险分析；⑤两个月后才发现问题，说明风险监控不及时，新风险没有及时被发现；⑥风险应对措施制订得不合理，对出现的风险没有及时采取有效的应对措施，导致项目进度延误。（**问题难度：★★★**）

二、参考答案

张伟在项目风险管理方面需要改进的地方有：

（1）没有制定详细的风险管理计划。

（2）仅凭个人的经验进行风险的识别，而没有与项目组成员一起参与。

（3）风险识别不够详细，只识别出了 3 个主要风险，没有尽可能识别出所有风险。

（4）缺乏定量风险分析。

（5）两个月后才发现问题，说明风险监控不及时，新风险没有及时被发现。

（6）风险应对措施制订得不合理，对出现的风险没有及时采取有效的应对措施，导致项目进度延误。

【问题3】答题思路解析及参考答案

一、答题思路解析

根据"答题思路总解析"中的阐述可知，该问题需要结合案例进行回答。针对本案例已发生的人员方面的风险，可以采取如下应对措施：①聘请有经验和能力的技术人员；②外包该模块；③与公司高层协调补充合适的人员；④采取加班或赶工的形式加快进度；⑤接受该风险，在别的模块中进行赶工。（**问题难度：★★★**）

二、参考答案

针对本案例已发生的人员方面的风险，可以采取如下应对措施：

（1）聘请有经验和能力的技术人员。

（2）外包该模块。

（3）与公司高层协调补充合适的人员。

（4）采取加班或赶工的形式加快进度。

（5）接受该风险，在别的模块中进行赶工。

【问题4】答题思路解析及参考答案

一、答题思路解析

根据"答题思路总解析"中的阐述可知，该问题是一个纯理论性质的问题。卖掉股票也可能赚钱，所以（1）是错误的；核辐射、空气污染和噪音属于环境风险，所以（2）是错误的；风险性质会因时空中的各种因素变化而有所变化，这反映了风险的可变性，所以（3）是错误的；（4）是正确的。（**问题难度：★★★**）

二、参考答案

（1）按照风险性质划分，买卖股票属于纯粹风险。　　　　　　　　　　　　　　（×）

（2）按风险产生的原因划分，核辐射、空气污染和噪音属于社会风险。　　　　　（×）

（3）风险性质会因时空中的各种因素变化而有所变化，这反映了风险的偶然性。　（×）

（4）本案例中，针对硬件到货延迟的风险，B公司与供应商在采购合同中需明确因到货延迟产生的经济损失由供应商承担，这属于风险转移措施。　　　　　　　　　　　　　　（√）

2018.11 试题一

【说明】 阅读下列材料，请回答问题1至问题3，将解答填入答题纸的对应栏内。

案例描述及问题

A公司承接了某信息系统工程项目，公司李总任命小王为项目经理，由公司项目管理办公室负责。

项目组接到任务后，各成员根据各自分工制定相应项目的管理子计划，小王将收集到的各子计划合并为项目管理计划并直接发布。

为了保证项目按照客户的要求尽快完成，小王基于自身的行业经验和对客户需求的初步了解后，立即安排项目团队开始实施项目。在项目实施过程中，客户不断调整需求，小王本着客户至上的原则，对客户的需求均安排项目组进行了修改，导致某些工作内容多次反复。项目进行到了后期，小王才发现项目进度严重滞后，客户对项目进度很不满意并提出了投诉。

接到客户投诉后，李总要求项目管理办公室给出说明。项目管理办公室对该项目的情况也不了解，因此组织相关人员对项目进行审查，发现了很多问题。

【问题1】（8分）

结合案例，请简要分析造成项目目前状况的原因。

【问题2】（5分）

请简述项目管理办公室的职责。

【问题3】（5分）

结合案例，判断下列选项的正误（填写在答纸对应栏内，正确的选项填写"√"错误的选项填写"×"）

（1）项目的整体管理包括选择资源分配方案、平衡相互竞争的目标和方案，以及协调项目管理各知识领域之间的依赖关系。　　　　　　　　　　　　　　　　　　　（　　）

（2）只有在过程之间相互交互时，才需要关注项目整体管理。　　　　　　　（　　）

（3）项目的整体管理还包括开展各种活动来管理项目文件，以确保项目文件与项目管理计划及可交付成果（产品、服务或能力）的一致性。　　　　　　　　　　　　　（　　）

（4）针对项目范围、进度、成本、质量、人力资源、沟通、风险、采购、干系人九大领域的管理，最终是为了实现项目的整体管理，实现项目目标的综合最优。　　　（　　）

（5）半途而废、失败的项目只需要说明项目终止的原因，不需要进行最终产品服务或成果的移交。　　　　　　　　　　　　　　　　　　　　　　　　　　　　　（　　）

答题思路总解析

从本案例提出的四个问题，可以判断出：该案例分析主要考查的是项目的整体管理。"案例描述及问题"中画"＿＿＿"的文字是该项目已经出现的**问题**：即"发现项目进度严重滞后，客户对项目进度很不满意并提出了投诉；发现了很多问题"。根据这些问题和"案例描述及问题"中画"＿＿＿"的文字并结合项目管理经验，可以推断出：①项目经理只是简单合并了各子计划，没有对各子计划进行整合；②项目管理计划没有经过评审（这两点从"项目组接到任务后，各成员根据各自分工制定相应的项目管理子计划，小王将收集到的各子计划合并为项目管理计划并直接发布"可以推导出）；③没有邀请相关干系人对需求进行详细分析，只是在对客户需求的初步了解后就开始实施（这点从"为了保证项目按照客户要求尽快完成，小王基于自身的行业经验和对客户需求的初步了解后，立即安排项目团队开始实施项目"可以推导出）；④没有按变更管理流程处理变更（这点从"在项目实施过程中，客户不断调整需求，小王本着客户至上的原则，对客户的需求均安排项目组进行了修改，导致某些工作内容多次反复"可以推导出）；⑤没有及时地监控项目进度，导致进度严重滞后（这点从"项目进行到了后期，小王才发现项目进度严重滞后"可以推导出）；⑥没有与客户进行及时有效的沟通，导致客户对项目很不满意并投诉，并且没有将相关项目绩效数据发送给项目管理办公室（这点从"客户对项目进度很不满意并提出了投诉"和"项目管理办公室对该项目情况也不了解"可以推导出）；⑦公司（项目管理办公室）缺乏对项目的指导和监控（这点从"项目管理办公室对该项目的情况也不了解"可以推导出）等是导致项目出现"发现项目进度严重滞后，客户对项目进度很不满意并提出了投诉；发现了很多问题"的主要**原因**（这些原因用于回答【问题1】）。【问题2】和【问题3】属于纯理论性质的问题，与本案例关系不大。（**案例难度：★★★**）

【问题 1】答题思路解析及参考答案

一、答题思路解析

根据"答题思路总解析"中的阐述可知，造成项目目前状况的原因有：①项目经理只是简单合并各子计划，没有对各子计划进行整合；②项目管理计划没有经过评审；③没有与各干系人对需求进行详细分析，只是在对客户需求的初步了解后就开始实施；④没有按变更管理流程处理变更；⑤没有及时监控项目进度，导致进度严重滞后；⑥没有与客户进行及时有效沟通，导致客户对项目很不满意并投诉，并且没有将相关项目绩效数据发送给项目管理办公室；⑦公司（项目管理办公室）缺乏对项目的指导和监控。（**问题难度：★★★**）

二、参考答案

造成项目目前状况的原因有：

（1）项目经理只是简单合并了各子计划，没有对各子计划进行整合。

（2）项目管理计划没有经过评审。

（3）没有与各干系人对需求进行详细分析，只是在对客户需求的初步了解后就开始实施。

（4）没有按变更管理流程处理变更。

（5）没有及时监控项目进度，导致进度严重滞后。

（6）没有与客户进行及时有效的沟通，导致客户对项目很不满意并投诉，并且没有将相关项目绩效数据发送给项目管理办公室。

（7）公司（项目管理办公室）缺乏对项目的指导和监控。

【问题 2】答题思路解析及参考答案

一、答题思路解析

根据"答题思路总解析"中的阐述可知，该问题是一个纯理论性质的问题。我们从项目管理办公室（Project Management Office，PMO）的职责和作用中选择 5 点答就可以了。（**问题难度：★★★**）

二、参考答案

项目管理办公室的职责：

（1）建立组织内项目管理的支撑环境、流程和体系。

（2）培养项目管理人员。

（3）提供项目管理的指导和咨询。

（4）对组织内的项目进行指导和监控。

（5）提高组织项目管理能力。

【问题 3】答题思路解析及参考答案

一、答题思路解析

根据"答题思路总解析"中的阐述可知，该问题是一个纯理论性质的问题。（1）正确，考查的是项目整体管理的定义；（2）错误，任何时候都需要关注项目的整体管理；（3）正确，考查的是项目整体管理的作用；（4）正确；（5）错误，任何项目都需要进行最终产品服务或成果的移交。（**问题难度：★★★**）

二、参考答案

（1）项目的整体管理包括选择资源分配方案、平衡相互竞争的目标和方案，以及协调项目管理各知识领域之间的依赖关系。 （√）

（2）只有在过程之间相互交互时，才需要关注项目整体管理。 （×）

（3）项目的整体管理还包括开展各种活动来管理项目文件，以确保项目文件与项目管理计划及可交付成果（产品、服务或能力）的一致性。 （√）

（4）针对项目范围、进度、成本、质量、人力资源、沟通、风险、采购、干系人九大领域的管理，最终是为了实现项目的整体管理，实现项目目标的综合最优。 （√）

（5）半途而废、失败的项目只需要说明项目终止的原因，不需要进行最终产品服务或成果的移交。 （×）

2018.11 试题二

【说明】阅读下列材料，请回答问题 1 至问题 3，将解答填入答题纸的对应栏内。

案例描述及问题

　　某大型央企 A 公司计划开展云数据中心建设项目，并将公司主要的业务和应用逐步迁移到云平台上，由于项目金额巨大，A 公司决定委托当地某知名招标代理机构，通过公开招标的方式选择系统集成商。

　　6 月 20 日，招标代理机构在网站上发布了该项目的招标公告，招标公告要求投标人必须在 6 月 30 日上午 10:00 前提交投标文件，地点为黄河大厦 5 层第一会议室。

　　6 月 28 日，B 公司向招标代理机构发送了书面通知，称之前提交的投标材料有问题，希望用重新制作的投标文件替换原有投标文件，招标代理机构拒绝了该投标人的要求。

　　6 月 30 日上午 9:30，5 家公司提交了投标材料。此时，招标代理机构接到 C 公司的电话，对方称由于堵车原因，可能会迟到，希望开标时间能推迟半小时，招标代理机构与已递交材料的 5 家公司代表沟通后，大家一致同意将开标时间推迟到上午 10:30。

　　6 月 30 日上午 10:30，C 公司到场提交投标材料后，开标工作开始。评标委员会对投标文件进行了评审和比较，向 A 公司推荐了中标候选的 D 公司和 E 公司。经过慎重考虑，A 公司最终决定 D 公司中标。

　　7 月 10 日，A 公司公布中标结果，并向 D 公司发出了中标通知书。7 月 11 日，B 公司向招标代理机构询问中标结果，招标代理机构以保密为由拒绝告知。

　　8 月 20 日，A 公司与 D 公司签署了商务合同，并要求 D 公司尽快组织人员启动项目并开始施工。

　　8 月 22 日，D 公司的项目团队正式进场。A 公司发现 D 公司将项目的某重要工作分包给了另一家公司。通过查阅商务合同以及 D 公司投标文件发现，D 公司未在这两份文件中提及任何分包的事宜。

【问题 1】（12 分）
结合以上案例，请指出以上招投标及项目实施过程中存在的问题。

【问题 2】（3 分）
采购文件为实施采购、控制采购和结束采购等过程提供了依据。请列举常见的采购文件。

【问题 3】（2 分）
从候选答案中选择一个正确选项，将该选项编号填入答题纸对应栏内。
　　（1）卖方应当 100% 承担成本超支的风险。　　　　　　　　　　　　　　（　　）
　　（2）允许根据条件变化（如通货膨胀、某些特殊商品的成本增加或降低），以事先确定的方式对合同价格进行最终调整。　　　　　　　　　　　　　　　　　　　　（　　）

候选答案：
　　A．固定总价合同　　　　　　　　　　B．成本补偿合同
　　C．总价加奖励费用合同　　　　　　　D．总价加经济价格调整合同

答题思路总解析

从本案例提出的三个问题，我们可以判断出：该案例分析主要考查的是项目采购管理（包括《中华人民共和国采购法》和《中华人民共和国招投标法》）。根据"案例描述及问题"中画"___"的文字并结合我们的项目管理经验，我们可以推断出：①投标的截止时间存在问题，依法必须进行招标的项目，自招标文件开始发出之日起至投标人提交投标文件的截止之日止，最短不得少于二十日（这点从"6月20日，招标代理机构在网站上发布了该项目的招标公告，招标公告要求投标人必须在6月30日上午10:00前提交投标文件"可以推导出）；②招标代理机构拒绝投标人投标文件修改存在问题，投标人在提交投标文件的截止时间前，可以补充、修改或者撤回已提交的投标文件，并书面通知招标人（这点从"6月28日，B公司向招标代理机构发送了书面通知，称之前提交的投标材料有问题，希望用重新制作的投标文件替换原有的投标文件，招标代理机构拒绝了该投标人的要求"可以推导出）；③将原定的开标时间推迟存在问题，开标应当在确定招标文件，提交投标文件的截止时间的同一时间公开进行；④接受迟到的C公司投标材料存在问题，在招标文件要求提交投标文件的截止时间后送达的投标文件，招标人应当拒收（这两点从"6月30日上午9:30，5家公司提交了投标材料。此时，招标代理机构接到C公司的电话，对方称由于堵车原因，可能会迟到，希望开标时间能推迟半小时，招标代理机构与已递交材料的5家公司代表沟通后，大家一致同意将开标时间推迟到上午10:30"可以推导出）；⑤没有对中标候选人进行排名，评标完成后，评标委员会应当向招标人提交书面的评标报告和中标候选人名单，中标候选人应当不超过3个，并标明排序；⑥A公司直接决定D公司中标存在问题，招标人应当确定排名第一的中标候选人为中标人（这两点从"评标委员会对投标文件进行了评审和比较，向A公司推荐了中标候选人D公司和E公司。经过慎重考虑，A公司最终决定D公司中标"可以推导出）；⑦A公司公布中标结果，只向D公司发出了中标通知书存在问题，中标人确定后，招标人应当向中标人发出中标通知书，并同时将中标结果通知所有未中标的投标人；⑧B公司向招标代理机构询问中标结果，招标代理机构以保密为由拒绝告知存在问题，需要将中标结果通知所有未中标的投标人（这两点从"7月10日，A公司公布中标结果，并向D公司发出了中标通知书。7月11日，B公司向招标代理机构询问中标结果，招标代理机构以保密为由拒绝告知"可以推导出）；⑨A公司与D公司签署了商务合同存在问题，招标人和中标人应当自中标通知书发出之日起三十日内，按照招标文件和中标人的投标文件订立书面合同（这点从"8月20日，A公司与D公司签署了商务合同，并要求D公司尽快组织人员启动项目实施"可以推导出）；⑩D公司将项目的某重要工作分包给了另一家公司存在问题，只能将非主体、非关键性工作分包；⑪D公司直接分包项目存在问题，中标人按照合同约定或者经招标人同意，可以将中标项目的部分非主体、非关键性工作分包给他人完成；⑫项目实施工作可能没做好充分准备，太过于仓促（从"8月22日，D公司项目团队正式进场。A公司发现D公司将项目的某重要工作分包给了另一家公司。通过查阅商务合同以及D公司投标文件发现，D公司未在这两份文件中提及任何分包事宜"可以推导出）等是该项目在招投标及项目实施过程中存在的问题，用于回答【问题1】。【问题2】和【问题3】属于纯理论性质的问题，与本案例关系

不大。（案例难度：★★★）

【问题 1】答题思路解析及参考答案

一、答题思路解析

根据"答题思路总解析"中的阐述可知，该项目在招投标及项目实施过程中存在的问题有：①投标截止时间存在问题，依法必须进行招标的项目，自招标文件开始发出之日起至投标人提交投标文件截止之日，最短不得少于二十日；②招标代理机构拒绝投标人修改投标文件中存在的问题，投标人在提交投标文件的截止时间前，可以补充、修改或者撤回已提交的投标文件，并需要书面通知招标人；③将原定的开标时间推迟存在问题，开标应当在确定招标文件，提交投标文件的截止时间的同一时间公开进行；④接受迟到的 C 公司投标材料存在问题，在提交投标文件的截止时间后送达的投标文件，招标人应当拒收；⑤没有对中标候选人进行排名，评标完成后，评标委员会应当向招标人提交书面的评标报告和中标候选人名单。中标候选人应当不超过 3 个，并标明排序；⑥A 公司直接决定 D 公司中标存在问题，招标人应当确定排名第一的中标候选人为中标人；⑦A 公司公布中标结果，并向 D 公司发出中标通知书存在问题，中标人确定后，招标人应当向中标人发出中标通知书，并同时将中标结果通知所有未中标的投标人；⑧B 公司向招标代理机构询问中标结果，招标代理机构以保密为由拒绝告知。应当将中标结果通知所有未中标的投标人；⑨A 公司与 D 公司签署商务合同存在问题，招标人和中标人应当自中标通知书发出之日起三十日内，按照招标文件和中标人的投标文件订立书面合同；⑩D 公司将项目的某重要工作分包给了另一家公司存在问题，只能将非主体、非关键性工作分包；⑪D 公司直接分包项目存在问题，中标人按照合同约定或者经招标人同意，可以将中标项目的部分非主体、非关键性的工作分包给他人完成；⑫项目实施工作可能没做好充分准备，太过于仓促。（问题难度：★★★）

二、参考答案

该项目在招投标及项目实施过程中存在的问题有：

（1）投标截止时间存在问题，依法必须进行招标的项目，自招标文件开始发出之日起至投标人提交投标文件截止之日止，最短不得少于二十日。

（2）招标代理机构拒绝投标人修改投标文件存在问题，投标人在提交投标文件的截止时间前，可以补充、修改或者撤回已提交的投标文件，并书面通知招标人。

（3）将原定的开标时间推迟存在问题，开标应当在确定招标文件，提交投标文件的截止时间的同一时间公开进行。

（4）接受迟到的 C 公司投标材料存在问题，根据招标文件要求，提交投标文件的截止时间后送达的投标文件，招标人应当拒收。

（5）没有对中标候选人进行排名，评标完成后，评标委员会应当向招标人提交书面的评标报告和中标候选人名单。中标候选人应当不超过 3 个，并标明排序。

（6）A 公司直接决定 D 公司中标存在问题，招标人应当确定排名第一的中标候选人为中标人。

（7）A 公司公布中标结果，并向 D 公司发出了中标通知书存在问题，中标人确定后，招标人应当向中标人发出中标通知书,并同时将中标结果通知所有未中标的投标人。

(8)B公司向招标代理机构询问中标结果,招标代理机构以保密为由拒绝告知。应当将中标结果通知所有未中标的投标人。

(9)A公司与D公司签署了商务合同存在问题,招标人和中标人应当自中标通知书发出之日起三十日内,按照招标文件和中标人的投标文件签订书面合同。

(10)D公司将项目的某重要工作分包给了另一家公司存在问题,只能将非主体、非关键的性工作分包。

(11)D公司直接分包项目存在问题,中标人按照合同约定或者经招标人同意,可以将中标项目的部分非主体、非关键性工作分包给他人完成。

(12)项目实施工作可能没做好充分准备,太过于仓促。

【问题2】答题思路解析及参考答案

一、答题思路解析

根据"答题思路总解析"中的阐述可知,该问题是一个纯理论性质的问题。常见的采购文件有:投标邀请书(Invitation for Bid,IFB)、方案邀请书,(Request for Proposal,RFP)、报价邀请书(Request for Quotation,RFQ)和投标通知等。(**问题难度:★★★**)

二、参考答案

常见的采购文件有:投标邀请书(IFB)、方案邀请书,(RFP)、报价邀请书(RFQ)和投标通知等。

【问题3】答题思路解析及参考答案

一、答题思路解析

根据"答题思路总解析"中的阐述可知,该问题是一个纯理论性质的问题。卖方100%承担成本超支的风险,是固定总价合同类型;允许根据条件变化(如通货膨胀、某些特殊商品的成本增加或降低),以事先确定的方式对合同价格进行最终调整,是总价加经济价格调整合同。(**问题难度:★★★**)

二、参考答案

(1)卖方100%承担成本超支的风险。(A.固定总价合同)

(2)允许根据条件变化(如通货膨胀、某些特殊商品的成本增加或降低),以事先确定的方式对合同价格进行最终调整。(D.总价加经济价格调整合同)

2018.11试题四

【说明】阅读下列材料,请回答问题1至问题3,将解答填入答题纸的对应栏内。

案例描述及问题

某公司规模较小，<u>公司总经理认为工作开展应围绕研发和市场进行，在项目研发过程中，编写相关文档会严重耽误项目执行的进度，应该能省就省</u>。2018 年 1 月，公司中标一个公共广播系统建设项目，主要包括广播主机、控制器等设备及平台软件的研发工作。公司任命小陈担任项目经理。<u>为保证项目质量，小陈指定一直从事软件研发工作的小张兼职负责项目的质量管理。</u>

<u>小张参加完项目需求和设计方案评审后，便全身心地投入到自己负责的研发工作中。</u>

在项目即将交付前，<u>小张按照项目组制定的验收大纲进行了检查，并按照项目组拟定的文件列表，检查文件是否齐全，然后签字通过。客户验收时，发现系统存在严重的质量问题，不符合客户的验收标准，项目交付时间因此推延。</u>

【问题 1】（10 分）

结合案例，分析该项目中质量问题产生的原因。

【问题 2】（5 分）

请简述质量控制过程的输入。

【问题 3】（4 分）

基于案例，请判断以下描述是否正确（填写在答题纸的对应栏内，正确的选项填写"√"，不正确的选项填写"×"）：

（1）项目质量管理包括确定质量政策、目标与职责的各过程和活动，从而使项目满足其预定的需求。　　　　　　　　　　　　　　　　　　　　　　　　　　　　　　（　　）

（2）帕累托图是一种特殊形式的条形图，用于描述集中趋势、分散程度和统计分布形状。
　　　　　　　　　　　　　　　　　　　　　　　　　　　　　　　　　　　　（　　）

（3）通过持续过程改进，可以减少浪费，消除非增值活动，使各过程在更高的效率与效果水平上运行。　　　　　　　　　　　　　　　　　　　　　　　　　　　　　　（　　）

（4）从项目作为一项最终产品来看，项目质量体现在其性能或者使用价值上，即项目的过程质量。　　　　　　　　　　　　　　　　　　　　　　　　　　　　　　　　（　　）

答题思路总解析

从本案例提出的四个问题，可以判断出：该案例分析主要考查的是项目的质量管理。"案例描述及问题"中画"＿＿＿"的文字是该项目已经出现的**问题**：即"客户验收时，发现系统存在严重的质量问题，不符合客户的验收标准，项目交付时间因此推延"。根据这些问题和"案例描述及问题"中画"＿＿"的文字，并结合项目管理经验，可以推断出：①公司高层对质量管理认识不足，不重视质量管理（这两点从"公司总经理认为工作开展应围绕研发和市场进行，在项目研发过程中，编写相关文档会严重耽误项目执行的进度，应该能省就省"可以推导出）；②质量人员小张经验、能力不足；③没有指定专门的质量管理人员（这两点从"为保证项目质量，小陈指定一直从事软件研发工作的小张兼职负责项目的质量管理"可以推导出）；④质量管理人员在质量管理方面投入的时间和精力太少（这点从"小张参加完项目需求和设计方案评审后，便全身心地投入到自己负责的研发工作中"可以推导出）；⑤没有制定和实施合理的、可操作性的质量管理计划；⑥缺少质量标准和质量规范（这两点从"小张按照项目组制定的验收大纲进行了检查，并按照项目组拟定的文件列表，检查文件是否齐全，然后签字通过"可以推导出）；⑦质量控制做得不到位（这点从"客户验收时，发现系统存在严重的质量问题"可以推导出）等是导致项目出现"客户验收时，发现系统存在严重的质量问题，不符合客户的验收标准，项目交付时间因此推延"的主要**原因**（这些原因用于回答【**问题 1**】）。【**问题 2**】和【**问题 3**】属于纯理论性质的问题，与本案例关系不大。（**案例难度：★★★**）

【问题 1】答题思路解析及参考答案

一、答题思路解析

根据"答题思路总解析"中的阐述可知，该项目中质量问题产生的原因有：①公司高层对质量管理认识不足，不重视质量管理；②质量人员小张经验、能力不足；③没有指定专门的质量管理人员；④质量管理人员在质量管理方面投入的时间和精力太少；⑤没有制定和实施合理的、可操作性的质量管理计划；⑥缺少质量标准和质量规范；⑦质量控制做得不到位。（**问题难度：★★★**）

二、参考答案

该项目中质量问题产生的原因有：

（1）公司高层对质量管理认识不足，不重视质量管理。

（2）质量人员小张经验、能力不足。

（3）没有指定专门的质量管理人员。

（4）质量管理人员在质量管理方面投入的时间和精力太少。

（5）没有制定和实施合理的、可操作性的质量管理计划。

（6）缺少质量标准和质量规范。

（7）质量控制做得不到位。

【问题 2】答题思路解析及参考答案

一、答题思路解析

根据"答题思路总解析"中的阐述可知，该问题是一个纯理论性质的问题。质量控制过程的输入有：①项目管理计划；②质量测量指标；③质量核对单；④工作绩效数据；⑤批准的变更请求；⑥可交付成果；⑦项目文件；⑧组织过程资产。（**问题难度：★★★**）

二、参考答案

质量控制过程的输入有：①项目管理计划；②质量测量指标；③质量核对单；④工作绩效数据；⑤批准的变更请求；⑥可交付成果；⑦项目文件；⑧组织过程资产。

【问题 3】答题思路解析及参考答案

一、答题思路解析

根据"答题思路总解析"中的阐述可知，该问题是一个纯理论性质的问题。（1）正确，考查的是项目质量管理的定义；（2）错误，描述的是直方图的作用，不是帕累托图的作用；（3）显而易见是正确的；项目质量体现在其性能或者使用价值上，这是项目的结果质量，不是项目的过程质量，所以（4）是错误的。**（问题难度：★★★）**

二、参考答案

（1）项目质量管理包括确定质量政策、目标与职责的各过程和活动，从而使项目满足其预定的需求。　（√）

（2）帕累托图是一种特殊形式的条形图，用于描述集中趋势、分散程度和统计分布形状。　（×）

（3）通过持续过程改进，可以减少浪费，消除非增值活动，使各过程在更高的效率与效果水平上运行。　（√）

（4）从项目作为一项最终产品来看，项目质量体现在其性能或者使用价值上，即项目的过程质量。　（×）

2019.05 试题一

【说明】 阅读下列材料，请回答问题 1 至问题 4，将解答填入答题纸的对应栏内。

案例描述及问题

某公司开发一个新闻客户端后台大数据平台，该平台可以实现基于用户行为、社交关系、内容、标签、热度地理位置的内容推荐。公司指派张工负责该项目的质量管理。由于刚开始从事质量管理工作，张工进行了充分的学习，并梳理了如下内容：

1．质量规划的目的是确定项目应当采用哪些质量标准以及如何达到这些标准，进而制定了质量管理规划。

2．质量与等级类似，质量优于等级，项目中应重点关注质量，可以不必考虑等级问题。

3．质量规划阶段需要考虑质量成本的要素，质量成本是项目总成本的一个组成部分。因此张工建立了如下表格，以区分一致性成本和非一致性成本。

一致性成本	非一致性成本
（1）预防成本	（5）保修
（2）评价成本	（6）破坏性测试导致的损失
（3）项目内部发现的内部失败成本	（7）客户发现的外部失败成本
（4）培训	（8）检查

【问题 1】（5 分）

在本案例中，张工完成质量管理规划后，应该输出哪些内容？

【问题 2】（3 分）

结合案例，请指出张工对质量与等级的看法是否正确？请简述你对质量与等级的认识。

【问题 3】（8 分）

请对张工设计的成本分类表格的内容进行判断（填写在答题纸的对应栏内，归类正确的填写"√"，归类错误的填写"×"）。

【问题 4】（4 分）

结合案例，从候选答案中选择一个正确答案，将该选项的编号填入答题纸对应栏内。

（1）（　　）是将实际或计划的项目实践与可比项目的实践进行对照，以便识别出最佳实践，形成改进意见，并为绩效考核提供依据。

    A. 实验设计　　　　B. 标杆对照　　　　C. 头脑风暴　　　　D. 统计抽样

（2）戴明提出了持续改进的观点，在休哈特之后系统科学地提出用（　　）的方法进行质量和生产力的持续改进。

    A. 零缺陷　　　　B. 六西格玛　　　　C. 精益　　　　D. 统计

（3）实施质量保证的方法有很多，（　　）属于实施质量保证的常用方法。

    A. 过程分析　　　　B. 实验设计　　　　C. 帕累托图　　　　D. 质量成本

（4）七种质量工具包括因果图、流程图、检查表、帕累托图、直方图、控制图和（　　）。

    A. 运行图　　　　B. 统计图　　　　C. 散点图　　　　D. 鱼骨图

答题思路总解析

从本案例提出的四个问题，我们可以判断出：该案例分析主要考查的是项目的质量管理。**【问题 1】**、**【问题 3】**和**【问题 4】**考的是项目质量管理方面的理论知识；**【问题 2】**需要把项目实际情况和理论结合起来进行回答。（案例难度：★★★）

【问题 1】答题思路解析及参考答案

一、答题思路解析

根据"答题思路总解析"中的阐述可知，该问题是一个纯理论性质的问题。规划质量管理这一过程的输出有：质量管理计划、过程改进计划、质量测量指标、质量核对单和项目文件更新。（问题难度：★★★）

二、参考答案

张工完成质量管理规划后，应该输出的内容有：质量管理计划、过程改进计划、质量测量指标、质量核对单和项目文件更新。

【问题2】答题思路解析及参考答案

一、答题思路解析

根据"答题思路总解析"中的阐述可知,该问题需要把项目的实际情况和理论相结合进行回答,由于质量和等级是不同的,因此张工对质量与等级的看法是不正确的。质量作为实现的性能或成果,是一系列内在特性满足要求的程度;等级作为设计意图,是对用途相同但技术特性不同的可交付成果的级别分类。(**问题难度:★★★**)

二、参考答案

不正确。

质量作为实现的性能或成果,是一系列内在特性满足要求的程度;等级作为设计意图,是对用途相同但技术特性不同的可交付成果的级别分类。

【问题3】答题思路解析及参考答案

一、答题思路解析

根据"答题思路总解析"中的阐述,我们知道,该问题是一个纯理论性质的问题。我们可以判断出:(1)正确;(2)正确;(3)错误(项目内部发现的内部失败成本属于非一致性成本);(4)正确;(5)正确;(6)错误(破坏性测试导致的损失属于一致性成本);(7)正确;(8)错误(检查属于一致性成本)。(**问题难度:★★★**)

二、参考答案

(1)√ (2)√ (3)× (4)√ (5)√ (6)× (7)√ (8)×

【问题4】答题思路解析及参考答案

一、答题思路解析

根据"答题思路总解析"中的阐述可知,该问题是一个纯理论性质的问题。标杆对照是将实际或计划项目的实践与可比项目的实践进行对照,以便识别最佳的实践,形成改进意见,并为绩效考核提供依据。戴明提出了持续改进的观点,在休哈特之后系统科学地提出用统计的方法进行质量和生产力的持续改进。实施质量保证的方法有很多,过程分析属于其中的常用方法。七种基本质量工具包括因果图、流程图、检查表、帕累托图、直方图、控制图和散点图。(**问题难度:★★★**)

二、参考答案

(1)B (2)D (3)A (4)C

2019.05试题三

【说明】阅读下列材料,请回答问题 1 至问题 3,将解答填入答题纸的对应栏内。

案例描述及问题

A 公司中标工期为 10 个月的某政府（甲方）系统集成项目，<u>需要采购一批液晶显示屏</u>。考虑到项目预算，<u>项目经理小张在竞标的几个供应商里选择了报价最低的 B 公司</u>，并约定交货周期为 5 个月。<u>B 公司提出预付全部货款才能按时交货，小张同意了对方要求</u>。项目启动后，前期工作进展顺利。<u>临近交货日期，B 公司提出，因为最近公司订单太多，只能按时交付 80%的货物</u>。经过几番催促，B 公司才答应按时全部交货。<u>产品进入现场后，甲方反馈液晶显示屏有大量的残次品</u>。小张与 B 公司交涉多次，<u>相关问题都没有得到解决，甲方很不满意</u>。

【问题 1】（4 分）
按照项目管理过程，请将下面（1）～（4）处的答案填写在答题纸的对应栏内。
采购管理过程包括：___（1）___、___（2）___、___（3）___和___（4）___。

【问题 2】（8 分）
结合案例，简要说明小张在采购过程中存在的问题。

【问题 3】（6 分）
简要叙述选择供应商时需要考虑的因素。

答题思路总解析

从本案例提出的三个问题，可以判断出：该案例分析主要考查的是项目采购管理。"案例描述及问题"中画"___"的文字是该项目已经出现的**问题**：即"产品进入现场后，甲方反馈液晶显示屏有大量残次品；相关问题都没有得到解决，甲方很不满意"。根据这些问题和"案例描述及问题"中画"___"的文字并结合项目管理经验，可以推断出：①没有具体明确采购需求（这点从"需要采购一批液晶显示屏"可以推导出）；②没有编制合适的采购管理计划；③货品价格不应该是选择供应商的第一因素（这两点从"考虑到项目预算，项目经理小张在竞标的几个供应商里选择了报价最低的 B 公司"可以推导出）；④付款方式存在问题，不能预付全部款项；⑤预付款方案不能由项目经理自行决定，应该采用合同评审的方式确定（这两点从"B 公司提出预付全部货款才能按时交货，小张同意了对方要求"可以推导出）；⑥没有及时跟踪和监控 B 公司的供货进展（这点从"临近交货日期，B 公司提出，因为最近公司订单太多，只能按时交付 80%的货物"可以推导出）；⑦到货后没有进行验货（这点从"产品进入现场后，甲方反馈液晶显示屏有大量残次品"可以推导出）；⑧采购合同签订方面可能存在问题，对相关的违约责任可能没有定义清楚（这点从"小张与 B 公司交涉多次，相关问题都没有得到解决，甲方很不满意"可以推导出）等是导致项目出现"产品进入现场后，甲方反馈液晶显示屏有大量残次品；相关问题都没有得到解决，甲方很不满意"的主要原因（这些原因用于回答**【问题 2】**）。**【问题 1】**和**【问题 3】**属于纯理论性质的问题，与本案例关系不大。（**案例难度：★★★**）

【问题 1】答题思路解析及参考答案

一、答题思路解析

根据"答题思路总解析"中的阐述可知，该问题是一个纯理论性质的问题。采购管理包括规划采购管理、实施采购、控制采购和结束采购四个过程。（**问题难度：★★★**）

二、参考答案

采购管理过程包括：（规划采购管理）、（实施采购）、（控制采购）和（结束采购）。

【问题 2】答题思路解析及参考答案

一、答题思路解析

根据"答题思路总解析"中的阐述可知，小张在采购过程中存在的问题有：①没有具体明确采购需求；②没有编制合适的采购管理计划；③货品价格不应该是选择供应商的第一因素；④付款方式存在问题，不能预付全部款项；⑤预付款方案不能由项目经理自行决定，应该采用合同评审的方式确定；⑥没有及时跟踪和监控 B 公司的供货进展；⑦到货后，没有进行验货；⑧采购合同签订方面可能存在问题，对相关违约责任可能没有定义清楚。（**问题难度：★★★**）

二、参考答案

小张在采购过程中存在的问题有：

（1）没有具体明确采购需求。

（2）没有编制合适的采购管理计划。

（3）货品价格不应该是选择供应商的第一因素。

（4）付款方式存在问题，不能预付全部款项。

（5）预付款方案不能由项目经理自行决定，应该采用合同评审的方式确定。

（6）没有及时跟踪和监控 B 公司的供货进展。

（7）到货后，没有进行验货。

（8）采购合同签订方面可能存在问题，对相关违约责任可能没有定义清楚。

【问题 3】答题思路解析及参考答案

一、答题思路解析

该问题是一个纯理论性质的问题。供应商选择需要考虑的因素有：①成本；②服务；③质量；④业绩；⑤资质；⑥风险等。（**问题难度：★★★**）

二、参考答案

供应商选择需要考虑的因素有：①成本；②服务；③质量；④业绩；⑤资质；⑥风险等。

2019.05 试题四

【说明】阅读下列材料，请回答问题 1 至问题 3，将解答填入答题纸的对应栏内。

案例描述及问题

A 公司中标某客户业务系统的运行维护服务项目，服务期从 2018 年 1 月 1 日至 2018 年 12 月 31 日。在服务合同中，A 公司向客户承诺该系统全年的非计划中断时间不超过 20 小时。

1 月初，项目经理小贾组织相关人员召开项目风险管理会议，从人员、资源、技术、管理、客户、设备厂商等多方面对项目风险进行了识别，并制定了包含 50 多条风险在内的《风险清单》。小贾按照风险造成的负面影响程度从高到低对这些风险进行了优先级排序。在讨论风险应对措施时，工程师小王建议：针对来自项目团队内部的风险，可以制定应对措施；针对来自外部（如客户、设备厂商）的风险，由于超出团队成员的控制范围，不用制定应对措施。小贾接受了建议，针对《风险清单》中的内部风险制定了应对措施，并将措施的实施责任落实到人，要求所有的应对措施在 3 月底前实施完毕。

3 月底，小贾通过电话会议的方式了解风险应对措施的执行情况，相关负责人均表示应对措施都已实施完成。小贾对大家的工作表示感谢，将《风险清单》中的所有风险进行了关闭，并宣布风险管理工作结束。

5 月初，客户想用国外某厂商研发的新型网络设备替换原有的国产网络设备，并征询小贾的建议。小贾认为新产品一般会采用最先进的技术，设备的稳定性和性能相比原来设备应该会有较大的提升，因此强烈建议客户尽快替换。

6 月份，由于产品 bug 以及主机、存储设备兼容性的问题，新上线的网络设备接连发生了 5 次故障，每次发生故障时，小贾第一时间安排人员维修，但故障复杂，加上工程师对新设备操作不熟练，每次维修花费时间较长。5 次维修造成的系统中断时间超过了 20 小时，客户对此非常不满意。

【问题 1】（10 分）

结合以上案例，请指出 A 公司在项目风险管理中存在的问题。

【问题 2】（4 分）

如果你是该项目的项目经理，针对新设备上线的风险，你有什么应对措施？

【问题 3】（6 分）

结合本案例，判断下列选项的正误（填写在答题纸的对应栏内，正确的选项填写"√"，错误的选项填写"×"）：

（1）定量风险分析是评估并综合分析风险的概率和影响，对风险进行优先排序，从而为后续分析或行动提供基础的过程。　　　　　　　　　　　　　　　　　　　　　　（　　）

（2）在没有足够的数据建立模型时，定量风险分析可能无法实施。　　　　　　（　　）

（3）风险再评估指的是检查并记录风险应对措施用于处理已识别的风险及其根源方面的有效

性，以及在风险管理过程中的有效性。　　　　　　　　　　　　　　　　　（　　）

（4）在股票市场上卖股票属于纯粹风险。　　　　　　　　　　　　　　　（　　）

（5）如果风险管理花费的成本超过所管理的风险事件的预期货币价值，则可以考虑任其发生，不进行管理。　　　　　　　　　　　　　　　　　　　　　　　　　　　　（　　）

（6）风险的后果会因时空变化而有所变化，这反映了风险的偶然性。　　　（　　）

答题思路总解析

从本案例提出的三个问题，可以判断出：该案例分析主要考查的是项目风险管理。"案例描述及问题"中画"＿＿＿"的文字是该项目已经出现的**问题**：即"5 次维修造成的系统中断时间超过了20 小时，客户对此非常不满意"。根据这些问题和"案例描述及问题"中画"＿＿＿"的文字并结合项目管理经验，可以推断出：①没有制定风险管理计划（这点从"1 月初，项目经理小贾组织相关人员召开项目风险管理会议，从人员、资源、技术、管理、客户、设备厂商等多个方面对项目风险进行了识别"可以推导出）；②在对风险进行排序时，没有考虑风险发生的概率（这点从"小贾按照风险造成的负面影响程度从高到低对这些风险进行了优先级排序"可以推导出）；③只针对部分风险制定了风险应对措施（这点从"针对来自项目团队内部的风险，可以制定应对措施；针对来自外部（如客户、设备厂商）的风险，由于超出团队成员的控制范围，不用制定应对措施"可以推导出）；④风险控制存在问题，没有对风险应对措施的执行结果进行验证；⑤风险管理应该贯穿项目的全过程，不能提前结束（这两点从"小贾通过电话会议的方式了解风险应对措施的执行情况，相关负责人均表示应对措施都已实施完成。小贾对大家的工作表示感谢，将《风险清单》中的所有风险进行了关闭，并宣布风险管理工作结束"可以推导出）；⑥没有重新识别新网络设备可能存在的风险（这点从"小贾认为新产品一般会采用最先进的技术，设备的稳定性和性能相比原来设备应该会有较大的提升，强烈建议客户尽快替换"可以推导出）等是导致项目出现"5 次维修造成的系统中断时间超过了 20 小时，客户对此非常不满意"的主要**原因**（把这些原因用于回答【问题 1】）。【问题 2】需要结合工作经验，针对新设备上线的风险提出预防措施和应急措施。【问题 3】属于纯理论性质的问题，与本案例关系不大。（**案例难度：★★★**）

5
Chapter

【问题 1】答题思路解析及参考答案

一、答题思路解析

根据"答题思路总解析"中的阐述可知，A 公司在项目风险管理中存在的问题有：①没有制定风险管理计划；②在对风险进行排序时，没有考虑风险发生的概率；③只针对部分风险制定了风险应对措施；④风险控制存在问题，没有对风险应对措施的执行结果进行验证；⑤风险管理应该贯穿项目的全过程，不能提前结束；⑥没有重新识别新网络设备可能存在的风险。（**问题难度：★★★**）

二、参考答案

A 公司在项目风险管理中存在的问题有：

（1）没有制定风险管理计划。

（2）在对风险进行排序时，没有考虑风险发生的概率。

（3）只针对部分风险制定了风险应对措施。

（4）风险控制存在问题，没有对风险应对措施的执行结果进行验证。

（5）风险管理应该贯穿项目的全过程，不能提前结束。

（6）没有重新识别新网络设备可能存在的风险。

【问题 2】答题思路解析及参考答案

一、答题思路解析

根据"答题思路总解析"中的阐述可知，需要结合工作经验，针对新设备上线的风险分别提出预防措施和应急措施。预防措施有：①聘请熟悉新设备的人员；②将新设备在实验环境进行测试，确保新设备的兼容性、稳定性等没有问题；③对相关人员进行培训；④制定新旧设备转换策略，比如可以并行运行一段时间。应急措施有：⑤制定回退方案，用于新设备万一出现故障时，启用旧设备来确保系统的正常运行，从而不影响客户业务的办理。（**问题难度：★★★**）

二、参考答案

针对新设备上线的风险，应对措施有：

（1）聘请熟悉新设备的人员。

（2）将新设备在实验环境中进行测试，确保新设备的兼容性、稳定性等没有问题。

（3）对相关人员进行培训。

（4）制定新旧设备转换策略，比如可以并行运行一段时间。

（5）制定回退方案，用于新设备万一出现故障时，启用旧设备来确保系统的正常运行，从而不影响客户业务的办理。

【问题 3】答题思路解析及参考答案

一、答题思路解析

该问题是一个纯理论性质的问题。对风险进行排序是风险定性分析的事情，所以（1）是错误的；风险审计是检查并记录风险应对措施在处理已识别的风险及其根源方面的有效性，以及风险管理过程中的有效性，所以（3）是错误的；卖掉股票也可能赚钱，所以（4）是错误的；风险是可变的，所以（6）是错误的。（**问题难度：★★★**）

二、参考答案

（1）定量风险分析是评估并综合分析风险的概率和影响，对风险进行优先排序，从而为后续分析或行动提供基础的过程。　　　　　　　　　　　　　　　　　　　　　　（×）

（2）在没有足够的数据建立模型时，定量风险分析可能无法实施。　　　　　　　（√）

（3）风险再评估指的是检查并记录风险应对措施用于处理已识别的风险及其根源方面的有效性，以及在风险管理过程中的有效性。　　　　　　　　　　　　　　　　　　　（×）

（4）在股票市场上卖股票属于纯粹风险。　　　　　　　　　　　　　　　　　　　（×）

（5）如果风险管理花费的成本超过所管理的风险事件的预期货币价值，则可以考虑任其发生，不进行管理。　　　　　　　　　　　　　　　　　　　　　　　　　　　　　　（√）

（6）风险的后果会因时空变化而有所变化，这反映了风险的偶然性。　　　　　　（×）

2019.11 试题一

【说明】阅读下列材料，请回答问题 1 至问题 3，将解答填入答题纸的对应栏内。

案例描述及问题

系统集成 A 公司中标某市智能交通系统的建设项目，李总负责此项目的启动工作，任命小王为项目经理。小王制定并发布了项目章程，其中明确建设周期为 1 年，于 2018 年 6 月开始。

项目启动后，小王将团队分成了开发实施组和质量控制组，分工制定了范围管理计划、进度管理计划与质量管理计划。

为了与客户保持良好的沟通，并保证项目按要求尽快完成，小王带领开发团队进驻甲方现场开发。小王与客户经过几次会议沟通后，根据自己的经验形成一份需求文件。然后安排开发人员先按照这份文档来展开工作，具体需求细节后续再完善。

开发过程中，客户不断提出新的需求，小王一边修改需求文件一边安排开发人员进行修改，开发工作多次反复。2019 年 2 月，开发工作只完成了计划的 50%，此时小王安排项目质量工程师进驻现场，发现很多质量问题。小王即组织开发人员加班修改。由于项目组几个同事还承担着其他项目的工作，工作时间没法得到保障，项目实施进度严重滞后。

小王将项目进展情况向李总进行了汇报，李总对项目现状不满意，抽调公司两名有多年项目实施经验的员工到现场支援。经过努力项目最终还是延期四个月才完成。小王认为项目延期与客户有一定关系，与客户发生了争执，导致项目至今无法验收。

【问题1】（7分）

结合案例，从项目管理角度，简要分析项目存在的问题。

【问题2】（6分）

结合案例，判断下列选项的正误（填写在答题纸对应栏内，正确的选项填写"√"，错误的选项填写"×"）。

（1）制定项目管理计划采用从上至下的方法，先制定总体的项目管理计划，再分解形成其他质量、进度等分项计划。　　　　　　　　　　　　　　　　　　　　　　　　　　（　　）

（2）项目启动阶段不需要进行风险识别。　　　　　　　　　　　　　　　　　　（　　）

（3）整体变更控制的依据有项目管理计划、工作绩效报告、变更请求和组织过程资产。 （　　）

（4）项目收尾的成果包括最终的产品、服务或成果移交。 （　　）

（5）项目管理计划随着项目进展而逐渐明细。 （　　）

（6）项目执行过程中，先执行范围、进度、成本等过程管理，然后整体管理汇总其他知识领域的执行情况，再进行整体协调管理。 （　　）

【问题 3】（4 分）

请简要叙述项目整体管理中监控项目工作的输出。

答题思路总解析

从本案例提出的三个问题可以判断出：该案例分析主要考查的是项目的整体管理。"案例描述及问题"中画"＿＿＿"的文字是该项目已经出现的**问题**：即"2019 年 2 月，开发工作只完成了计划的 50%、发现很多质量问题、项目实施进度严重滞后、项目最终还是延期四个月才完成、项目至今无法验收"。根据这些问题和"案例描述及问题"中画"＿＿＿"的文字并结合项目管理经验，我们可以推断出：①项目章程不应该由小王制定和发布（这点从"小王制定并发布了项目章程"可以推导出）；②项目管理计划不完善，缺乏成本管理计划、人力资源管理等子计划；③项目管理计划没有经过评审（这两点从"分工制定了范围管理计划、进度管理计划与质量管理计划"可以推导出）；④需求文件只是小王根据自己的经验制定的，没有调研各相关干系人、也没有评审（这点从"小王与客户经过几次会议沟通后，根据自己的经验形成一份需求文件"可以推导出）；⑤对客户提出的新需求没有走整体的变更控制流程（这点从"客户不断提出新的需求，小王一边修改需求文件一边安排开发人员进行修改，开发工作多次反复"可以推导出）；⑥质量管理不及时，在完成计划工作的 50% 后才安排质量工程师进驻现场（这点从"2019 年 2 月，开发工作只完成了计划的 50%，此时小王安排项目质量工程师进驻现场，发现很多质量问题"可以推导出）；⑦进度管理不善，导致进度严重滞后（这点从"项目实施进度严重滞后"和"项目最终还是延期四个月才完成"可以推导出）；⑧与客户方沟通存在问题，导致与客户发生争执并影响到项目验收（这点从"小王认为项目延期与客户有一定关系，与客户发生了争执，导致项目至今无法验收"可以推导出）等是导致项目出现"2019 年 2 月，开发工作只完成了计划的 50%、发现很多质量问题、项目实施进度严重滞后、项目最终还是延期四个月才完成、项目至今无法验收"的主要**原因**（这些原因用于回答**【问题 1】**）。

【问题 2】需要结合工作经验和项目管理理论进行判断。**【问题 3】**属于纯理论性质的问题，与本案例关系不大。（**案例难度：★★★**）

【问题 1】答题思路解析及参考答案

一、答题思路解析

根据"答题思路总解析"中的阐述可知，项目所存在的问题主要有：①项目章程不应该由小王制定和发布；②项目管理计划不完善，缺乏成本管理计划、人力资源管理等子计划；③项目管理计划没有经过评审；④需求文件只是小王根据自己的经验制定的，没有调研各相关干系人、也没有评审；⑤对客户提出的新需求没有走整体变更控制流程；⑥质量管理不及时，在完成计划工作的 50%后才安排质量工程师进驻现场；⑦进度管理不善，导致进度严重滞后；⑧与客户方沟通存在问题，导致与客户发生争执并影响到项目验收。（**问题难度：★★★**）

二、参考答案

项目所存在的问题主要有：

（1）项目章程不应该由小王制定和发布。

（2）项目管理计划不完善，缺乏成本管理计划、人力资源管理等子计划。

（3）项目管理计划没有经过评审。

（4）需求文件只是小王根据自己的经验制定的，没有调研各相关干系人、也没有评审。

（5）对客户提出的新需求没有走整体变更控制流程。

（6）质量管理不及时，在完成计划工作的 50%后才安排质量工程师进驻现场。

（7）进度管理不善，导致进度严重滞后。

（8）与客户方沟通存在问题，导致与客户发生争执并影响到项目验收。

【问题 2】答题思路解析及参考答案

一、答题思路解析

根据"答题思路总解析"中的阐述可知，该问题需要结合工作经验和项目管理理论进行判断。制定项目管理计划，应该是首先制定总体计划，然后在总体计划的指导下制定各分项计划，最后是把各分项计划整合为项目管理计划，所以（1）错误；在项目的任何阶段都需要进行风险识别，所以（2）错误；（3）正确；"最终产品、服务或成果移交"是结束项目或结束这一阶段的成果，项目收尾管理不是一个过程，所以（4）错误；（5）正确；项目管理各领域的过程是交织在一起执行的，无法分清先后顺序，所以（6）错误。（**问题难度：★★★**）

二、参考答案

（1）制定项目管理计划采用从上至下的方法，先制定总体的项目管理计划，再分解形成其他质量、进度等分项计划。　　　　　　　　　　　　　　　　　　　　　　　　　　（×）

（2）项目启动阶段不需要进行风险识别。　　　　　　　　　　　　　　　　　　（×）

（3）整体变更控制的依据有项目管理计划、工作绩效报告、变更请求和组织过程资产。
　　　　　　　　　　　　　　　　　　　　　　　　　　　　　　　　　　　　　（√）

（4）项目收尾的成果包括最终的产品、服务或成果移交。　　　　　　　　　　　（×）

（5）项目管理计划随着项目进展而逐渐明细。　　　　　　　　　　　　　　　　（√）

（6）项目执行过程中，先执行范围、进度、成本等过程管理，然后整体管理汇总其他知识领域的执行情况，再进行整体协调管理。　　　　　　　　　　　　　　　　　　　　（×）

【问题 3】答题思路解析及参考答案

一、答题思路解析

根据"答题思路总解析"中的阐述可知，该问题是一个纯理论性质的问题。监控项目工作这一过程的输出有：变更请求、工作绩效报告、项目管理计划和项目文件更新。（**问题难度：★★★**）

二、参考答案

监控项目工作的输出有：变更请求、工作绩效报告、项目管理计划更新和项目文件更新。

2019.11 试题三

【说明】阅读下列材料，请回答问题 1 至问题 3，将解答填入答题纸的对应栏内。

案例描述及问题

某公司承接了一个软件开发项目，客户要求 4 个月交付。鉴于系统功能不多且相对独立，公司项目管理办公室评估后，认为该项目可以作为敏捷方法的试点项目。公司抽调各研发组的空闲人员组建了项目团队，任命小张为项目经理。

项目团队刚组建时，大家对敏捷方法和项目目标都充满了信心，但工作开始没多久，项目经理小张就与项目成员老王因技术路线问题产生了分歧。经过几轮讨论，<u>双方都坚持己见，小张认为这严重损害了他作为项目经理的权威，于是想办法把老王调离了项目团队</u>，让项目组采用了他提出的技术路线。

一个月以来，团队一直在紧张地赶工，<u>任务分配不合理、对个人的考核规则不明确、工位分散、沟通不顺畅</u>，项目经理指责项目成员能力不足、工作习惯不好、对任务的理解不一致。<u>团队出现了超出预想的困难</u>，很可能导致项目无法按时交付。

【问题 1】（6 分）

（1）请简述一般项目团队建设的五个阶段及其特点。

（2）请说明案例中项目团队所处的阶段。

【问题 2】（4 分）

（1）请指出常用的冲突解决方案。

（2）针对案例中发生的冲突，请指出项目经理采用了哪种冲突管理方法，并说明其特点。

【问题 3】（10 分）

（1）请简述成功的项目团队的特点。

（2）对照成功项目团队的特点，指出案例中存在的问题，并写出改进措施。

答题思路总解析

从本案例提出的三个问题可以判断出：该案例分析主要考查的是项目的人力资源管理。"案例描述及问题"中画"～～～"的文字是该项目已经出现的**问题**：即"团队出现了超出预想的困难，很可能导致无法按时交付"。根据这些问题和"案例描述及问题"中画"＿"的文字并结合项目管理经验，可以推断出：①项目经理小张处理与老王之间的冲突采用的是强制的方式，没有采用解决问题的方式，处理方式不对（这点从"双方都坚持己见，小张认为这严重损害了他作为项目经理的权威，于是想办法把老王调离了项目团队，让项目组采用了他提出的技术路线"可以推导出）；②人力资源管理计划不科学、不合理；③没有制定出明确的考核规则；④没有让团队采用集中办公的工作方式（这三点从"任务分配不合理、对个人的考核规则不明确、工位分散、沟通不顺畅"可以推导出）；⑤项目经理缺乏对项目团队的培训和辅导（这点从"项目经理指责项目成员能力不足、工作习惯不好、对任务的理解不一致"可以推导出）等是导致项目出现"团队出现了超出预想的困难，很可能导致无法按时交付"的主要**原因**（这些原因用于回答【问题3】的第（2）小问）。【问题1】第（1）小问、【问题2】第（1）小问和【问题3】第（1）小问都属于纯理论性质的问题，与本案例关系不大。【问题1】第（2）小问和【问题2】第（2）小问需要结合起来进行判断和回答。（**案例难度：★★★**）

【问题1】答题思路解析及参考答案

一、答题思路解析

根据"答题思路总解析"中的阐述可知，该问题的第（1）小问是一个纯理论性质的问题。项目团队建设分为五个阶段：形成阶段、震荡阶段、规范阶段、发挥阶段和解散阶段。形成阶段的特点：一个个独立的个体成员进入项目团队，开始形成共同的目标，对未来怀着美好的期望；震荡阶段的特点：由于性格特征、工作方式和能力等方面的差异导致个体之间开始争执、互相指责；规范阶段的特点：经过一段时间的磨合，团队成员之间开始熟悉和了解，矛盾逐步得到解决；发挥阶段的特点：团队成员之间配合默契、团队工作效率很高、团队荣誉感很强；解散阶段的特点：随着项目的结束，团队被解散，团队成员可能会出现失落感。根据"案例描述及问题"中的信息，我们知道，该项目团队当前处于震荡阶段。（**问题难度：★★★**）

二、参考答案

（1）项目团队建设分为五个阶段：形成阶段、震荡阶段、规范阶段、发挥阶段和解散阶段。形成阶段的特点：一个个独立的个体成员进入项目团队，开始形成共同的目标，对未来怀着美好的期望；震荡阶段的特点：由于性格特征、工作方式和能力等方面的差异导致个体之间开始争执、互相指责；规范阶段的特点：经过一段时间的磨合，团队成员之间开始熟悉和了解，矛盾逐步得到解决；发挥阶段的特点：团队成员之间配合默契、团队工作效率很高、团队荣誉感很强；解散阶段的特点：随着项目的结束，团队被解散，团队成员可能会出现失落感。

（2）该项目团队当前处于震荡阶段。

【问题2】答题思路解析及参考答案

一、答题思路解析

根据"答题思路总解析"中的阐述可知，该问题的第（1）小问是一个纯理论性质的问题。处理冲突的6种方法分别是：解决问题、合作、强制、妥协、求同存异和撤退。根据"案例描述及问题"中的信息，我们知道，项目经理采用了强制这一冲突管理方法（从"让项目组采用了他提出的技术路线"可以推导出），该方法的特点是：以牺牲其他方的观点为代价，强制采用某一方的观点。**（问题难度：★★★）**

二、参考答案

（1）处理冲突的6种方法分别是：解决问题、合作、强制、妥协、求同存异和撤退。

（2）项目经理采用了强制这一冲突管理方法，该方法的特点是：以牺牲其他方的观点为代价，强制采用某一方的观点。

【问题3】答题思路解析及参考答案

一、答题思路解析

根据"答题思路总解析"中的阐述可知，该问题的第（1）小问是一个纯理论性质的问题。成功团队的主要特点有：（1）团队的目标明确，成员清楚地了解自己的工作对目标的贡献；（2）团队组织结构清晰、分工明确；（3）有成文的、简明有效的工作流程和方法；（4）工作办法科学合理，考核结果公平、公正、公开；（5）团队成员共同制定并遵守团队规则；（6）协同工作、彼此信任。

根据"答题思路总解析"中的阐述，我们知道，案例所存在的问题主要有：（1）项目经理小张处理与老王之间的冲突时采用的是强制的方式，没有采用解决问题的方式，处理方式不对；（2）人力资源管理计划不科学、不合理；（3）没有制定出明确的考核规则；（4）没有让团队采用集中办公的工作方式；（5）项目经理缺乏对项目团队的培训和辅导。把这些问题解决了，就是改进措施。**（问题难度：★★★）**

二、参考答案

（一）成功团队的主要特点有：

（1）团队的目标明确，成员清楚地了解自己的工作对目标的贡献。

（2）团队组织结构清晰、分工明确。

（3）有成文的、简明有效的工作流程和方法。

（4）工作办法科学合理，考核结果公平、公正、公开。

（5）团队成员共同制定并遵守团队规则。

（6）协同工作、彼此信任。

（二）案例所存在的问题主要有：

（1）项目经理小张处理与老王之间的冲突时采用的是强制的方式，没有采用解决问题的方式，处理方式不对。

（2）人力资源管理计划不科学、不合理。

（3）没有制定出明确的考核规则。

（4）没有让团队采用集中办公的工作方式。

（5）项目经理缺乏对项目团队的培训和辅导。

改进措施：

（1）项目经理加强冲突管理知识的学习，以后遇到类似的冲突，首先要采用解决问题的方法进行处理。

（2）重新梳理人力资源的管理计划，确保该计划科学、合理。

（3）和团队成员一起制定出明确、赏罚分明的考核规则。

（4）把团队成员集中到同一个办公室进行集中办公。

（5）加强对项目团队成员进行工作习惯和工作能力的培训。

2019.11 试题四

【说明】阅读下列材料，请回答问题 1 至问题 3，将解答填入答题纸的对应栏内。

案例描述及问题

系统集成 A 公司承接了某市政府电子政务系统机房升级改造项目，任命小张为项目经理。升级改造工作实施前，小张安排工程师对机房进行了检查，形成如下 14 条记录：

（1）机房有机架 30 组。

（2）机房内各个区域温度保持在 25 度左右。

（3）机房铺设普通地板，配备普通办公家具。

（4）机房照明系统与机房设备统一供电，配备了应急照明装置。

（5）机房配备了 UPS，无稳压器。

（6）机房安装了避雷装置。

（7）机房安装了防盗报警装置。

（8）机房内配备了灭火器，但没有烟感报警装置。

（9）机房门口设立门禁系统，但无人值守。

（10）进入机房的人员需要佩戴相应证件。

（11）进入机房可以使用个人手机与外界联系。

（12）所有来访人员需经过正式批准，批准通过后可随意进入机房。

（13）来访人员可以携带笔记本电脑进入机房。

（14）机房内明确标示禁止吸烟和携带火种。

【问题1】（8分）

根据以上检查记录，请指出该机房在信息安全管理方面存在的问题，并说明原因（将错误编号及原因填写在答题纸对应表格中）。

【问题2】（4分）

信息系统安全的属性包括保密性、完整性、可用性和不可抵赖性，请说明各属性的含义。

【问题3】（6分）

请列举机房内防静电的方式。

答题思路总解析

从本案例提出的三个问题，可以判断出：该案例分析主要考查的是信息系统安全管理。"案例描述及问题"中画"＿＿＿"的文字是该机房在信息安全管理方面存在的问题及原因：第（2）条记录有问题，机房内各个区域的温度应该保持在23±1度；第（3）条记录有问题，应该铺设防静电的地板；第（4）条记录有问题，应将计算机供电系统与机房内照明设备的供电系统分开；第（5）条记录有问题，需要配备稳压器；第（8）条记录有问题，需要安装烟感报警装置；第（9）条记录有问题，需要有人值守；第（12）条记录有问题，批准通过后也不可随意进入机房，需要有人陪同；第（13）条记录有问题，禁止携带个人电脑等电子设备进入机房（这些内容用于回答**【问题1】**）。**【问题2】**和**【问题3】**都属于纯理论性质的问题，与本案例关系不大。（**案例难度：★★★**）

【问题1】答题思路解析及参考答案

一、答题思路解析

根据"答题思路总解析"中的阐述可知，该机房在信息安全管理方面存在的问题及原因有：第（2）条记录有问题，机房内各个区域的温度应该保持在23±1度；第（3）条记录有问题，应该铺设防静电的地板；第（4）条记录有问题，应将计算机供电系统与机房内照明设备的供电系统分开；第（5）条记录有问题，需要配备稳压器；第（8）条记录有问题，需要安装烟感报警装置；第（9）条记录有问题，需要有人值守；第（12）条记录有问题，批准通过后也不可随意进入机房，需要有人陪同；第（13）条记录有问题，禁止携带个人电脑等电子设备进入机房。（**问题难度：★★★**）

二、参考答案

第（2）条记录有问题，机房内各个区域的温度应该保持在23±1度。

第（3）条记录有问题，应该铺设防静电的地板。

第（4）条记录有问题，应将计算机供电系统与机房内照明设备的供电系统分开。

第（5）条记录有问题，需要配备稳压器。

第（8）条记录有问题，需要安装烟感报警装置。

第（9）条记录有问题，需要有人值守。

第（12）条记录有问题，批准通过后也不可随意进入机房，需要有人陪同。

第（13）条记录有问题，禁止携带个人电脑等电子设备进入机房。

【问题 2】答题思路解析及参考答案

一、答题思路解析

根据"答题思路总解析"中的阐述可知,该问题是一个纯理论性质的问题。保密性的含义是:信息不被泄露给未授权的个人、实体和过程或不被其使用的特性;完整性的含义是:保护资产正确和完整的特性,即确保收到的数据就是发送的数据;可用性的含义是:在需要时,授权实体可以访问和使用的特性;不可抵赖性的含义是:建立有效的责任机制,防止用户否认其行为。(**问题难度:★★★**)

二、参考答案

保密性的含义:信息不被泄露给未授权的个人、实体和过程或不被其使用的特性。

完整性的含义:保护资产正确和完整的特性,即确保收到的数据就是发送的数据。

可用性的含义:在需要时,授权实体可以访问和使用的特性。

不可抵赖性的含义:建立有效的责任机制,防止用户否认其行为。

【问题 3】答题思路解析及参考答案

一、答题思路解析

根据"答题思路总解析"中的阐述可知,该问题是一个纯理论性质的问题。机房防静电的方式主要有:①设备接地;②使用防静电的地板;③将机房内的温度和湿度控制在合适的范围;④机房中使用的各种家具使用防静电材料;⑤在机房中使用静电消除剂;⑥机房工作人员穿防静电工作服。

(**问题难度:★★★**)

二、参考答案

机房防静电的方式主要有:

(1)设备接地。

(2)使用防静电的地板。

(3)将机房内的温度和湿度控制在合适的范围。

(4)机房中使用的各种家具使用防静电材料。

(5)在机房中使用静电消除剂。

(6)机房工作人员穿防静电工作服。

2020.11 试题一

【说明】阅读下列材料,请回答问题 1 至问题 3,将解答填入答题纸的对应栏内。

案例描述及问题

某公司刚承接了某市政府的办公系统集成项目,因公司有类似项目经验,资料比较齐全。目前急需一名质量管理人员。项目经理考虑到配置管理员小张工作积极负责,安排他来负责本项目的质量管理工作。

小张自学了质量管理的相关知识,并选取了公司之前做过的省级办公系统项目作为参照物,制定了本项目的质量管理计划。

项目执行过程中,小张按照质量管理计划,通过质量核对单进行检查,把全部精力投入到对项目交付成果的质量控制中。在试运行阶段,客户提出需求变更,此时小张发现之前未与客户签订需求确认文件。随后,项目组只好按照新的需求对系统进行修改并通过了内部测试,小张认为测试结果没问题就算达到了验收标准,因此出具了质量报告,并向客户提交了验收申请。客户依据合同,认为项目尚未达到验收标准,拒绝验收。

【问题1】(10分)

结合案例,请指出本项目的质量管理过程中存在的问题。

【问题2】(5分)

请阐述规划质量管理过程的输入。

【问题3】(3分)

请将下面①~③处的答案填写在答题纸的对应栏内。

(1)___①___用于描述项目或产品的质量属性,用于实施质量保证和控制质量过程。

(2)小张使用的质量核对单属于___②___的输出。

(3)实际技术性能,实际进度绩效,实际成本绩效,这些都被称为___③___。

答题思路总解析

从本案例提出的三个问题,可以判断出:该案例分析主要考查的是项目质量管理。"案例描述及问题"中画"____"的文字是该项目已经出现的**问题**:即"客户依据合同,认为项目尚未达到验收标准,拒绝验收"。根据这些问题和"案例描述及问题"中画"___"的文字,并结合项目管理经验,可以推断出:①项目经理不应该选择没有质量管理能力和经验的小张负责项目的质量管理工作(这点从"项目经理考虑到配置管理员小张工作积极负责,安排他来负责本项目的质量管理工作"可以推导出);②小张没有全面掌握质量管理方面的知识;③在质量管理的计划制定方面存在问题,完全参照之前的项目,没有考虑本项目的独特性(这两点从"小张自学了质量管理的相关知识,并选取了公司之前做过的省级办公系统项目作为参照物制定了本项目的质量管理计划"可以推导出);④只做了质量控制,没有做质量保证(这点从"小张按照质量管理计划,通过质量核对单进行检查,把全部精力投入到对项目交付成果的质量控制中"可以推导出);⑤需求文件没有获得客户的签字确认(这点从"客户提出需求变更,此时小张发现之前未与客户签订需求确认文件"可以推导出);⑥没有走需求变更的控制流程就进行了需求变更;⑦项目缺少质量测量指标或小张在质量控制时忽视了质量测量指标(这两点从"项目组只好按照新的需求对系统进行了修改并通过了内部测试,小张认为测试结果没问题就算达到了验收标准,因此出具了质量报告"可以推导出)等是导致项目出现"客户依据合同,认为项目尚未达到验收标准,拒绝验收"的主要**原因**(这些原因用于回答【问

题1】)。【问题2】和【问题3】考的是项目质量管理方面的理论知识。（**案例难度：★★★**）

【问题1】答题思路解析及参考答案

一、答题思路解析

根据"答题思路总解析"中的阐述可知，该项目在质量管理过程中存在的主要问题有：①项目经理不应该选择没有质量管理能力和经验的小张负责项目的质量管理工作；②小张没有全面掌握质量管理方面的知识；③在质量管理的计划制定方面存在问题，完全参照之前的项目，而没有考虑本项目的独特性；④只做了质量控制，没有做质量保证；⑤需求文件没有获得客户的签字确认；⑥没有走需求变更的控制流程就进行了需求变更；⑦项目缺少质量测量指标或小张在质量控制时忽视了质量测量指标。（**问题难度：★★★**）

二、参考答案

该项目在质量管理过程中存在的主要问题有：

（1）项目经理不应该选择没有质量管理能力和经验的小张负责项目的质量管理工作。

（2）小张没有全面掌握质量管理方面的知识。

（3）在质量管理的计划制定方面存在问题，完全参照之前的项目，而没有考虑本项目的独特性。

（4）只做了质量控制，没有做质量保证。

（5）需求文件没有获得客户的签字确认。

（6）没有走需求变更的控制流程就进行了需求变更。

（7）项目缺少质量测量指标或小张在质量控制时忽视了质量测量指标。

【问题2】答题思路解析及参考答案

一、答题思路解析

根据"答题思路总解析"中的阐述可知，该问题是一个纯理论性质的问题，规划质量管理过程的输入有：项目管理计划、干系人登记册、风险登记册、需求文件、事业环境因素和组织过程资产。（**问题难度：★★★**）

二、参考答案

规划质量管理过程的输入有：项目管理计划、干系人登记册、风险登记册、需求文件、事业环境因素和组织过程资产。

【问题3】答题思路解析及参考答案

一、答题思路解析

根据"答题思路总解析"中的阐述可知，该问题是一个纯理论性质的问题，很容易回答。（**问题难度：★★★**）

二、参考答案

（1）质量测量指标用于描述项目或产品的质量属性，用于实施质量保证和控制质量过程。

（2）小张使用的质量核对单属于规划质量管理过程的输出。

（3）实际技术性能，实际进度绩效，实际成本绩效，这些都被称为工作绩效数据。

2020.11 试题三

【说明】阅读下列材料，请回答问题 1 至问题 3，将解答填入答题纸的对应栏内。

案例描述及问题

2018 年底，某公司承接了大型企业数据中心的运行维护服务项目，任命经验丰富的王伟为项目经理。

2019 年 1 月初项目启动会后，王伟根据经验编制了风险管理计划，整理出了风险清单并制定了应对措施。考虑到风险管理会产生一定的成本，王伟按照应对措施的实施成本和难易程度对风险进行了排序。

在项目会议上，王伟挑选了 20 项实施成本相对较低、难度相对较小的应对措施，将实施责任分配到个人并将实施进度和成果等纳入个人绩效中。3 月底各责任人反馈应对措施均已实施完成。

4 月初，数据中心周边施工作业造成市电临时中断，数据中心部分 UPS 由于电池老化未能及时供电，造成部分设备停机。该风险在 20 项应对措施覆盖范围内，当时安排小李负责，而小李认为电力中断发生的可能性太小，没有按照要求对 UPS 做健康检查及测试。

6 月初，数据中心新上线一大批设备，随后又发生了部分设备停机的事件，经过调查发现是机房空调制冷不足引起的。客户认为这是运维团队的工作疏忽，王伟坚持认为大批设备上线在年初做风险识别时属于未知风险，责任不该由运维团队承担。

【问题 1】（10 分）

结合案例，请指出本项目风险管理中存在的问题。

【问题 2】（6 分）

结合案例，请写出风险管理的主要过程，并说明王伟在这些过程中做了哪些具体工作。

【问题 3】（4 分）

请将下面（1）～（4）处的答案填写在答题纸的对应栏内。

应对威胁或可能给项目目标带来消极影响的风险，可采用___（1）___、___（2）___、___（3）___和___（4）___四种策略。

答题思路总解析

从本案例提出的三个问题可以判断出：该案例分析主要考查的是项目的风险管理。根据"案例描述及问题"中画"___"的文字，并结合项目管理经验，可以推断出本项目风险管理中存在的主要问题有：①风险管理计划的制定存在问题，不能由项目经理一个人编制；②风险管理计划仅凭经验制定，没有考虑项目的实际情况；③风险识别存在问题，不能由项目经理一个人识别风险（这三点从"王伟根据经验编制了风险管理计划，整理出了风险清单并制定了应对措施"可以推导出）；④定性风险分析存在问题，不能只按应对措施的实施成本和难易程度对风险进行排序，要综合考虑风险发生的可能性、风险的影响等多种因素（这点从"王伟按照应对措施的实施成本和难易程度对风险进行了排序"可以推导出）；⑤选择风险应对措施时存在问题，不能只挑成本低、难度小的应对措施（这点从"王伟挑选了 20 项实施成本相对较低、难度相对较小的应对措施"可以推导出）；⑥风险监控存在问题，没有督促项目组成员执行风险应对措施（这点从"小李认为电力中断发生的可能性太小，没有按照要求对 UPS 做健康检查及测试"可以推导出）；⑦没有定期重新识别项目风险（这点从"王伟坚持认为大批设备上线在年初做风险识别时属于未知风险，责任不该由运维团队承担"可以推导出）（这些用于回答【问题 1】）。【问题 2】有理论部分也有需要根据案例情况回答的实践部分；【问题 3】考查的是项目风险管理方面的理论知识。（**案例难度：★★★**）

【问题 1】答题思路解析及参考答案

一、答题思路解析

根据"答题思路总解析"中的阐述可知，该项目在风险管理过程中存在的主要问题有：①风险管理计划的制定存在问题，不能仅由项目经理一人编制；②风险管理计划仅凭经验制定，没有考虑项目的实际情况；③风险识别存在问题，不能仅由项目经理一人识别风险；④定性风险分析存在问题，不能只按应对措施的实施成本和难易程度对风险进行排序，要综合考虑风险发生的可能性、风险的影响等多种因素；⑤选择风险应对措施时存在问题，不能只挑成本低、难度小的应对措施；⑤风险监控存在问题,没有督促项目组成员执行风险应对措施；⑦没有定期地重新识别项目的风险。

（**问题难度：★★★**）

二、参考答案

该项目在风险管理过程中存在的主要问题有：

（1）风险管理计划的制定存在问题，不能仅由项目经理一人编制。

（2）风险识别存在问题，不能仅由项目经理一人识别风险。

（3）风险管理计划仅凭经验制定，没有考虑项目的实际情况。

（4）定性风险分析存在问题，不能只按应对措施的实施成本和难易程度对风险进行排序，要综合考虑风险发生的可能性、风险的影响等多种因素。

（5）选择风险应对措施时存在问题，不能只挑成本低、难度小的应对措施。

（6）风险监控存在问题，没有督促项目组成员执行风险应对措施。

（7）没有定期地重新识别项目的风险。

【问题2】答题思路解析及参考答案

一、答题思路解析

根据"答题思路总解析"中的阐述可知，该问题是一个半理论半实践的问题（前半部分是理论，后半部分需要结合案例实践）。项目风险管理的过程有：规划风险管理、识别风险、实施定性风险分析、实施定量风险分析、规划风险应对和控制风险。王伟在风险管理方面做的工作主要有：①制定了风险管理计划（这点从"王伟根据经验编制了风险管理计划"可以推导出）；②进行了风险识别（这点从"整理出了风险清单并制定了应对措施"可以推导出）；③对风险进行了排序（这点从"王伟按照应对措施的实施成本和难易程度对风险进行了排序"可以推导出）；④规划了风险应对措施（这点从"王伟挑选了20项实施成本相对较低、难度相对较小的应对措施"可以推导出）。（**问题难度：★★★**）

二、参考答案

项目风险管理的过程有：规划风险管理、识别风险、实施定性风险分析、实施定量风险分析、规划风险应对和控制风险。王伟在风险管理方面做的工作主要有：①制定了风险管理计划；②进行了风险识别；③对风险进行了排序；④规划了风险应对措施。

【问题3】答题思路解析及参考答案

一、答题思路解析

根据"答题思路总解析"中的阐述可知，该问题是一个纯理论性质的问题。应对威胁或可能给项目目标带来消极影响的风险，可采用（回避）、（转移）、（减轻）和（接受）四种策略。（**问题难度：★★★**）

二、参考答案

应对威胁或可能给项目目标带来消极影响的风险，可采用（回避）、（转移）、（减轻）和（接受）四种策略。

2020.11 试题四

【说明】阅读下列材料，请回答问题1至问题3，将解答填入答题纸的对应栏内。

案例描述及问题

A公司近期计划启动一个系统集成项目，合同额预计5000万左右。公司领导安排小张负责项目立项准备工作。<u>小张组织相关技术人员对该项目进行可行性研究，认为该项目基本可行，并形成一份初步可行性研究报告，通过了公司内部评审。</u>

一个月后，项目审批通过。A公司迅速组织召开项目招标会。共收到8家单位的投标书，<u>评标</u>

委员会专家共有 6 人，其中经济和技术领域专家共 3 人。评标结束后，评标委员会公布了 4 个中标候选人。中标结果公示 2 天后，A 公司最终选定施工经验丰富的 B 公司中标。

【问题 1】（7 分）

结合案例，请指出 A 公司在项目立项及招投标阶段中工作不合理的地方。

【问题 2】（5 分）

请简述项目的可行性研究的内容。

【问题 3】（5 分）

结合案例，判断下列选项的正误（填写在答题纸对应栏内，正确的选项填写"√"，错误的选项填写"×"）。

（1）项目立项阶段包括项目可行性分析、项目审批、项目招投标、项目合同谈判与签订和项目章程制定五个阶段。　　　　　　　　　　　　　　　　　　　　　　　　　　　（　　）

（2）招标人有权自行选择招标代理机构，委托其办理招标事宜。　　　　　　　（　　）

（3）国有资金占控股或者占主导地位的且依照国家有关规定必须进行招标的项目，必须公开招标。　　　　　　　　　　　　　　　　　　　　　　　　　　　　　　　　　　（　　）

（4）投标人少于 5 个的，不得开标；招标人应当重新招标。　　　　　　　　（　　）

（5）履约保证金不能超过中标合同金额的 10%。　　　　　　　　　　　　　（　　）

答题思路总解析

从本案例提出的三个问题可以判断出：该案例分析主要考查的是项目立项管理。根据"案例描述及问题"中画"＿＿"的文字并结合项目管理经验，我们可以推断出 A 公司在项目立项及招投标阶段中工作不合理的地方主要有：①立项流程不健全，缺少详细的可行性研究等环节；②没有编写详细的可行性研究报告；③立项评审做得不到位，只进行了内部评审（这三点从"小张组织相关技术人员对该项目进行可行性研究，认为该项目基本可行，并形成一份初步可行性研究报告，通过了公司内部评审"可以推导出）；④评标委员会的专家人数不符合招投标法；⑤评标委员会专家中经济和技术领域的专家人数也不符合招投标法（这两点从"评标委员会专家共有 6 人，其中经济和技术领域的专家 3 人"可以推导出）；⑥中标候选人不应该超过 3 个（这点从"评标委员会公布了 4 个中标候选人"可以推导出）；⑦中标结果公示期只有 2 天，法律规定不得少于 3 天；⑧不能因为 B 公司施工经验丰富就选定其中标，应该选定评分第一的候选人为中标人（这两点从"中标结果公示 2 天后，A 公司最终选定施工经验丰富的 B 公司中标"可以推导出）（用于回答**【问题 1】**）。**【问题 2】**和**【问题 3】**考查的是项目立项管理方面的理论知识。**（案例难度：★★★）**

【问题 1】答题思路解析及参考答案

一、答题思路解析

根据"答题思路总解析"中的阐述可知，该项目在质量管理过程中存在的主要问题有：A 公司在项目立项及招投标阶段中工作不合理的地方主要有：①立项流程不健全，缺少详细的可行性研究等环节；②没有编写详细的可行性研究报告；③立项评审做得不到位，只进行了内部评审；④评标委员会的专家人数不符合招投标法；⑤评标委员会专家中经济和技术领域的专家人数也不符合招投标法；⑥中标候选人不应该超过 3 个；⑦中标结果公示期只有 2 天，法律规定不得少于 3 天；⑧不能因为 B 公司施工经验丰富就选定其中标，应该选定评分第一的候选人为中标人。（**问题难度：★★★**）

二、参考答案

A 公司在项目立项及招投标阶段的工作不合理的地方主要有：

（1）立项流程不健全，缺少详细的可行性研究等环节。

（2）没有编写详细可行性研究报告。

（3）立项评审做得的不到位，只进行了内部评审。

（4）评标委员会专家人数不符合招投标法。

（5）评标委员会的专家中经济和技术领域的专家人数也不符合招投标法。

（6）中标候选人不应该超过 3 个。

（7）中标结果公示期只有 2 天，法律规定不得少于 3 天。

（8）不能因为 B 公司施工经验丰富就选定其中标，应该选定评分第一的候选人为中标人。

【问题 2】答题思路解析及参考答案

一、答题思路解析

根据"答题思路总解析"中的阐述可知，该问题是一个纯理论性质的问题，项目可行性研究的内容有：投资必要性、技术可行性、财务可行性、组织可行性、经济可行性、社会可行性以及风险因素及对策。（**问题难度：★★★**）

二、参考答案

项目可行性研究的内容有：投资必要性、技术可行性、财务可行性、组织可行性、经济可行性、社会可行性以及风险因素及对策。

【问题 3】答题思路解析及参考答案

一、答题思路解析

根据"答题思路总解析"中的阐述可知，该问题是一个纯理论性质的问题。项目立项管理包括项目建议、项目可行性分析、项目审批、项目招投标、项目合同谈判与签订五个阶段，所以（1）错误；招标人有权自行选择招标代理机构，委托其办理招标事宜（《中华人民共和国招标投标法》第 12 条），所以（2）正确；国有资金占控股或者占主导地位的且依照国家有关规定必须进行招标的项目，应当公开招标，但特殊情形下，可以邀请招标，所以（3）错误；投标人少于 3 个的，不得开标，招标人应当重新招标，所以（4）错误；履约保证金不能超过中标合同金额的 10%，所以（5）正确。（**问题难度：★★★**）

二、参考答案

（1）项目立项阶段包括项目可行性分析、项目审批、项目招投标、项目合同谈判与签订和项目章程制定五个阶段。　　　　　　　　　　　　　　　　　　　　　　　　　　（×）

（2）招标人有权自行选择招标代理机构，委托其办理招标事宜。　　　　　　（√）

（3）国有资金占控股或者占主导地位的且依照国家有关规定必须进行招标的项目，必须公开招标。　　　　　　　　　　　　　　　　　　　　　　　　　　　　　　　　（×）

（4）投标人少于 5 个的，不得开标；招标人应当重新招标。　　　　　　　（×）

（5）履约保证金不能超过中标合同金额的 10%。　　　　　　　　　　　（√）

2021.05 试题一

【说明】阅读下列材料，请回答问题 1 至问题 3，将解答填入答题纸的对应栏内。

案例描述及问题

某银行计划开发一套信息系统,为了保证交付质量,银行指派小张作为项目的质量保证工程师。

项目开始后,小张开始对该项目的质量管理进行规划,并依据该项目的需求文件、干系人登记册、事业环境因素和组织过程资产制定了项目的质量管理计划,质量管理计划完成后直接发给了项目经理和质量部主管,并打算按照质量管理计划的安排对项目进行质量检查。

项目执行过程中,小张依据质量管理计划,利用质量工具,将组织的控制目标作为上下控制界限,监测项目的进度偏差、缺陷密度等度量指标,定期收集数据,以便帮助确定项目管理过程是否受控。

小张按照质量管理计划进行检查时,出现多次检查点和项目实际不一致的情况。例如:针对设计说明书进行检查时,设计团队反馈设计说明书应在两周后提交;针对编码完成情况进行检查时,开发团队反馈代码已经测试完成并正式发布。

【问题 1】（6 分）
结合案例，请简要分析小张在做质量规划时存在的问题。

【问题 2】（7 分）
请写出常用的七种质量管理工具，并指出在本案例中小张用的是哪种工具。

【问题 3】（5 分）
请将下面①～⑤的答案填写在答题纸的对应栏内。

（1）实施　①　过程的主要作用是促进质量过程的改进。

（2）测量指标的可允许变动范围称为　②　。

（3）　③　是一种结构化工具，通常具体列出各项内容，用来核实所要求的一系列步骤是否已得到执行。

（4）GB/T19001 对质量的定义为：一组　④　满足要求的程度。

（5）　⑤　包含可能影响质量要求的各种威胁和机会的信息。

答题思路总解析

从本案例提出的三个问题可以判断出：该案例分析主要考查的是项目质量管理。"案例描述及问题"中画"＿＿"的文字是该项目已经出现的**问题**：即"小张按照质量管理计划进行检查时，出现多次检查点和项目实际不一致的情况。例如：针对设计说明书进行检查时，设计团队反馈设计说明书应在两周后提交；针对编码完成情况进行检查时，开发团队反馈代码已经测试完成并正式发布"。根据这些问题和"案例描述及问题"中画"＿＿"的文字，并结合项目管理经验，从质量规划的角度，可以推断出：①不能仅由一个人制定质量管理计划；②制定质量管理计划时的依据不够全面，还应该参考项目管理计划及其相关子计划；③质量管理计划没有通过评审（这三点从"小张开始对该项目的质量管理进行规划，并依据该项目的需求文件、干系人登记册、事业环境因素和组织过程资产制定了项目质量管理计划，质量管理计划完成后直接发给了项目经理和质量部主管"可以推导出）；④组织的控制目标不应该设置为上下控制界限，应该设置为上下规格界限（这点从"将组织的控制目标作为上下控制界限"可以推导出）；⑤只做了质量控制，没有做质量保证（这点从"小张按照质量管理计划，通过质量核对单进行检查，把全部精力投入到项目交付成果的质量控制中"可以推导出）；⑥质量管理计划与进度基准脱节（这点从"小张按照质量管理计划进行检查时，出现多次检查点和项目实际不一致的情况。例如：针对设计说明书进行检查时，设计团队反馈设计说明书应在两周后提交；针对编码完成情况进行检查时，开发团队反馈代码已经测试完成并正式发布"可以推导出）等是导致项目出现"小张按照质量管理计划进行检查时，出现多次检查点和项目实际不一致的情况。"的主要**原因**（这些原因用于回答【问题1】）。【问题2】需要将理论结合本项目实践来回答；【问题3】考的是项目质量管理方面的理论知识。（**案例难度：★★★**）

【问题1】答题思路解析及参考答案

一、答题思路解析

根据"答题思路总解析"中的阐述可知，从质量规划的角度，该项目存在的主要问题有：①不能仅由一个人制定质量管理计划；②制定质量管理计划时的依据不够全面，还应该参考项目管理计划及其相关的子计划；③质量管理计划没有通过评审；④组织的控制目标不应该设置为上下控制界限，应该设置为上下规格界限；⑤质量管理计划与进度基准脱节。（**问题难度：★★★**）

二、参考答案

从质量规划的角度，该项目存在的主要问题有：

（1）不能仅由一个人制定质量管理计划。

（2）制定质量管理计划时的依据不够全面，还应该参考项目管理计划及其相关的子计划。

（3）质量管理计划没有通过评审。

（4）组织的控制目标不应该设置为上下控制界限，应该设置为上下规格界限。

（5）质量管理计划与进度基准脱节。

【问题 2】答题思路解析及参考答案

一、答题思路解析

根据"答题思路总解析"中的阐述，该问题需要将理论结合本项目实践来回答，七种质量管理工具是：因果图、流程图、核查表、直方图、帕累托图、控制图和散点图。本案例小张用的是控制图。（问题难度：★★★）

二、参考答案

七种质量管理工具是：因果图、流程图、核查表、直方图、帕累托图、控制图和散点图。本案例小张用的是控制图。

【问题 3】答题思路解析及参考答案

一、答题思路解析

根据"答题思路总解析"中的阐述可知，该问题是一个纯理论性质的问题，比较容易回答。（问题难度：★★★）

二、参考答案

（1）实施<u>质量保证</u>过程的主要作用是促进质量过程改进。

（2）测量指标的可允许变动范围称为<u>公差</u>。

（3）<u>质量核对单</u>是一种结构化的工具，通常需要具体列出各项内容，用来核实所要求的一系列步骤是否已得到执行。

（4）GB/T19001 对质量的定义为：一组<u>固有特性</u>满足要求的程度。

（5）<u>风险登记册</u>包含可能影响质量要求的各种威胁和机会的信息。

2021.05 试题三

【说明】 阅读下列材料，请回答问题 1 至问题 3，将解答填入答题纸的对应栏内。

案例描述及问题

A 公司承接了可视化系统建设项目，工作内容包括基础环境改造、软硬件采购和集成适配、系统开发等，任命小刘为项目经理。

小刘与公司相关负责人进行沟通，从各部门抽调了近期未安排任务的员工组建了项目团队，并<u>指派一名质量工程师编写项目的人力资源管理计划</u>，为了简化管理工作，<u>小刘对团队成员采用相同的考核指标和评价方式</u>。同时承诺满足考核要求的成员将得到奖金。考虑到项目成员长期加班，小刘向公司申请了加班补贴，并申请了一个大的会议室作为集中办公地点。

项目实施中期的一次月度例会上，部分成员反馈：

1、<u>加班过多，对家庭和生活造成影响</u>。2、<u>绩效奖金分配不合理</u>；小刘认为公司已按国家劳动法支付了加班费用，项目成员就应该按照要求加班。同时，绩效考核过程是公开的、透明的，奖金的多少与个人努力有关，<u>因此针对这些不满，小刘并没有理会</u>。

项目实施一段时间后，<u>项目成员士气低落，部分员工离职</u>，同时，<u>出现特殊情况导致项目组无法现场集中办公，需要采用远程办公的方式，如此种种事先未预料的情况发生，小刘紧急协同各技术部门抽调人员救火</u>，但是<u>项目进度依然严重落后，客户表示不满</u>。

【问题1】（8分）

结合案例，请指出项目在人力资源管理方面存在的问题。

【问题2】（4分）

结合案例，采取远程办公后，项目经理在沟通管理过程中，应该做哪些调整？

【问题3】（3分）

判断以下选项的正误（填写在答题纸的对应栏内，正确的选项填写"√"，错误的选项填写"×"）。

（1）在组建团队的过程中，如果人力资源不足或人员能力不足会降低项目成功的概率，甚至可能导致项目取消。　　　　　　　　　　　　　　　　　　　　　　　（　　）

（2）项目的人力资源管理计划的编制应在项目管理计划之前完成。（　　）

（3）解决冲突的方法包括解决问题、合作、强制、妥协、求同存异、撤退。（　　）

答题思路总解析

从本案例提出的三个问题，可以判断出：该案例分析主要考查的是项目的人力管理和沟通管理。"案例描述及问题"中画"＿＿"的文字是该项目已经出现的**问题**：即"项目成员士气低落，部分员工离职；项目进度依然严重落后，客户表示不满"。根据"案例描述及问题"中画"＿＿"的文字，并结合项目管理经验，可以推断出本项目在人力资源管理中存在的主要问题有：①人力资源管理计划的编制存在问题，不应该由质量工程师编写（这点从"指派一名质量工程师编写项目的人力资源管理计划"可以推导出）；②绩效考核办法不合理，针对承担不同工作的员工，不能采用相同的考核指标和评价方式（这点从"小刘对团队成员采用相同的考核指标和评价方式"可以推导出）；③长期加班的工作方式不合适；④绩效考核办法没有得到大家的认同（这两点从"加班过多，对家庭和生活造成影响"和"绩效奖金分配不合理"可以推导出）；⑤针对团队成员反馈的问题，项目经理没有进行及时地处理（这点从"针对这些不满，小刘并没有理会"可以推导出）；⑥没有充分识别出项目在人力资源管理方面的风险（这点从"出现特殊情况导致项目组无法现场集中办公，需要采用远程办公的方式，如此种种事先未预料的情况发生，小刘紧急协同各技术部门抽调人员救火"可以推导出）等是导致项目出现"项目成员士气低落，部分员工离职；项目进度依然严重落后，客户表示不满"的主要原因（用于回答**【问题1】**）。**【问题2】**需要根据案例实际情况来回答；**【问题3】**考查的是项目人力资源管理方面的理论知识。（**案例难度：★★★**）

【问题 1】答题思路解析及参考答案

一、答题思路解析

根据"答题思路总解析"中的阐述可知，该项目在人力资源管理过程中存在的主要问题有：①人力资源管理计划的编制存在问题，不应该由质量工程师编写；②绩效考核办法不合理，针对承担不同工作的员工，不能采用相同的考核指标和评价方式；③长期加班的工作方式不合适；④绩效考核办法没有得到大家的认同；⑤针对团队成员反馈的问题，项目经理没有进行及时地处理；⑥没有充分识别出项目在人力资源管理方面的风险。（**问题难度：★★★**）

二、参考答案

该项目在人力资源管理过程中存在的主要问题有：

（1）人力资源管理计划的编制存在问题，不应该由质量工程师编写。

（2）绩效考核办法不合理，针对承担不同工作的员工，不能采用相同的考核指标和评价方式。

（3）长期加班的工作方式不合适。

（4）绩效考核办法没有得到大家的认同。

（5）针对团队成员反馈的问题，项目经理没有进行及时地处理。

（6）没有充分识别出项目在人力资源管理方面的风险。

【问题 2】答题思路解析及参考答案

一、答题思路解析

根据"答题思路总解析"中的阐述可知，该问题需要根据案例实际情况来回答。采取远程办公后（即虚拟团队），项目经理在沟通管理过程中，应该做如下调整：①根据远程办公的特点，重新调整沟通管理计划；②调整沟通方式，以适用远程办公的要求；③调整沟通频率，以便及时地发现问题和解决问题。（**问题难度：★★★**）

二、参考答案

采取远程办公后，项目经理在沟通管理过程中，应该做如下调整：

（1）根据远程办公的特点，重新调整沟通管理计划。

（2）调整沟通方式，以适用远程办公的要求。

（3）调整沟通频率，以便及时地发现问题和解决问题。

【问题 3】答题思路解析及参考答案

一、答题思路解析

根据"答题思路总解析"中的阐述可知，该问题是一个纯理论性质的问题。（1）正确；（2）错误（应该先制定项目的管理计划，然后在项目管理计划的指导下编制项目的人力资源管理计划）；（3）正确。（**问题难度：★★★**）

二、参考答案

（1）在组建团队的过程中，如果人力资源不足或人员能力不足会降低项目成功的概率，甚至可能导致项目取消。　　　　　　　　　　　　　　　　　　　　　　　　（√）

（2）项目人力资源管理计划的编制应在项目管理计划之前完成。　　　　　　（×）

（3）解决冲突的方法包括问题解决、合作、强制、妥协、求同存异、撤退。（√）

2021.05 试题四

【说明】阅读下列材料，请回答问题 1 至问题 3，将解答填入答题纸的对应栏内。

案例描述及问题

某单位（甲方）因业务发展需要，需建设一套智能分析管理信息系统，并将该研发任务委托给长期合作的某企业（乙方）。乙方安排对甲方业务比较了解且有同类项目实施经验的小陈担任项目经理。

考虑到工期比较紧张，小陈连夜加班，参照类似项目文档编制了项目范围说明书，然后安排项目成员向甲方管理层进行需求调研并编制了需求文件。依据项目的范围说明书，小陈将任务分解之后，立即安排项目成员启动了设计开发工作。

在编码阶段进入尾声时，甲方向小陈提出了一个新的功能要求。考虑到该功能实现较为简单，不涉及其它功能模块，小陈答应了客户的要求。

在试运行阶段，发现一个功能模块不符合需求和计划要求，于是小陈立即安排人员进行了补救，虽然耽误了一些时间，但整个项目还是按照客户的要求如期完成。

【问题 1】（8 分）

结合案例，请指出该项目在范围管理过程中存在的问题。

【问题 2】（6 分）

请列出项目范围管理的主要过程。

【问题 3】（6 分）

从候选答案中选择正确的选项，将该选项的编号填入答题纸对应栏内。

工作分解结构是逐层分解的，工作分解结构_____层的要素是整个项目或分项目的最终成果。一般情况下，工作分解结构控制在_____层为宜。_____位于工作分解结构中每条分支最底层的可交付成果或项目组成部分。

　　A. 工作包　　　　　B. 最低　　　　　C. 最高　　　　　D. 里程碑
　　E. 3～6　　　　　　F. 中间　　　　　G. 2～5

答题思路总解析

从本案例提出的三个问题可以判断出：该案例分析主要考查的是项目范围管理。根据"案例描述及问题"中画"___"的文字，并结合项目管理经验，可以推断出本项目范围管理中存在的主要问题有：①没有编制范围管理计划和需求管理计划就直接开始进行收集需求和定义范围的工作；②仅向甲方管理层收集需求，导致需求收集不全面；③收集需求和编写项目范围说明书的步骤不合理，应该是先收集需求后编写项目的范围说明书；④范围定义有问题，仅参照类似项目文档编制了项目范围说明书（这四点从"考虑到工期比较紧张，小陈连夜加班，参照类似项目文档编制了项目范围说明书，然后安排项目成员向甲方管理层进行需求调研并编制了需求文件"可以推导出）；⑤仅由项目经理小陈一个人进行任务分解不合适，应该让团队相关成员共同参与；⑥工作分解之后形成的范围基准没有经过评审和审批（这两点从"小陈将任务分解之后，立即安排项目成员启动了设计开发工作"可以推导出）；⑦没有按变更流程处理范围变更（这点从"甲方向小陈提出了一个新的功能要求。考虑到该功能实现较为简单，不涉及其它功能模块，小陈答应了客户的要求"可以推导出）；⑧确认项目范围时存在问题，导致到了试运行阶段才发现一个功能模块不符合需求和计划要求（这点从"在试运行阶段，发现一个功能模块不符合需求和计划要求，于是小陈立即安排人员进行了补救"可以推导出）（这些原因用于回答【问题 1】）。【问题 2】和【问题 3】都是纯理论性质的问题。（**案例难度：★★★**）

【问题 1】答题思路解析及参考答案

一、答题思路解析

根据"答题思路总解析"中的阐述可知，该项目在范围管理过程中存在的主要问题有：①没有编制范围管理计划和需求管理计划就直接开始进行收集需求和定义范围的工作；②仅向甲方管理层收集需求，导致需求收集不全面；③收集需求和编写项目范围说明书的步骤不合理，应该是先收集需求后编写项目范围说明书；④范围定义有问题，仅参照类似项目文档编制了项目范围说明书；⑤仅由项目经理小陈一个人进行任务分解不合适，应该让团队相关成员共同参与；⑥工作分解之后形成的范围基准没有经过评审和审批；⑦没有按变更流程处理范围变更；⑧确认范围存在问题，导致到了试运行阶段才发现一个功能模块不符合需求和计划要求。（**问题难度：★★★**）

二、参考答案

该项目在范围管理过程中存在的主要问题有：

（1）没有编制范围管理计划和需求管理计划就直接开始进行收集需求和定义范围的工作。

（2）仅向甲方管理层收集需求，导致需求收集不全面。

（3）收集需求和编写项目范围说明书的步骤不合理，应该是先收集需求后编写项目范围说明书。

（4）范围定义有问题，仅参照类似项目文档编制了项目范围说明书。

（5）仅由项目经理小陈一个人进行任务分解不合适，应该让团队相关成员共同参与。

（6）工作分解之后形成的范围基准没有经过评审和审批。

（7）没有按变更流程处理范围变更。

（8）确认项目范围时存在问题，导致到了试运行阶段才发现一个功能模块不符合需求和计划要求。

【问题 2】答题思路解析及参考答案

一、答题思路解析

根据"答题思路总解析"中的阐述可知，该问题是一个纯理论性质的问题，范围管理的主要过程有：规划范围管理、收集需求、定义范围、创建工作分解结构、确认范围和控制范围。（**问题难度：★★★**）

二、参考答案

范围管理的主要过程有：规划范围管理、收集需求、定义范围、创建工作分解结构、确认范围和控制范围。

【问题 3】答题思路解析及参考答案

一、答题思路解析

根据"答题思路总解析"中的阐述可知，该问题是一个纯理论性质的问题。工作分解结构是逐层分解的，工作分解结构 __最低__ 层的要素是整个项目或分项目的最终成果。一般情况下，工作分解结构控制在 __3～5__ 层为宜。__工作包__ 位于工作分解结构中每条分支最底层的可交付成果或项目组成部分。（**问题难度：★★★**）

二、参考答案

工作分解结构是逐层分解的，工作分解结构 __B.最低__ 层的要素是整个项目或分项目的最终成果。一般情况下，工作分解结构控制在 __E. 3～6__ 层为宜。 __A. 工作包__ 位于工作分解结构中每条分支最底层的可交付成果或项目组成部分。

2021.11 试题一

【说明】阅读下列材料，请回答问题 1 至问题 3，将解答填入答题纸的对应栏内。

案例描述及问题

A 公司承接了某信息系统的建设项目，任命小张为项目经理。在项目启动阶段，小张编制了风险管理计划，组织召开项目成员会议，对项目风险进行了识别并编制了项目风险清单。随后，小张根据自己多年的项目实施经验，将项目所有的风险按照时间的先后顺序制定了风险应对计划，并亲自负责各项应对措施的执行。风险及应对措施的部分内容如下：

风险 1：系统上线后运行不稳定或停机造成业务长时间中断。

应对措施 1：系统试运行前开展全面测试。

应对措施 2：成立应急管理小组，制定应急预案。

风险 2：项目中期人手出现短期不足造成项目延期。

应对措施 3：提前从公司其它部门协调人员。

风险 3：设备到货发现损坏，影响项目进度。

应对措施 4：购买高额保险。

风险 4：人员技能不足。

应对措施 5：提前安排人员参加原厂技术培训。

....

项目实施过程中，公司相关部门反馈，设备发生损坏的概率低，建议降低保额；原厂培训价格过高，建议改为非原厂培训。小张坚持原计划没有进行调整。系统上线后发生故障停机，由于缺少应急预案造成业务长时间中断，公司高层转达了客户的投诉，也表达了对项目成本管理的不满。

【问题 1】（10 分）

结合案例，请指出小张在项目风险管理各个过程中存在的问题。

【问题 2】（5 分）

请指出以上案例中提到的应对措施 1～5 分别采用了什么风险应对策略。

【问题 3】（3 分）

请将下面（1）～（3）的答案填写在答题纸的对应栏内。

风险具有一些特性。其中，＿＿(1)＿＿指风险是一种不以人的意志为转移，独立于人的意识之外的存在；＿＿(2)＿＿指由于信息的不对称，未来风险事件发生与否难以预测；＿＿(3)＿＿指风险性质会因时空等各种因素的变化而有所变化。

答题思路总解析

从本案例提出的三个问题，可以判断出：该案例分析主要考查的是项目的风险管理。"案例描述及问题"中画"＿＿＿"的文字是该项目已经出现的问题：即"系统上线后发生故障停机，由于缺少应急预案造成业务长时间中断，公司高层转达了客户的投诉，也表达了对项目成本管理的不满"。根据这些问题和"案例描述及问题"中画"＿＿"的文字，并结合项目管理经验，从风险管理的角度，可以推断出：①小张没有邀请项目组相关成员共同编制风险管理计划，风险管理计划可能不科学、不合理（这点从"小张编制了风险管理计划"可以推导出）；②不能仅按照时间的先后顺序进行风险排序；③风险应对措施应该根据风险的性质等不同安排不同的人员负责，不能全部由项目经理一人负责（这两点从"小张根据自己多年的项目实施经验，将项目所有的风险按照时间的先后顺序制定了风险应对计划，并亲自负责各项应对措施的执行"可以推导出）；④没有定期对风险进行跟踪和重新分析（这点从"项目实施过程中，公司相关部门反馈，设备发生损坏的概率低，建议降低保额；原厂培训价格过高，建议改为非原厂培训。小张坚持原计划没有进行调整"可以推导出）；

⑤缺少风险应对措施或风险应对不够有效，导致系统上线后业务长时间中断；⑥对风险的控制力度不够（这两点从"系统上线后发生故障停机，由于缺少应急预案造成业务长时间中断"可以推导出）等是导致项目出现"系统上线后发生故障停机，由于缺少应急预案造成业务长时间中断，公司高层转达了客户的投诉，也表达了对项目成本管理的不满"的主要**原因**（这些原因用于回答【问题1】）。

【问题2】需要将理论结合本项目实践来回答；【问题3】考的是项目风险管理方面的理论知识。（**案例难度：★★★**）

【问题 1】答题思路解析及参考答案

一、答题思路解析

根据"答题思路总解析"中的阐述可知，从风险管理的角度，该项目存在的主要问题有：①小张没有邀请项目组的相关成员共同编制风险管理计划，风险管理计划可能不科学、不合理（该问题属于规划风险管理过程中的问题）；②不能仅按照时间的先后顺序进行风险排序（该问题属于实施定性风险分析过程中的问题）；③风险应对措施应该根据风险的性质等不同安排不同的人员负责，不能全部由项目经理一人负责（该问题属于规划风险应对过程中的问题）；④没有定期对风险进行跟踪和重新分析（该问题属于控制风险过程中的问题）；⑤缺少风险应对措施或风险应对不够有效，导致系统上线后业务长时间中断（该问题属于规划风险应对过程中的问题）；⑥风险控制的力度不够（该问题属于控制风险过程中的问题）。（**问题难度：★★★**）

二、参考答案

从风险管理的角度，该项目存在的主要问题有：

（1）小张没有邀请项目组的相关成员共同编制风险管理计划，风险管理计划可能不科学、不合理，该问题属于规划风险管理过程中的问题。

（2）不能仅按照时间的先后顺序进行风险排序，该问题属于实施定性风险分析过程中的问题。

（3）风险应对措施应该根据风险的性质等不同安排不同的人员负责，不能全部由项目经理一人负责，该问题属于规划风险应对过程中的问题。

（4）没有定期对风险进行跟踪和重新分析；该问题属于控制风险过程中的问题。

（5）缺少风险应对措施或风险应对不够有效，导致系统上线后业务长时间中断，该问题属于规划风险应对过程中的问题。

（6）风险控制的力度不够，该问题属于控制风险过程中的问题。

【问题 2】答题思路解析及参考答案

一、答题思路解析

根据"答题思路总解析"中的阐述可知，该问题需要将理论结合本项目实践来回答。应对措施 1：系统试运行前开展全面测试，属于减轻策略；应对措施 2：成立应急管理小组，制定应急预案，属于接受策略；应对措施 3：提前从公司其它部门协调人员，属于减轻策略；应对措施 4：购买高额保险，属于转移策略；应对措施 5：提前安排人员参加原厂技术培训，属于减轻策略。

（问题难度：★★★）

　　二、参考答案

　　应对措施 1：系统试运行前开展全面测试，属于减轻策略；应对措施 2：成立应急管理小组，制定应急预案，属于接受策略；应对措施 3：提前从公司其它部门协调人员，属于减轻策略；应对措施 4：购买高额保险，属于转移策略；应对措施 5：提前安排人员参加原厂技术培训，属于减轻策略。

【问题 3】答题思路解析及参考答案

　　一、答题思路解析

　　根据"答题思路总解析"中的阐述可知，该问题是一个纯理论性质的问题，比较容易回答。**（问题难度：★★★）**

　　二、参考答案

　　风险具有一些特性。其中，（客观性）指风险是一种不以人的意志为转移，独立于人的意识之外的存在；（偶然性）指由于信息的不对称，未来风险事件发生与否难以预测；（相对性）指风险性质会因时空等各种因素的变化而有所变化。

2021.11 试题三

【说明】 阅读下列材料，请回答问题 1 至问题 3，将解答填入答题纸的对应栏内。

案例描述及问题

　　A 公司承接了某系统集成项目，任命小王为项目经理。在项目初期，小王制定并发布了项目管理计划。公司派小张作为质量保证工程师（QA）进入项目组，小张按照项目管理计划进行质量控制活动，当执行到测试阶段时，发现成本超预算 10%。小张和项目组进行统计并分析出了五个成本超出预算的问题：

　　（1）新入职的开发人员小王效率低，超支 0.5%。

　　（2）测试时需求 A 的实现存在设计问题，超支 2%。

　　（3）用户增加新需求，超支 2.5%。

　　（4）模块 B 返工问题，超支 3.5%。

　　（5）其他问题超支 1.5%。

小张绘制了垂直条形图识别出了造成成本超预算的主要原因，并制定了改进措施，在剩余的2个月内利用质量管理工具，将改进措施按照有效性的高低进行排序并严格执行，最终将成本偏差控制在了风险控制点的15%以内。

【问题1】（5分）

请结合案例，小张按照项目的管理计划进行质量控制，依据是否充分？如果不充分，请补充其他依据。

【问题2】（7分）

（1）请说明小张使用的是哪种质量管理工具，并写出其质量管理的原理。

（2）请依据（1）中质量管理的原理，列出首要要解决的问题。

【问题3】（5分）

判断下列选项的正误（填写在答题纸的对应栏内，正确的选项填写"√"，错误的选项填写"×"）。

（1）菲利普·克劳士比提出"零缺陷"的概念，他指出"质量是免费的"。　　　　（　　）

（2）一个高等级、低质量的软件产品，适合一般使用，可以被认可。　　　　（　　）

（3）质量管理计划可以是正式的，也可以是非正式的；可以是非常详细的，也可以是高度概括的。　　　　　　　　　　　　　　　　　　　　　　　　　　　　　　　　（　　）

（4）测试成本属于非一致性成本。　　　　　　　　　　　　　　　　　　　（　　）

（5）在实际质量管理过程中，多种质量管理工具可以综合使用，例如可以利用树形图产生的数据来绘制关联图。　　　　　　　　　　　　　　　　　　　　　　　　　　　（　　）

答题思路总解析

从本案例提出的三个问题，可以判断出：该案例分析主要考查的是项目质量管理。**【问题1】**是纯理论性质的问题；**【问题2】**需要将理论结合本项目的实践来回答；**【问题3】**考查的是项目质量管理方面的理论知识。（**案例难度：★★★**）

【问题1】答题思路解析及参考答案

一、答题思路解析

控制质量的依据（即控制质量过程的输入）有项目管理计划、质量测量指标、质量核对单、工作绩效数据、批准的变更请求、可交付成果、项目文件、组织过程资产等，因此小张仅按照项目的管理计划来进行质量控制，依据是不充分的。（**问题难度：★★★**）

二、参考答案

小张按照项目的管理计划进行质量控制，依据是不充分的。其他依据还有：质量测量指标、质量核对单、工作绩效数据、批准的变更请求、可交付成果、项目文件、组织过程资产等。

【问题 2】答题思路解析及参考答案

一、答题思路解析

根据"答题思路总解析"中的阐述，小张使用的是帕累托图，使用帕累托图进行质量管理的原理是：帕累托图是一种特殊的垂直条形图，用于识别造成大多数问题的少数重要原因。找出少数重要原因后，首先采取措施来纠正造成最多数量缺陷的问题，即我们通常谈到的 80:20 原则（80%的问题是由 20%少数的原因引起的）。首要要解决的问题是模块 B 返工问题。**（问题难度：★★★）**

二、参考答案

（1）小张使用的是帕累托图。使用帕累托图进行质量管理的原理是：帕累托图是一种特殊的垂直条形图，用于识别造成大多数问题的少数重要原因。找出少数重要原因后，首先采取措施来纠正造成最多数量缺陷的问题，即我们通常谈到的 80:20 原则（80%的问题是由 20%少数的原因引起的）。

（2）首要要解决的问题是模块 B 返工问题。

【问题 3】答题思路解析及参考答案

一、答题思路解析

根据"答题思路总解析"中的阐述可知，该问题是一个纯理论性质的问题。（1）正确；低质量是问题，不能被认可，（2）错误；（3）正确；测试成本属于一致性成本，（4）错误；（5）正确。**（问题难度：★★★）**

二、参考答案

（1）菲利普·克劳士比提出"零缺陷"的概念，他指出"质量是免费的"。　　　　　（√）

（2）一个高等级、低质量的软件产品，适合一般使用，可以被认可。　　　　　（×）

（3）质量管理计划可以是正式的，也可以是非正式的；可以是非常详细的，也可以是高度概括的。　　　　　（√）

（4）测试成本属于非一致性成本。　　　　　（×）

（5）在实际质量管理过程中，多种质量管理工具可以综合使用，例如可以利用树形图产生的数据来绘制关联图。　　　　　（√）

2021.11 试题四

【说明】阅读下列材料，请回答问题 1 至问题 3，将解答填入答题纸的对应栏内。

案例描述及问题

A 公司承接了某金融行业用户（甲方）信息系统建设项目，服务内容涉及咨询、开发、集成、运维等。公司任命技术经验丰富的张伟担任项目经理，<u>张伟协调咨询部、研发部、集成部、运维部等部门负责人，抽调相关人员加入项目组</u>。考虑到该项目涉及甲方单位多个部门，为使沟通简便、高效，<u>张伟编制了干系人清单，</u><u>包括甲方各层级管理人员及技术人员、公司高层人员以及项目组成员</u>。同时，<u>计划采用电子邮件方式，每周群发周报给所有项目干系人</u>。周报内容涵盖每周工作内容、项目进度情况、质量情况、问题/困难、需要甲方单位配合及决策的各类事宜等。

在项目团队内部，采用项目例会的方式进行沟通。<u>项目实施过程中，个别项目成员联系张伟，希望能单独沟通个人发展及工作安排问题，张伟建议将问题在月度例会上提出。在月度例会上，部分项目成员抱怨自己承担的项目工作经常与所在部门年初制定的培训工作及团队建设活动冲突，对个人发展不利。为了避免造成负面影响，张伟制止了这些项目成员的发言。</u>之后，<u>张伟向公司高层抱怨相关部门的培训团建等工作总与项目安排产生冲突，建议相关部门作出调整。高层不认可张伟的说法</u>，建议张伟加强项目的沟通管理。

【问题 1】（12 分）

（1）结合案例，请补充干系人清单。

（2）请指出张伟沟通管理中存在的问题。

【问题 2】（4 分）

请指出项目干系人管理包括哪些内容。

【问题 3】（4 分）

在下图的权力/利益矩阵中，针对___（1）___区域的干系人，项目经理应该"重点管理，及时报告"，采取有力的行动让其满意；针对___（2）___区域的干系人，项目经理应该"随时告知"项目状况，以维持干系人的满意度；针对___（3）___区域的干系人，项目经理应该"令其满意"，争取支持；针对___（4）___区域的干系人，项目经理主要通过"花最少的精力来监督他们"即可。

请将区域代号（A、B、C、D）填写在答题纸（1）～（4）的对应栏内。

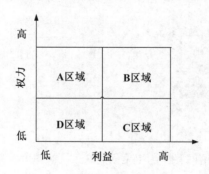

答题思路总解析

从本案例提出的三个问题可以判断出：该案例分析主要考查的是项目的沟通管理和干系人管

理。根据"案例描述及问题"中画"_____"的文字（"A 公司承接了某金融行业用户（甲方）信息系统建设项目""张伟协调咨询部、研发部、集成部、运维部等部门负责人抽调相关人员加入项目组""张伟编制了干系人清单，包括甲方各层级管理人员及技术人员、公司高层人员以及项目组成员"），我们知道，干系人清单中至少还可以补充"甲方用户"和"咨询部、研发部、集成部、运维部的负责人"，这就是【问题 1】第（1）小问的答案。根据"案例描述及问题"中画"___"的文字，并结合项目管理经验，从沟通管理的角度，可以推断出：①没有制定沟通管理计划；②沟通方式单一，只采用电子邮件的方式沟通；③采用群发周报的形式，没有针对不同干系人的沟通需求提供他们所需要的信息（这三点从"计划采用电子邮件方式，每周群发周报给所有项目干系人"可以推导出）；④对项目成员提出的沟通需求没有给出正确的处理（这点从"项目实施过程中，个别项目成员联系张伟，希望能单独沟通个人发展及工作安排问题，张伟建议将问题在月度例会上提出"可以推导出）；⑤采用强制性的手段制止项目成员的抱怨（这点从"在月度例会上，部分项目成员抱怨自己承担的项目工作经常与所在部门年初制定的培训工作及团队建设活动冲突，对个人发展不利。为了避免造成负面影响，张伟制止了这些项目成员的发言"可以推导出）；⑥与各部门沟通存在问题，导致项目工作与相关部门的工作发生冲突；⑦与高层沟通存在问题，没有获得高层的支持；（这两点从"在月度例会上，部分项目成员抱怨自己承担的项目工作经常与所在部门年初制定的培训工作及团队建设活动冲突"和"之后，张伟向公司高层抱怨相关部门的培训团建等工作总与项目安排产生冲突，建议相关部门作出调整。高层不认可张伟的说法"可以推导出）。这 7 点原因用于回答【问题 1】的第（2）小问。【问题 2】和【问题 3】考查的是项目沟通管理方面的理论知识。（**案例难度：★★★**）

【问题 1】答题思路解析及参考答案

一、答题思路解析

根据"答题思路总解析"中的阐述可知，干系人清单中至少还可以补充"甲方用户"和"咨询部、研发部、集成部、运维部的负责人"（从"A 公司承接了某金融行业用户（甲方）信息系统建设项目""张伟协调咨询部、研发部、集成部、运维部等部门负责人抽调相关人员加入项目组""张伟编制了干系人清单，包括甲方各层级管理人员及技术人员、公司高层人员以及项目组成员"可以推导出）。

从沟通管理的角度，该项目存在的主要问题有：①没有制定沟通管理计划；②沟通方式单一，只采用电子邮件的方式沟通；③采用群发周报的形式，没有针对不同干系人的沟通需求提供他们所需要的信息；④对项目成员提出的沟通需求没有给出正确的处理；⑤采用强制性的手段制止项目成员的抱怨；⑥与各部门沟通存在问题，导致项目工作与相关部门的工作发生冲突；⑦与高层沟通存在问题，没有获得高层的支持。（**问题难度：★★★**）

二、参考答案

（1）干系人清单中补充："甲方用户"和"咨询部、研发部、集成部、运维部的负责人"。

（2）该项目沟通管理方面存在的主要问题有：

1）没有制定沟通管理计划。

2）只采用电子邮件的方式沟通，沟通方式单一。

3）采用群发周报的形式，没有针对不同干系人的沟通需求提供他们所需要的信息。

4）对项目成员提出的沟通需求没有给出正确的处理。

5）采用强制性的手段制止项目成员的抱怨。

6）与各部门沟通存在问题，导致项目工作与相关部门的工作发生冲突。

7）与高层沟通存在问题，没有获得高层的支持。

【问题2】答题思路解析及参考答案

一、答题思路解析

根据"答题思路总解析"中的阐述，该问题属于纯理论性质的问题，干系人管理包括识别干系人、编制项目干系人管理计划、管理干系人参与、项目干系人参与的监控。（**问题难度：★★★**）

二、参考答案

干系人管理包括的内容有：识别干系人、编制项目干系人管理计划、管理干系人参与、项目干系人参与的监控。

【问题3】答题思路解析及参考答案

一、答题思路解析

根据"答题思路总解析"中的阐述可知，该问题是一个纯理论性质的问题。针对（B）区域的干系人，项目经理应该"重点管理，及时报告"，采取有力的行动让其满意；针对（C）区域的干系人，项目经理应该"随时告知"项目状况，以维持干系人的满意度；针对（A）区域的干系人，项目经理应该"令其满意"，争取支持；针对（D）区域的干系人，项目经理主要通过"花最少的精力来监督他们"即可。（**问题难度：★★★**）

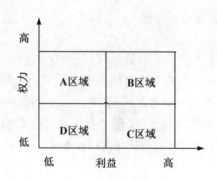

二、参考答案

针对（B）区域的干系人，项目经理应该"重点管理，及时报告"，采取有力的行动让其满意；针对（C）区域的干系人，项目经理应该"随时告知"项目状况，以维持干系人的满意度；针对（A）区域的干系人，项目经理应该"令其满意"，争取支持；针对（D）区域的干系人，项目经理主要通过"花最少的精力来监督他们"即可。

参考文献

[1] 全国计算机专业技术资格考试办公室. 系统集成项目管理工程师考试大纲[M]. 2 版. 北京：
清华大学出版社，2016.

[2] 谭志彬，柳纯录. 系统集成项目管理工程师教程[M]. 2 版. 北京：清华大学出版社，2016.

[3] 项目管理协会. 项目管理知识体系指南（PMBOK®指南）[M]. 5 版. 许江林等，译. 北京：
电子工业出版社，2013.

[4] 柳纯录. 系统集成项目管理工程师教程[M]. 北京：清华大学出版社，2009.

项目管理知识体系概览

项目管理知识体系过程组、知识领域、过程一览表

知识领域	过程组				
	启动	规划	执行	监控	收尾
项目整体管理	制定项目章程	制定项目管理计划	指导与管理项目工作	监控项目工作 实施整体变更控制	结束项目或阶段
项目范围管理		规划范围管理 收集需求 定义范围 创建 WBS		确认范围 控制范围	
项目进度管理		规划进度管理 定义活动 排序活动顺序 估算活动资源 估算活动持续时间 制定进度计划		控制进度	
项目成本管理		规划成本管理 估算成本 制定预算		控制成本	
项目质量管理		规划质量管理	实施质量保证	控制质量	
项目人力资源管理		规划人力资源管理	组建项目团队 建设项目团队 管理项目团队		

知识领域	过程组				
	启动	规划	执行	监控	收尾
项目沟通管理		规划沟通管理	管理沟通	控制沟通	
项目风险管理		规划风险管理 识别风险 实施定性风险分析 实施定量风险分析 规划风险应对		控制风险	
项目采购管理		规划采购管理	实施采购	控制采购	结束采购
项目干系人管理	识别干系人	规划干系人管理	管理干系人参与	控制干系人参与	

附录**2**

项目管理知识体系诸过程

项目管理知识体系各过程输入、输出、工具与技术一览表

知识领域	过程名	输入	工具与技术	输出
项目整体管理	制定项目章程	项目工作说明书 商业论证 协议 事业环境因素 组织过程资产	专家判断 引导技术	项目章程
	制定项目管理计划	项目章程 其他过程的输出 事业环境因素 组织过程资产	专家判断 引导技术	项目管理计划
	指导与管理项目工作	项目管理计划 批准的变更请求 事业环境因素 组织过程资产	专家判断 项目管理信息系统 会议	可交付成果 工作绩效数据 变更请求 项目管理计划更新 项目文件更新
	监控项目工作	项目管理计划 进度预测 成本预测 确认的变更 工作绩效信息 事业环境因素 组织过程资产	专家判断 分析技术 项目管理信息系统 会议	变更请求 工作绩效报告 项目管理计划更新 项目文件更新

知识领域	过程名	输入	工具与技术	输出
项目整体管理	实施整体变更控制	项目管理计划 工作绩效报告 变更请求 事业环境因素 组织过程资产	专家判断 会议 变更控制工具	批准的变更请求 变更日志 项目管理计划更新 项目文件更新
	结束项目或阶段	项目管理计划 验收的可交付成果 组织过程资产	专家判断 分析技术 会议	最终产品、服务或成果的移交 组织过程资产更新
项目范围管理	规划范围管理	项目管理计划 项目章程 事业环境因素 组织过程资产	专家判断 会议	范围管理计划 需求管理计划
	收集需求	范围管理计划 需求管理计划 干系人管理计划 项目章程 干系人登记册	访谈 焦点小组 引导式研讨会 群体创新技术 群体决策技术 问卷调查 观察 原型法 标杆对照 系统交互图 文件分析	需求文件 需求跟踪矩阵
	定义范围	范围管理计划 项目章程 需求文件 组织过程资产	专家判断 产品分析 备选方案生成 引导式研讨会	项目范围说明书 项目文件更新
	创建 WBS	范围管理计划 项目范围说明书 需求文件 事业环境因素 组织过程资产	分解 专家判断	范围基准 项目文件更新
	确认范围	项目管理计划 需求文件 需求跟踪矩阵 核实的可交付成果 工作绩效数据	检查 群体决策技术	验收的可交付成果 变更请求 工作绩效信息 项目文件更新

续表

知识领域	过程名	输入	工具与技术	输出
项目范围管理	控制范围	项目管理计划 需求文件 需求跟踪矩阵 工作绩效数据 组织过程资产	偏差分析	工作绩效信息 变更请求 项目管理计划更新 项目文件更新 组织过程资产更新
项目进度管理	规划进度管理	项目管理计划 项目章程 事业环境因素 组织过程资产	专家判断 分析技术 会议	进度管理计划
	定义活动	进度管理计划 范围基准 事业环境因素 组织过程资产	分解 滚动式规划 专家判断	活动清单 活动属性 里程碑清单
	排序活动顺序	进度管理计划 活动清单 活动属性 里程碑清单 项目范围说明书 事业环境因素 组织过程资产	紧前关系绘图法 （PDM） 确定依赖关系 提前量与滞后量	项目进度网络图 项目文件更新
	估算活动资源	进度管理计划 活动清单 活动属性 资源日历 风险登记册 活动成本估算 事业环境因素 组织过程资产	专家判断 备选方案分析 发布的估算数据 自下而上估算 项目管理软件	活动资源需求 资源分解结构 项目文件更新
	估算活动的持续时间	进度管理计划 活动清单 活动属性 活动资源需求 资源日历 项目范围说明书 风险登记册 资源分解结构 事业环境因素 组织过程资产	专家判断 类比估算 参数估算 三点估算 群体决策技术 储备分析	活动持续时间的 估算 项目文件更新

知识领域	过程名	输入	工具与技术	输出
项目进度管理	制定进度计划	进度管理计划 活动清单 活动属性 项目进度网络图 活动资源需求 资源日历 活动持续时间估算 项目范围说明书 风险登记册 项目人员分派 资源分解结构 事业环境因素 组织过程资产	进度网络分析 关键路径法 关键链法 资源优化技术 建模技术 提前量与滞后量 进度压缩 进度计划编制工具	进度基准 项目进度计划 进度数据 项目日历 项目管理计划更新 项目文件更新
	控制进度	项目管理计划 项目进度计划 工作绩效数据 项目日历 进度数据 组织过程资产	绩效审查 项目管理软件 资源优化技术 建模技术 提前量与滞后量 进度压缩 进度计划编制工具	工作绩效信息 进度预测 变更请求 项目管理计划更新 项目文件更新 组织过程资产更新
项目成本管理	规划成本管理	项目管理计划 项目章程 事业环境因素 组织过程资产	专家判断 分析技术 会议	成本管理计划
	估算成本	成本管理计划 人力资源管理计划 范围基准 项目进度计划 风险登记册 事业环境因素 组织过程资产	专家判断 类比估算 参数估算 自下而上的估算 三点估算 储备分析 质量成本 项目管理软件 卖方投标分析 群体决策技术	活动成本估算 估算依据 项目文件更新

知识领域	过程名	输入	工具与技术	输出
项目成本管理	制定预算	成本管理计划 范围基准 活动成本估算 估算依据 项目进度计划 资源日历 风险登记册 协议 组织过程资产	成本汇总 储备分析 专家判断 历史关系 资金限制平衡	成本基准 项目资金需求 项目文件更新
	控制成本	项目管理计划 项目资金需求 工作绩效数据 组织过程资产	挣值管理 预测 完工尚需绩效指数 绩效审查 项目管理软件 储备分析	工作绩效信息 成本预测 变更请求 项目管理计划更新 项目文件更新 组织过程资产更新
项目质量管理	规划质量管理	项目管理计划 干系人登记册 风险登记册 需求文件 事业环境因素 组织过程资产	成本效益分析 质量成本 七种基本质量工具 标杆对照 实验设计 统计抽样 其他质量规划工具 会议	质量管理计划 过程改进计划 质量测量指标 质量核对单 项目文件更新
	实施质量保证	质量管理计划 过程改进计划 质量测量指标 质量控制测量结果 项目文件	质量管理和控制的工具 质量审计 过程分析	变更请求 项目管理计划更新 项目文件更新 组织过程资产更新
	控制质量	项目管理计划 质量测量指标 质量核对表 工作绩效数据 批准的变更请求 可交付成果 项目文件 组织过程资产	七种基本质量工具 统计抽样 检查 审查已批准的变更请求	质量控制测量结果 确认的变更 核实的可交付成果 工作绩效信息 变更请求 项目管理计划更新 项目文件更新 组织过程资产更新

知识领域	过程名	输入	工具与技术	输出
项目人力资源管理	规划人力资源管理	项目管理计划 活动资源需求 事业环境因素 组织过程资产	组织图和职位描述 人际交往 组织理论 专家判断 会议	人力资源管理计划
	组建项目团队	人力资源管理计划 事业环境因素 组织过程资产	预分派 谈判 招募 虚拟团队 多标准决策分析	项目人员分派 资源日历 项目管理计划更新
	建设项目团队	人力资源管理计划 项目人员分派 资源日历	人际关系技能 培训 团队建设活动 基本规则 集中办公 认可与奖励 人事测评工具	团队绩效评价 事业环境因素更新
	管理项目团队	人力资源管理计划 项目人员分派 团队绩效评价 问题日志 工作绩效报告 组织过程资产	观察和交流 项目绩效评估 冲突管理 人际关系技能	变更请求 项目管理计划更新 项目文件更新 事业环境因素更新 组织过程资产更新
项目沟通管理	规划沟通管理	项目管理计划 干系人登记册 事业环境因素 组织过程资产	沟通需求分析 沟通技术 沟通模型 沟通方法 会议	沟通管理计划 项目文件更新
	管理沟通	沟通管理计划 工作绩效报告 事业环境因素 组织过程资产	沟通技术 沟通模型 沟通方法 信息管理系统 报告绩效	项目沟通 项目管理计划更新 项目文件更新 组织过程资产更新
	控制沟通	项目管理计划 项目沟通 问题日志 工作绩效数据 组织过程资产	信息管理系统 专家判断 会议	工作绩效信息 变更请求 项目管理计划更新 项目文件更新 组织过程资产更新

续表

知识领域	过程名	输入	工具与技术	输出
项目干系人管理	识别干系人	项目章程 采购文件 事业环境因素 组织过程资产	干系人分析 专家判断 会议	干系人登记册
	规划干系人管理	项目管理计划 干系人登记册 事业环境因素 组织过程资产	专家判断 会议 分析技术	干系人管理计划 项目文件更新
	管理干系人参与	干系人管理计划 沟通管理计划 变更日志 组织过程资产	沟通方法 人际关系技能 管理技能	问题日志 变更请求 项目管理计划更新 项目文件更新 组织过程资产更新
	控制干系人参与	项目管理计划 问题日志 工作绩效数据 项目文件	信息管理系统 专家判断 会议	工作绩效信息 变更请求 项目管理计划更新 项目文件更新 组织过程资产更新
项目风险管理	规划风险管理	项目管理计划 项目章程 干系人登记册 事业环境因素 组织过程资产	分析技术 专家判断 会议	风险管理计划
	识别风险	风险管理计划 成本管理计划 进度管理计划 质量管理计划 人力资源管理计划 范围基准 活动成本估算 活动持续时间估算 干系人登记册 项目文件 采购文件 事业环境因素 组织过程资产	文档审查 信息收集技术 核对单分析 假设分析 图解技术 SWOT 分析 专家判断	风险登记册

知识领域	过程名	输入	工具与技术	输出
项目风险管理	实施定性风险分析	风险管理计划 范围基准 风险登记册 事业环境因素 组织过程资产	风险概率和影响评估 概率和影响矩阵 风险数据质量评估 风险分类 风险紧迫性评估 专家判断	项目文件更新
	实施定量风险分析	风险管理计划 成本管理计划 进度管理计划 风险登记册 事业环境因素 组织过程资产	数据收集和展示技术 定量风险分析和建模技术 专家判断	项目文件更新
	规划风险应对	风险管理计划 风险登记册	消极风险或威胁的应对策略 积极风险或机会的应对策略 应急应对策略 专家判断	项目管理计划更新 项目文件更新
	控制风险	项目管理计划 风险登记册 工作绩效数据 工作绩效报告	风险再评估 风险审计 偏差与趋势分析 技术绩效测量 储备分析 会议	工作绩效信息 变更请求 项目管理计划更新 项目文件更新 组织过程资产更新
项目采购管理	规划采购管理	项目管理计划 需求文件 风险登记册 活动资源需求 项目进度计划 活动成本估算 干系人登记册 事业环境因素 组织过程资产	自制或外购分析 专家判断 市场调研 会议	采购管理计划 采购工作说明书 采购文件 供方选择标准 自制或外购决策 变更请求 项目文件更新

续表

知识领域	过程名	输入	工具与技术	输出
项目采购管理	实施采购	采购管理计划 采购文件 供方选择标准 卖方建议书 项目文件 自制或外购决策 采购工作说明书 组织过程资产	投标人会议 建议书评价技术 独立估算 专家判断 广告 分析技术 采购谈判	选定的卖方 协议 资源日历 变更请求 项目管理计划更新 项目文件更新
	控制采购	项目管理计划 采购文件 协议 批准的变更请求 工作绩效报告 工作绩效数据	合同变更控制系统 采购绩效审查 检查与审计 报告绩效 支付系统 索赔管理 记录管理系统	工作绩效信息 变更请求 项目管理计划更新 项目文件更新 组织过程资产更新
	结束采购	项目管理计划 采购文件	采购审计 采购谈判 记录管理系统	结束的采购 组织过程资产更新

注：本表格内容与《项目管理知识体系指南（PMBOK®指南）》（第 5 版）保持一致。